【程序员软件开发名师讲坛·极简系列】

夏 昊/编著

中国水利水电出版社
www.waterpub.com.cn
·北京·

内 容 提 要

《极简 Java（案例・视频）》是基于编者 16 年教学实践和软件开发经验编写的，从初学者容易上手、快速学会的角度，采用 JDK11 和企业中主流的开发工具 IDEA2019，用通俗易懂的语言、丰富的实用案例，循序渐进地讲解 Java 编程技术。全书共 22 章，内容包括 Java 基础语法：变量，分支语句，循环，方法等；面向对象：类和对象，继承，多态，接口，抽象类，内部类，lambda 表达式等；集合框架：ArrayList 集合，LinkedList 集合，HashSet 集合，HashMap 集合等；Java 常用类：Random 类，Date 类，String 类，Calender 类，包装类等；还有反射，范型，I/O 流，多线程等技术。

《极简 Java（案例・视频）》根据 Java 的体系和脉络，采用“案例驱动”“视频讲解”“代码调试”相配套的方式，用 227 个案例（一个知识点采用一个或多个案例）和 3 个实战项目，系统透彻地介绍 Java 编程核心技术。扫描书中的二维码可以观看相关实例视频和相关知识点的讲解视频，实现手把手教你从零基础入门到快速学会 Java 项目开发。

《极简 Java（案例・视频）》配有 156 集同步讲解视频、227 个实例源码分析、3 个综合项目实战、90 道课后习题，并提供丰富的教学资源，包括教学文档、程序源码、课后习题参考答案、在线交流服务 QQ 群和不定期网络直播等，既适合零基础渴望快速掌握 Java 开发的高校学生、社会人员和有一定开发经验、希望巩固 Java 基础的学员自学，也适合培训机构或高校老师选作 Java 课程教材。

图书在版编目（CIP）数据

极简 Java：案例・视频 / 夏昊编著．— 北京：中国水利水电出版社，2021.6

ISBN 978-7-5170-9268-1

Ⅰ.①极… Ⅱ.①夏… Ⅲ.① JAVA 语言—程序设计 Ⅳ.① TP312.8

中国版本图书馆 CIP 数据核字 (2020) 第 265128 号

书　　名	极简Java（案例・视频） JIJIAN Java
作　　者	夏昊　编著
出版发行	中国水利水电出版社 （北京市海淀区玉渊潭南路1号D座 100038） 网址：www.waterpub.com.cn E-mail：zhiboshangshu@163.com 电话：（010）63202266（营销中心）
经　　售	北京科水图书销售中心（零售） 电话：（010）88383994、63202643、68545874 全国各地新华书店和相关出版物销售网点
排　　版	北京智博尚书文化传媒有限公司
印　　刷	涿州市新华印刷有限公司
规　　格	190mm×235mm　16开本　22.75印张　577千字
版　　次	2021年6月第1版　2021年6月第1次印刷
印　　数	0001—5000册
定　　价	79.80元

前　言

编写背景

目前市场上Java的入门技术类图书不可谓不多，然而真正能站在初学者的角度，能够一步一步手把手教会读者的书少之又少。很多入门级图书充斥着大量的专业术语，读起来晦涩难懂，把大量求知者挡在了Java大门之外。笔者结合16年的开发和授课经验编写了本书，目的就是让学习Java变成一件简单的事，让所有对Java感兴趣的学员都能轻松入门Java，为自己的职业生涯添砖加瓦。

在十多年的教学过程中，笔者不断地总结经验，录制了极简Java系列视频课程，包括“极简Java一:Java入门”“极简Java二:Java面向对象”“极简Java三:Java高级特性”等，在网上广受好评，学习人次已经突破百万。为了让更多的同学受益，笔者在这套视频的基础上编写了本书。本书特点鲜明，案例丰富，配套资源全面，通过阅读本书并结合视频课程的学习，一定能让你爱上Java，快速入门Java并能进行项目实战。

“极简”含义

Java的内容非常庞杂，涉及的知识点很多，如果面面俱到地学习，则需要花费极大的时间和精力，最关键的是在这场马拉松中能坚持下来的学习者寥寥。根据二八定律，80%的工作问题可以通过掌握20%的知识来解决。也就是说，可能存在一条路径，使读者只需要花费最少的精力，就能掌握整个Java知识体系。先使读者学会成为Java工程师必备的知识点，在需要用到其他知识的时候再去学习。笔者巡着这条思路，在16年多的教学实践中不断总结提炼，打造出了“极简Java”体系，这也是本书和笔者录制的视频课程的由来。“极简”二字有以下含义(也是本书的最大特色)。

(1)**内容极简，突出重点**。本书的内容结构经过笔者的精心编排，不是杂乱无章的随意堆砌，不是大而全、面面俱到，也不是把时间浪费在一些不重要的细节、反而忽略了重点，而是站在初学者的角度，本着核心知识点详细讲解、不重要的知识点简略讲解或者不讲的原则，让读者在最短的时间内牢固掌握Java的整个体系和脉络。

(2)**语言极简，轻松阅读**。本书编写的第一理念就是节约读者的每一分钟，用最精炼、最直接的语言和精选的案例讲解知识点。书中每一句话、每一个案例都经过反复推敲，最大限度地节约读者的学习时间，做到轻松阅读。

(3)**术语极简，容易理解**。本书的专业术语较少，都是通俗易懂的大白话，易于阅读理解。

（4）**代码极简，降低难度。**全书的案例及程序代码都经过反复打磨与调试，做到了尽量采用最简短的代码实现系统功能；增加了代码注释，从而降低了阅读代码的难度，以此激发读者的学习兴趣，快速提高读者读懂程序的能力。

本书其他特色

（1）**案例驱动，灵活应用。**全书通过227个案例和3个综合项目实战，讲解学习Java需要掌握的知识点。案例分为3种：一种是讲解知识点的案例，一种是应用知识点的案例，还有一种是项目实战案例，案例的复杂度层层递进。通过案例讲解知识点，一个知识点对应一个或多个案例，可以让读者不仅明白是什么，更能明白为什么以及怎么用。讲解知识点的都是短小精悍的案例，通过最简单的案例讲透知识点的本质，然后结合稍微复杂的应用案例，讲透知识点的用法，最后通过比较复杂的实战案例讲透知识点的实际应用场合。经过这样层层递进的学习，读者不仅可以牢固地掌握知识点，还能做到举一反三，灵活应用。

（2）**视频讲解，快速学会。**本书配有156集同步讲解视频，读者可以扫描二维码观看重点案例和相关知识点的讲解视频，手把手教读者从零基础入门Java学习到快速学会Java项目开发。

（3）**项目实战，提高技能。**全书通过穿插“奕昊水果店管理系统”“奕昊软件公司外派系统”“奕昊超市会员管理系统”三个综合项目，手把手教读者如何使用JDK11和IDEA2019开发工具完成真实项目的完整开发过程，达到快速入门Java项目开发、提高编程能力的学习目标。

（4）**资源丰富，方便学习。**本书提供丰富的教学资源，包括教学文档、程序源码、课后习题及其参考答案、在线交流服务QQ群和不定期网络直播等，方便课堂老师教学与读者自学。

本书主要内容

全书从逻辑上分为3篇共22章，内容简述如下。

第1篇 Java基础（第1~8章），内容包括 初识Java，变量和数据类型，Scanner类与运算符，流程控制语句，循环语句，数组，方法和实战项目一：奕昊水果店管理系统。

第2篇 Java面向对象（第9~15章），内容包括 面向对象入门，继承和抽象类，接口和多态，final、static关键字和内部类及匿名对象，Lambda表达式与面向对象的综合应用，异常和实战项目二：奕昊软件公司外派系统。

第3篇 Java高级特性（第16~22章），内容包括 常用类，集合框架，I/O流，I/O流进阶，反射，多线程和实战项目三：奕昊超市会员管理系统。

增值服务

为了帮助广大读者强化Java学习的能力、提高快速编程的意识，笔者不定期推出以录播加直播形式为主的“极简Java七天训练营”，购买本书的读者可以通过扫描小助手的微信二维码，免费进入这七天的Java训练营。在这七天内，读者会通过参与视频学习、社群讨论、组队PK、每日作业、助教/讲师答疑等环节，最后独立开发出库存管理系统。

本书还配套了“极简Java编程从零基础到就业”的完整视频课程，有兴趣的读者可以访问学习，课程网址为https://edu.51cto.com/topic/2832.html。

结合这套视频，笔者绘制了“极简编程从零基础到就业”的Java学习路线图，关注公众号“极简编程”即可下载。

另外，作者结合自己十余年的从业经验以及企业用人招聘需求，整理、提炼出了Java面试中的重点与难点，并进行了详细解析，关注公众号“极简编程”即可下载。

本书资源浏览与获取方式

(1) 读者可以通过手机扫描下面的二维码(左)，查看全书微视频等学习资源。

(2) 在微信公众号中搜索“人人都是程序猿”，关注后输入“JJP9268”并发送到公众号后台，可获取本书案例源码和习题答案的下载链接；或扫描下面二维码(中)添加小助手微信获取本书案例源码和习题答案等资源等配套资源；也可以通过手机扫描下面的二维码(右)进入“极简编程”公众号下载本书配套学习资源。

视频资源总码

小助手微信号

极简编程公众号

本书在线交流服务

为方便读者间的交流，本书特创建“极简Java读者交流”QQ群(群号:820621192)，供广大Java开发爱好者在线交流学习。

极简 Java 读者交流群二维码

本书读者对象

- 零基础，渴望快速掌握 Java 开发技术的大学生或社会人员。
- 有一定开发经验，希望巩固 Java 基础的学员。
- 培训机构或高校老师，可以将本书作为 Java 学习教材。

本书阅读提示

（1）对于零基础的读者，一定要循序渐进打牢基础，不可贪多求快。书中每一个知识点和案例都配有详细的视频讲解，初学者一定要善加利用，要通过视频观看老师的演示，跟随老师的步骤结合本书的代码在电脑上实践。在学习过程中一定要学会调试，逐渐培养分析问题和解决问题的能力。另外，每章配有课后习题，可以帮助读者巩固所学、查漏补缺。

（2）对于有一定经验的读者，可重点关注本书的面向对象部分和Java高级特性部分。如果详加阅读该部分内容，并细心揣摩，一定会让你受益匪浅。

（3）对于高校或培训机构的老师，可将本书作为一本Java学习的教材。书中配套的视频可以节约老师大量的时间和精力，让老师从枯燥的重复劳动中解脱出来，通过引导学生思考讨论，把精力集中到更有创造性的工作中来。

本书作者

本书的文字和案例部分由北京奕昊极简科技有限公司创始人夏昊编写，书中的图片部分由中国水利水电出版社智博尚书分社编辑雷顺加和宋俊娥完成。本书的顺利出版得到了雷顺加编审的大力支持与悉心指导，责任编辑宋俊娥为提高本书的版式设计及编校质量等付出了辛勤劳动，在此一并表示衷心的感谢。

在本书的编写过程中参考、借鉴了网络上的一些资料和同类型的书籍，在此向资料和书籍的作者表示感谢。限于作者的水平，难免有疏漏之处，望各位读者体谅包含，不吝赐教。

作　者

2020年10月于北京

目　录

第1篇　Java基础

第1章　初识Java..2

视频讲解：9集，39分钟

精彩案例：10个

1.1　Java的诞生与发展..3

1.2　Java技术体系..3

1.3　Java应用领域..4

1.4　常用DOS命令..4

1.4.1　如何进入DOS操作窗口..4

1.4.2　DOS常用命令..5

【例1-1】转换到指定分区..5

【例1-2】查看当前路径下的目录和文件..5

【例1-3】进入指定的目录..5

【例1-4】进入上一级目录..6

【例1-5】进入根目录..6

【例1-6】清屏..6

1.5　Java程序运行原理..6

1.5.1　JVM与跨平台..6

1.5.2　JRE与JDK..7

1.6　Java开发环境..7

1.6.1　安装JDK..7

1.6.2　配置环境变量..7

【例1-7】配置Java环境变量..8

1.7　IDEA开发工具..9

1.7.1　IDEA的安装..10

1.7.2　IDEA的快捷键..16

1.8　Java程序入门..16

1.8.1　编写和运行Java程序..16

【例1-8】编写第一个程序HelloWorld.java....16

1.8.2　main()方法..18

【例1-9】main()方法应用实例..18

1.8.3　使用IDEA编写代码..19

1.8.4　转义符..22

【例1-10】转义符\n和\t的应用..22

1.8.5　Java中的注释..23

【例1-11】Java中的注释..23

1.8.6　Java的语法格式..23

练习1..24

第2章　变量和数据类型..25

视频讲解：8集，32分钟

精彩案例：6个

2.1　二进制..26

2.1.1　十进制数据转换为二进制数据....26

2.1.2　字节..26

2.2　数据类型..27

2.3　变量与常量..28

2.3.1　变量..28

2.3.2　变量的声明及使用..29

【例2-1】声明变量并使用..29

【例2-2】声明多个变量..30

2.3.3　变量的命名规则..30

2.3.4　变量的使用规则..31

2.3.5　常量..31

【例2-3】计算圆的面积..32

2.4　数据类型转换..32

2.4.1　自动数据类型转换..32

【例2-4】不同数据类型的自动转换1........32

【例2-5】不同数据类型的自动转换2........33

2.4.2　强制数据类型转换..33

【例2-6】不同数据类型的强制转换..34

练习 2......34

第 3 章 Scanner 类与运算符......35

视频讲解：13 集，55 分钟
精彩案例：16 个

3.1 Scanner 类......36
【例 3-1】使用 Scanner 类接收数据......36
3.2 运算符......37
3.2.1 算术运算符......37
【例 3-2】“+”运算符的使用......38
【例 3-3】“/”运算符的使用......38
【例 3-4】“%”运算符的使用......39
【例 3-5】“++”和“--”运算符的使用......39
【例 3-6】“++”和“--”运算符前置......40
【例 3-7】“++”参与运算......40
3.2.2 赋值运算符......41
【例 3-8】赋值运算符的应用......41
【例 3-9】借助运算符和中间变量实现两个数据的交换......42
【例 3-10】求四位整数之和......43
3.2.3 比较运算符......43
【例 3-11】比较运算符的应用......44
3.2.4 逻辑运算符......44
【例 3-12】逻辑运算符应用......44
3.2.5 三元运算符......45
【例 3-13】三元运算符的使用......45
【例 3-14】判断奇偶数......46
3.2.6 运算符优先级......46
【例 3-15】运算符优先级的应用 1......47
【例 3-16】运算符优先级的应用 2......47
练习 3......48

第 4 章 流程控制语句......49

视频讲解：8 集，40 分钟
精彩案例：10 个

4.1 随机数类 Random......50
【例 4-1】生成随机数......50
4.2 流程控制语句......51
4.2.1 if 选择结构......51
【例 4-2】if 选择语句......52
4.2.2 if...else 语句......52
【例 4-3】if...else 语句......53
【例 4-4】判断奇偶数......54
4.2.3 if...else if...else 语句......54
【例 4-5】判断是否为开水......55
4.2.4 嵌套 if 选择结构......56
【例 4-6】判断是否进入决赛......57
4.2.5 if 选择结构语句与三元运算符转换......58
【例 4-7】打印较大数......58
【例 4-8】使用三元运算符打印较大数......59
4.2.6 switch 选择语句......60
【例 4-9】转换小写数字为大写样式......61
【例 4-10】根据输入的不同数打印不同结果......62
练习 4......62

第 5 章 循环语句......64

视频讲解：13 集，50 分钟
精彩案例：13 个

5.1 while 循环语句......65
【例 5-1】使用 While 循环打印 100 次“好好学习！”......65
5.2 do...while 循环语句......66
【例 5-2】使用 do...while 循环打印 100 次“好好学习！”......66
5.3 for 循环语句......67
【例 5-3】使用 for 循环打印 100 次“好好学习！”......67
【例 5-4】计算 1~5 的和并打印......68
【例 5-5】打印加法表......69
5.4 循环嵌套......70
【例 5-6】打印直角三角形......70
【例 5-7】打印九九乘法表......71
5.5 跳转语句 break 和 continue......72

5.5.1　break 语句 72
【例 5-8】break 语句的应用 1 72
【例 5-9】break 语句的应用 2 72
5.5.2　continue 语句 74
【例 5-10】continue 语句的应用 74
5.6　无限循环 74
【例 5-11】无限循环 75
5.7　程序调试 75
【例 5-12】调试程序并修正 76
5.8　综合案例——猜数字游戏 77
练习 5 78

第 6 章　数组 80

视频讲解：11 集，39 分钟
精彩案例：11 个
6.1　什么是数组 81
6.2　使用数组 82
【例 6-1】定义长度为 5 的数组 82
【例 6-2】声明数组并打印数组元素 83
6.3　数组遍历 84
6.3.1　普通的 for 循环 84
【例 6-3】使用普通的 for 循环遍历数组 84
6.3.2　增强的 for 循环 85
【例 6-4】使用增强的 for 循环遍历数组 85
【例 6-5】求数组元素的平均值 85
6.4　数组最大值 86
【例 6-6】打印数组元素的最大值 86
6.5　数组异常 87
6.5.1　数组下标越界异常 87
【例 6-7】数组下标越界异常的应用 87
6.5.2　空指针异常 87
【例 6-8】空指针异常的应用 87
6.6　在数组中添加、删除元素 88
6.6.1　在数组中添加元素 88
【例 6-9】在数组中添加元素并打印 88
6.6.2　在数组中删除元素 89
【例 6-10】在数组中删除元素并打印 89
6.7　综合案例——抽奖程序的实现 90
练习 6 91

第 7 章　方法 92

视频讲解：8 集，37 分钟
精彩案例：7 个
7.1　方法的定义 93
7.1.1　什么是方法 93
【例 7-1】描述到南非买钻戒的过程 93
7.1.2　方法的语法 94
7.2　方法的分类 94
7.2.1　无参数无返回值的方法 94
【例 7-2】定义一个方法来打印 1~5 的和 94
7.2.2　无参数有返回值的方法 95
【例 7-3】定义一个方法来返回 1~5 的和 95
7.2.3　有参数无返回值的方法 96
【例 7-4】定义一个方法打印两个整数的和 96
7.2.4　有参数有返回值的方法 96
【例 7-5】定义一个方法求两个小数的和并返回 96
7.3　方法重载 97
7.3.1　什么是方法重载 97
【例 7-6】方法重载的应用 97
【例 7-7】使用方法重载重新实现例 7-5 98
7.3.2　方法重载的注意事项 99
7.4　综合案例——抽奖程序的再实现 99
【例 7-8】将 6.7 综合案例用方法进行封装 99
练习 7 100

第 8 章　实战项目一：奕昊水果店管理系统 101

视频讲解：6 集，21 分钟
8.1　项目分析 102
8.2　项目实现步骤 103
8.2.1　步骤 1：新建项目 103
8.2.2　步骤 2：创建包并在该包下创建类 104

8.2.3 步骤3：在main方法中定义3个数组，分别记录3种水果的信息....104
8.2.4 步骤4：在类中编写方法choose打印主菜单....105
8.2.5 步骤5：在类中编写方法show查看水果信息....105
8.2.6 步骤6：在类中编写方法updateCount修改水果库存....106
8.2.7 步骤7：在类中编写方法updatePrices修改水果价格....107
8.2.8 步骤8：在main方法中编写代码实现项目整体结构的搭建....107
练习8....110

第2篇 Java面向对象

第9章 面向对象入门....114

视频讲解：11集，36分钟
精彩案例：9个

9.1 面向过程和面向对象....115
9.2 什么是对象....115
【例9-1】定义汽车类....115
【例9-2】给汽车对象的属性赋值并调用其run方法....116
9.3 对象的内存图解....117
【例9-3】画出例9-2中的对象car在内存中的存储示意图....117
9.4 构造方法....118
9.4.1 什么是构造方法....118
【例9-4】在例9-2的基础上增加构造方法并测试....118
9.4.2 默认构造方法....119
9.4.3 构造方法的重载....119
【例9-5】定义一个汽车类，要求类中有多个重载的构造方法....119
9.4.4 使用this调用构造方法....120
【例9-6】构造方法之间的调用....120
9.5 封装概述....121
【例9-7】定义一个学生类，有姓名和年龄两个属性，然后测试....121
【例9-8】使用封装的思想修改例9-7....122
9.6 成员变量和局部变量....123
【例9-9】成员变量和局部变量的应用....124
练习9....124

第10章 继承和抽象类....125

视频讲解：10集，43分钟
精彩案例：10个

10.1 什么是继承....126
10.2 继承的语法....126
【例10-1】定义父类Person和学生类Student，让学生类继承父类并测试....126
10.3 继承关系中成员变量的访问....128
【例10-2】继承关系中的成员变量....128
【例10-3】继承关系中成员变量名称相同时的访问方法....129
10.4 继承关系中成员方法的重写....130
10.4.1 父子类中成员方法的调用....130
【例10-4】类中成员方法的调用....130
10.4.2 方法重写....131
【例10-5】方法重写的应用....131
10.4.3 方法重写的具体应用....131
【例10-6】使用方法重写实现电视类和新款电视类....132
10.5 继承关系中构造方法的调用....133
【例10-7】父子类中构造方法的调用....133
【例10-8】在子类构造方法中手动调用父类构造方法....134
10.6 抽象类....135
10.6.1 什么是抽象类....135
【例10-9】抽象类的由来....135
10.6.2 抽象类的特点....136
10.7 综合案例——创建师生类并建立继承关系....137

10.7.1　案例描述....................137
10.7.2　代码的实现及分析....................138
练习 10....................141

第 11 章　接口和多态....................142

视频讲解：17 集，63 分钟
精彩案例：21 个
11.1　包....................143
11.1.1　什么是包....................143
11.1.2　包的声明格式....................143
【例 11-1】声明包....................143
11.1.3　包中类的访问....................144
【例 11-2】定义类 A 和类 B 在同一个包下，在类 B 中访问类 A....................144
【例 11-3】定义类 A 和类 B 不在同一个包下，在类 B 中访问类 A....................144
【例 11-4】定义类 A 和类 C 不在同一个包下，在类 C 中访问类 A....................145
【例 11-5】使用“import 包名 .*”导入包....................145
11.2　访问修饰符....................146
【例 11-6】同一类中 4 种访问修饰符的访问权限....................146
【例 11-7】同一个包的不同类中 4 种修饰符的访问权限....................147
【例 11-8】不同包的父子类中 4 种修饰符的访问权限....................147
【例 11-9】不同包的无关类中 4 种修饰符的访问权限....................147
11.3　接口....................148
11.3.1　什么是接口....................148
11.3.2　类实现接口....................149
11.3.3　接口中的抽象方法....................149
【例 11-10】接口中抽象方法的使用....................149
11.3.4　接口中的默认方法....................149
【例 11-11】接口中默认方法的使用....................150
11.3.5　接口中的静态方法....................150
【例 11-12】接口中的静态方法....................150
11.3.6　接口中的私有方法....................151
【例 11-13】接口中私有方法的使用....................151
11.3.7　接口中的成员变量....................151
【例 11-14】接口中的常量....................152
11.3.8　接口的实现....................152
【例 11-15】接口的多实现....................152
11.3.9　类的继承与实现....................153
【例 11-16】继承类的同时实现接口....................153
11.3.10　接口的继承....................154
【例 11-17】接口的多继承....................154
11.3.11　接口和抽象类的区别....................155
11.4　接口案例——保险箱....................155
11.4.1　案例描述....................155
11.4.2　代码的实现及分析....................155
11.5　多态....................157
11.5.1　什么是多态....................157
11.5.2　多态的定义格式....................157
【例 11-18】多态的使用....................157
11.5.3　instanceof 关键字....................159
【例 11-19】instanceof 关键字的使用....................159
11.5.4　转型....................159
【例 11-20】向上转型和向下转型....................160
11.6　综合案例——软件外包公司外派管理....................162
11.6.1　案例描述....................162
11.6.2　代码的实现及分析....................162
练习 11....................165

第 12 章　final、static 关键字和内部类及匿名对象....................166

视频讲解：10 集，40 分钟
精彩案例：19 个
12.1　final 关键字....................167
12.1.1　final 的概念....................167
12.1.2　final 的特点....................167
【例 12-1】使用 final 修饰类....................167

【例 12-2】使用 final 修饰方法..................167
【例 12-3】使用 final 修饰基本类型的变量...168
【例 12-4】使用 final 修饰引用类型的变量...168
【例 12-5】为使用 final 修饰的成员变量赋值...169
12.2 static 关键字......................................169
12.2.1 static 的特点....................................169
【例 12-6】属性值在内存中的存储............169
【例 12-7】使用 static 修饰的属性值在内存中的存储..171
12.2.2 静态方法...172
【例 12-8】使用 static 修饰方法................172
12.2.3 静态常量...173
【例 12-9】定义静态常量..........................173
12.3 匿名对象..174
12.3.1 什么是匿名对象...............................174
【例 12-10】创建 Animal 类和它的匿名对象..174
12.3.2 匿名对象的用法...............................174
【例 12-11】创建匿名对象并调用其方法...174
【例 12-12】匿名对象作为方法的参数和返回值..175
12.4 内部类..176
12.4.1 什么是内部类...................................176
12.4.2 成员内部类.......................................176
【例 12-13】成员内部类的应用.................176
12.4.3 局部内部类.......................................177
【例 12-14】局部内部类的应用.................177
12.5 匿名内部类..178
12.5.1 什么是匿名内部类...........................178
12.5.2 定义匿名内部类的格式...................178
【例 12-15】匿名内部类的应用.................179
12.6 代码块..180
12.6.1 局部代码块.......................................180
【例 12-16】局部代码块的执行.................180
12.6.2 构造代码块.......................................181
【例 12-17】构造代码块的执行.................181
12.6.3 静态代码块.......................................182
【例 12-18】静态代码块的执行.................182
12.7 枚举..183
12.7.1 什么是枚举.......................................183
12.7.2 枚举的使用.......................................183
【例 12-19】枚举的使用方法.....................183
练习 12...184

第 13 章 Lambda 表达式与面向对象的综合应用.......................185

视频讲解：9 集，33 分钟
精彩案例：11 个
13.1 函数式接口..186
【例 13-1】定义一个函数式接口...............186
【例 13-2】将函数式接口作为方法的参数....186
13.2 Lambda 表达式....................................187
【例 13-3】匿名内部类和 Lambda 表达式...187
【例 13-4】将 Lambda 表达式作为方法的返回值..188
13.3 成员变量与方法参数...........................188
【例 13-5】成员变量和方法参数的应用.....189
13.4 类和接口作为方法的参数类型与返回值类型..190
13.4.1 类作为方法的参数类型...................190
【例 13-6】类作为方法的参数类型的应用....190
13.4.2 类作为方法的返回值类型...............191
【例 13-7】类作为方法的返回值类型的应用....191
13.4.3 抽象类作为方法的参数类型...........192
【例 13-8】抽象类作为方法的参数类型的应用....192
13.4.4 抽象类作为方法的返回值类型.......193
【例 13-9】抽象类作为方法的返回值类型的应用..193
13.4.5 接口作为方法的参数类型和返回值类型..193
【例 13-10】接口作为方法的参数类型和返回值类型的应用.............................194
13.5 交通工具案例......................................195
13.5.1 案例描述...195

13.5.2 代码的实现及分析......195
练习 13......199

第 14 章 异常......201

视频讲解：9 集，39 分钟
精彩案例：10 个

14.1 什么是异常......202
【例 14-1】数组索引越界异常......202
14.2 异常体系......202
【例 14-2】Error 错误......203
【例 14-3】编译时异常......203
14.3 异常的产生过程解析......204
【例 14-4】数组索引越界异常......204
14.4 异常处理......205
14.4.1 捕获异常 try...catch......206
【例 14-5】捕获异常的应用......206
14.4.2 finally 代码块......207
【例 14-6】try...catch...finally 结构......207
14.4.3 捕获多种类型的异常......208
【例 14-7】使用多个 catch 块捕获异常......209
14.4.4 抛出异常......210
【例 14-8】抛出异常的应用......210
14.4.5 声明异常......211
【例 14-9】声明异常的应用......211
14.5 自定义异常......212
【例 14-10】自定义异常的应用......212
练习 14......214

第 15 章 实战项目二：奕昊软件公司外派系统......215

视频讲解：4 集，25 分钟

15.1 项目描述及运行结果......216
15.1.1 项目描述......216
15.1.2 项目运行结果......216
15.2 项目实现步骤......217
15.2.1 步骤 1：根据需求构建类......217
15.2.2 步骤 2：新建项目......217
15.2.3 步骤 3：创建包并在该包下创建员工类......217
15.2.4 步骤 4：创建开发人员类，继承于员工类......218
15.2.5 步骤 5：创建项目经理类，继承于员工类......219
15.2.6 步骤 6：创建业务逻辑类......220
15.2.7 步骤 7：创建程序执行入口类 221
练习 15......222

第三篇 Java 高级特性

第 16 章 常用类......226

视频讲解：10 集，56 分钟
精彩案例：16 个

16.1 Object 类......227
16.1.1 什么是 Object 类......227
16.1.2 toString 方法......227
【例 16-1】toString 方法的应用......227
16.1.3 equals 方法......228
【例 16-2】equals 方法的应用......228
16.2 日期时间类......230
16.2.1 Date 类......230
【例 16-3】打印当前时间和基准时间后两秒的时间......230
16.2.2 DateFormat 类......231
【例 16-4】格式化日期......231
【例 16-5】将字符串格式的日期解析为 Date 类型......232
16.2.3 Calendar 类......233
【例 16-6】使用 Calendar 日历对象来获取日期......233
【例 16-7】Calendar 的常用方法......234
16.3 System 类......235
【例 16-8】获取计算 1~1000000 累加和所耗时间（毫秒）......235
【例 16-9】数组元素的复制......236

16.4 String、StringBuilder 和 StringBuffer 类....237
16.4.1 String 类....237
【例 16-10】字符串的操作....238
【例 16-11】字符串的拆分....239
16.4.2 字符串拼接....240
【例 16-12】字符串的拼接....240
16.4.3 StringBuilder 类....240
【例 16-13】StringBuilder 类的应用....240
16.5 包装类....242
16.5.1 什么是包装类....242
16.5.2 装箱与拆箱....242
【例 16-14】装箱与拆箱的应用....242
16.5.3 自动装箱与自动拆箱....243
【例 16-15】自动装箱与自动拆箱的应用....243
16.5.4 为什么要有包装类....243
【例 16-16】parseXxx 方法....243
练习 16....244

第 17 章 集合框架....245

精彩案例：16 个
17.1 什么是集合....246
17.1.1 List 接口....247
17.1.2 ArrayList 集合....247
【例 17-1】ArrayList 集合的应用....247
【例 17-2】使用 ArrayList 集合存储对象....248
17.1.3 LinkedList 集合....249
【例 17-3】LinkedList 集合的应用....249
17.2 Set 接口....250
【例 17-4】HashSet 类的应用....251
17.3 集合遍历....251
17.3.1 Iterator 接口....251
【例 17-5】使用迭代器遍历集合....252
17.3.2 foreach 循环....253
【例 17-6】foreach 循环的应用....253
17.4 Map 集合....254
17.4.1 什么是 Map 接口....254
17.4.2 Map 接口中的常用方法....254
【例 17-7】HashMap 集合的应用....255
17.4.3 遍历 Map 集合 1....255
【例 17-8】通过键找值的方式遍历集合....256
17.4.4 遍历 Map 集合 2....257
【例 17-9】通过键值对的方式遍历集合....257
17.5 Collections 集合工具类....258
【例 17-10】Collections 集合工具类的应用....259
17.6 泛型....259
17.6.1 泛型集合....259
【例 17-11】普通集合的问题....260
【例 17-12】List 泛型集合的应用....260
【例 17-13】Map 泛型集合的应用....261
17.6.2 泛型类、泛型方法和泛型接口 262
【例 17-14】自定义泛型类....262
【例 17-15】泛型方法....263
【例 17-16】泛型接口....264
练习 17....265

第 18 章 I/O 流....266

精彩案例：14 个
18.1 字符编码表....267
18.1.1 常用的编码....267
18.1.2 字符的编码和解码....268
【例 18-1】编码与解码的转换....268
18.2 递归....269
【例 18-2】递归的简单应用....269
【例 18-3】使用递归计算....270
18.3 I/O 操作....271
18.3.1 什么是 I/O 操作....271
18.3.2 File 类概述....271
【例 18-4】通过构造函数创建 File 对象....272
18.3.3 File 类的常用方法....273
【例 18-5】获取文件信息....273
18.3.4 文件和文件夹的操作方法....273
【例 18-6】创建、删除文件和文件夹....274
18.3.5 获取目录中的所有文件和文件夹....275

【例 18-7】获取目录中所有文件和文件夹的信息......275
【例 18-8】递归打印目录和其子目录中文件的路径......276
18.3.6 I/O 流......277
18.3.7 字节流......277
18.3.8 字节输出流 OutputStream......278
【例 18-9】使用 FileOutputStream 类将数据写入文件中......279
18.3.9 I/O 异常的处理......279
【例 18-10】异常处理的应用......280
18.3.10 字节输入流 InputStream......281
【例 18-11】使用 FileInputStream 类读取文件中的数据......281
【例 18-12】一次读取多字节......282
【例 18-13】复制文件的操作......283
【例 18-14】使用缓冲数组复制文件......284
练习 18......285

第 19 章　I/O 流进阶......286

精彩案例：12 个

19.1 字符流......287
19.1.1 字符输入流 Reader......287
【例 19-1】使用 FileReader 读取文件......287
【例 19-2】使用 FileReader 高效读取文件......288
19.1.2 字符输出流 Writer......289
【例 19-3】使用 FileWriter 写入字符......289
【例 19-4】使用字符流复制文本文件......290
19.2 缓冲流......290
19.2.1 字节缓冲流......291
【例 19-5】使用字节缓冲流复制文件......291
19.2.2 字符缓冲流......292
【例 19-6】使用字符缓冲流复制文件......292
19.3 序列化和反序列化......293
19.3.1 什么是序列化和反序列化......293
19.3.2 序列化和反序列化的实现......293
【例 19-7】序列化的应用......293
【例 19-8】反序列化的应用......294
19.3.3 序列化接口......295
【例 19-9】在 Student 类中定义 serialVersionUID......295
19.3.4 瞬态关键字 transient......296
【例 19-10】瞬态关键字的应用......296
19.4 Properties 类介绍......297
【例 19-11】将集合中的数据保存到文件......297
【例 19-12】从文件中加载数据到集合......298
练习 19......298

第 20 章　反射......299

精彩案例：9 个

20.1 什么是反射......300
【例 20-1】获取类的字节码文件对象......300
20.2 反射的功能及应用......301
20.2.1 通过反射获取构造方法......301
【例 20-2】通过 Class 类获取构造方法......301
20.2.2 通过反射创建对象......303
【例 20-3】通过反射创建对象的应用......303
20.2.3 通过反射获取私有构造方法并创建对象......304
【例 20-4】通过反射使用私有构造方法创建对象......304
20.2.4 通过反射获取成员变量......305
【例 20-5】通过反射获取成员变量的应用......305
20.2.5 通过反射对成员变量进行赋值和取值......306
【例 20-6】通过反射对成员变量进行赋值和取值的应用......307
20.2.6 通过反射获取成员方法......308
【例 20-7】通过反射获取方法......308
【例 20-8】通过反射执行 private 方法......309
20.2.7 反射的应用......310
【例 20-9】通过反射创建类的对象......310
练习 20......311

第21章 多线程......312

精彩案例：7个

21.1 什么是多线程......313
21.1.1 并发与并行......313
21.1.2 线程与进程......313
21.1.3 多线程的调度方式......315
21.2 多线程的实现......315
21.2.1 实现多线程1......316
【例21-1】通过继承Thread类来实现多线程并测试......316
21.2.2 实现多线程2......317
【例21-2】通过实现Runnable接口来实现多线程并测试......317
21.3 多线程的安全性......318
21.3.1 线程安全......318
【例21-3】模拟卖票......318
21.3.2 线程同步......320
【例21-4】使用同步代码块解决线程安全问题......320
【例21-5】使用同步方法解决线程安全问题......321
【例21-6】使用同步锁机制解决线程安全问题......322
21.4 线程的状态......323
21.5 线程池......324
21.5.1 什么是线程池......325
21.5.2 线程池的使用......325
【例21-7】通过线程池获取线程......326
练习21......327

第22章 实战项目三：奕昊超市会员管理系统......328

22.1 项目分析......329
22.2 项目实现步骤......331
练习22......346

Java 面试中的重点与难点解析（赠送 PDF 版）

模块 1　Java 基础 1

1.1　String、StringBuilder 和 StringBuffer 的区别 1

1.2　什么是字符串常量池 1

1.3　“==”和 equals 方法的区别 4

1.4　Java 的跨平台原理 6

1.5　什么是 JVM？什么是 JDK？什么是 JRE？ 6

1.6　静态变量和实例变量的区别 7

模块 2　面向对象 9

2.1　面向对象的三大特性 9

2.2　Java 包装类型是什么 10

2.3　作用域 public、protected、private 以及什么都不写时的区别 13

2.4　接口和抽象类的区别 13

2.5　final、finally、finalize 三者的含义和区别 15

模块 3　JVM 17

3.1　JVM 的内存结构 17

3.2　Java 类的加载机制 19

3.2.1　Java 类的加载过程 19

3.2.2　类加载器 21

3.2.3　双亲委派模型 21

3.3　垃圾回收器如何判断是否需要回收 22

3.4　Java 的强大之处——JVM 垃圾收集算法 24

模块 4　集合框架 27

4.1　HashMap 的底层原理 27

4.2　ArrayList、LinkedList 和 Vector 的区别 30

4.3　HashSet 的原理 33

模块 5　多线程 36

5.1　synchronized 底层实现原理 36

5.2　什么是 volatile 关键字 38

5.3　什么是 ThreadLocal 42

5.4　什么是 cas 46

模块 6　MySQL 50

6.1　MySQL 的索引 50

6.2　索引设计原则 56

6.3　MySQL 的逻辑架构 57

模块 7　流行框架 60

7.1　MyBatis 中 #{} 和 ${} 分别代表什么，有什么区别 60

7.2　MyBatis 的延迟加载如何实现 61

7.3　如何理解 Spring IoC 65

7.4　什么是 Spring 容器 68

7.5　Spring IoC 的注入方式 71

7.6　Spring AOP 解决了面向对象不能解决的什么问题 73

7.7　Spring AOP 的底层原理之 CGLIB 动态代理 77

7.8　事务的隔离级别 80

7.9 Spring 中的事务传播行为 82
7.10 SpringMVC 的执行流程 84
7.11 SpringBoot 的自动配置原理是什么 90
7.12 vue 的 v-for 中为什么要加 key 93

模块 8 设计模式 96

8.1 什么是代理模式 96
8.2 什么是适配器模式 99

1 Java 基础

第 1 章　初识 Java
第 2 章　变量和数据类型
第 3 章　Scanner 类与运算符
第 4 章　流程控制语句
第 5 章　循环语句
第 6 章　数组
第 7 章　方法
第 8 章　实战项目一：奕昊水果店管理系统

第 1 章

初识 Java

学习目标

Java 是一门应用非常广泛的编程语言，世界 500 强中 90% 以上的企业都在用它构建自己的软件系统。本章介绍 Java 的诞生与发展、Java 技术体系、Java 应用领域、常用 DOS 命令、Java 程序运行原理、Java 开发环境、IDEA 开发工具等内容，并通过一些实例讲解如何创建并运行第一个 Java 程序。通过本章的学习，读者将可以做到：

- 了解 Java 技术体系
- 掌握常用 DOS 命令
- 掌握 Java 环境的配置
- 掌握 Java 程序开发的流程
- 掌握 IDEA 开发工具的使用

内容浏览

1.1 Java 的诞生与发展
1.2 Java 技术体系
1.3 Java 应用领域
1.4 常用 DOS 命令
1.4.1 如何进入 DOS 操作窗口
1.4.2 DOS 常用命令
1.5 Java 程序运行原理
1.5.1 JVM 与跨平台
1.5.2 JRE 与 JDK
1.6 Java 开发环境
1.6.1 安装 JDK
1.6.2 配置环境变量
1.7 IDEA 开发工具
1.7.1 IDEA 的安装
1.7.2 IDEA 的快捷键
1.8 Java 程序入门
1.8.1 编写和运行 Java 程序
1.8.2 main() 方法
1.8.3 使用 IDEA 编写代码
1.8.4 转义符
1.8.5 Java 中的注释
1.8.6 Java 的语法格式
练习 1

1.1　Java的诞生与发展

Java是Sun于1995年推出的高级编程语言，2009年被Oracle收购。编程语言就是用来编写计算机能够理解并执行的指令的语言。人类有人类的语言，计算机有计算机的语言，我们必须使用计算机能理解的语言来编写指令，让计算机执行人类想让它执行的操作，这就是计算机语言。计算机语言有很多种，Java只是其中的一种，还有很多其他的语言如C、C++、C#、Python和PHP等。

微信扫码

扫一扫,看视频讲解

Java发展历史中的重要版本主要有：1995年Sun公司发布了第一个Java开发工具包Java 1.0版本，2014年发布了Java 8版本，2020年发布了最新的版本Java 14。目前使用最广泛的版本是Java 8，本书使用的版本为Java 11，但所有案例在Java 8版本也能运行通过，读者可以放心使用。

1.2　Java技术体系

Java技术分为3个体系，即Java SE（J2SE）、Java EE（J2EE）和Java ME（J2ME），如图1-1所示。

（1）Java SE（J2SE）（Java 2 Platform Standard Edition，Java平台标准版）：它是Java的核心部分，包括了Java最核心的类库，Java EE和Java ME都是以它为基础的，这也是本书的重点学习内容。

（2）Java EE（J2EE）（Java 2 Platform Enterprise Edition，Java平台企业版）：它可以开发企业级的应用程序，也就是通常所说的网站和一些使用浏览器访问的应用程序，例如京东和淘宝的网站就是用Java EE技术开发的。

（3）Java ME（J2ME）（Java 2 Platform Micro Edition，Java平台微型版）：用于嵌入式系统程序的开发，例如在手机上运行的程序等。

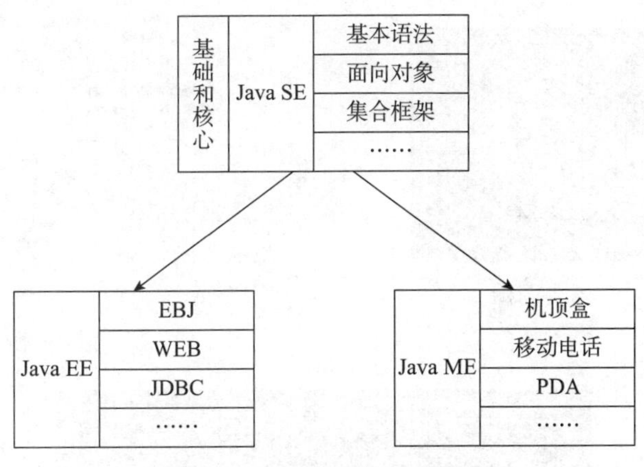

图1-1　Java技术的3个体系

1.3 Java应用领域

由于Java是跨平台的语言，其应用领域非常广泛。

（1）Android应用。Java是Android的主要开发语言，在Android开发中占有重要地位。

（2）大数据。很多流行的大数据框架如Hadoop就是用Java开发的，Java在大数据领域应用得非常广泛。

（3）大型网站。以阿里巴巴为代表的一大波电子商务网站都是用Java开发的，在该领域Java是绝对的霸主。

（4）游戏领域。很多大型游戏的后台系统都是用Java开发的。

（5）嵌入式领域。在嵌入式领域Java也有广泛的应用。

1.4 常用DOS命令

DOS是一种操作系统，和Windows操作系统的功能是一样的。

Windows操作系统是图形化界面，DOS操作系统是命令行界面，所以DOS系统使用起来没有Windows系统方便。

后面在Java学习中需要用到DOS命令，这里先介绍一些DOS操作系统的常用命令。

1.4.1 如何进入DOS操作窗口

右击屏幕左下角的图标，然后单击“运行”命令（图1–2），打开“运行”窗口（图1–3），输入cmd命令后单击“确定”按钮，进入DOS的操作窗口，如图1–4所示。

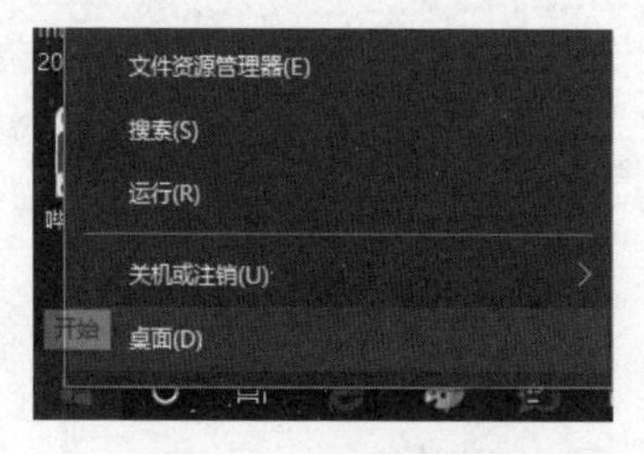

图1–2 右击图标

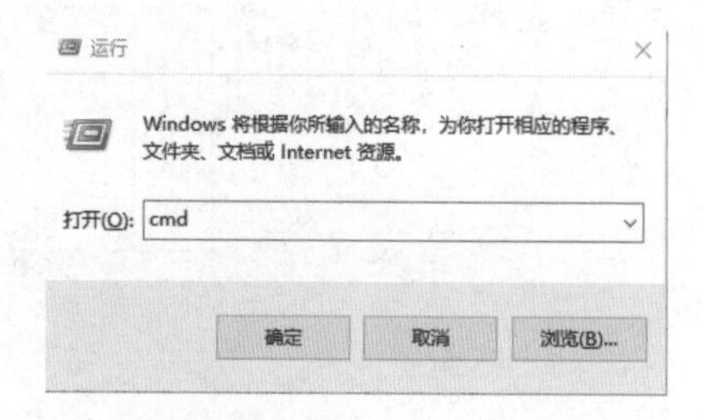

图1–3 打开“运行”窗口

图1–4 DOS操作窗口

1.4.2 DOS 常用命令

DOS常用命令及功能如表1-1所示。

表1-1　DOS常用命令及功能

命　令	功　能
盘符:	转换到指定分区（如C盘、D盘和E盘等）
dir	查看当前路径下的目录和文件
cd 目录名	进入指定的目录
cd ..	进入上一级目录
cd\	进入根目录
cls	清屏

【例1-1】转换到指定分区

进入DOS的操作窗口，在C:\Users\admin目录下输入d:命令后按回车键，就会进入D盘根目录，如图1-5所示。

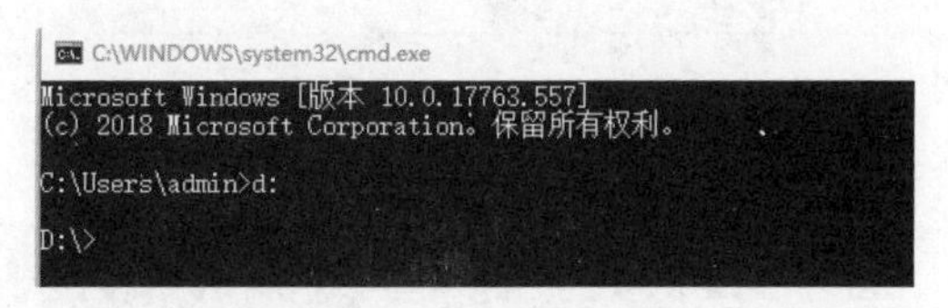

图1-5　D盘根目录

【例1-2】查看当前路径下的目录和文件

在D盘根目录下，输入dir命令后按回车键，就会列出D盘下的所有文件和文件夹，如图1-6所示。

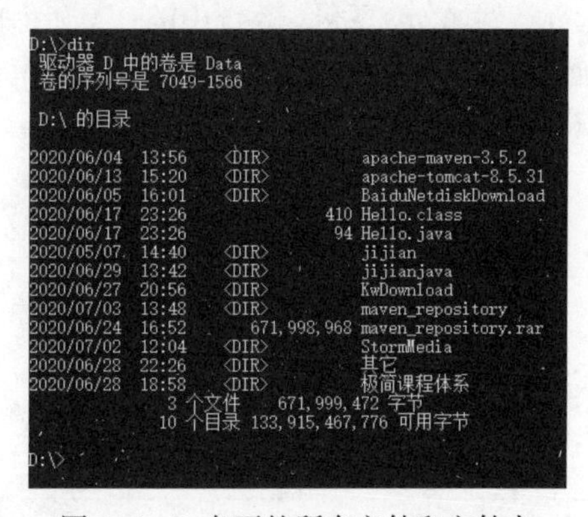

图1-6　D盘下的所有文件和文件夹

【例1-3】进入指定的目录

在D盘根目录输入cd jijianjava命令后按回车键，就会进入jijianjava这个目录，如图1-7（a）

所示。

【例1-4】进入上一级目录

在jijianjava目录下输入cd ..命令后按回车键，就会进入上一级目录，也就是D盘根目录，如图1-7（b）所示。

【例1-5】进入根目录

在jijianjava目录中输入cd \命令后按回车键，就会进入根目录，如图1-7（c）所示。

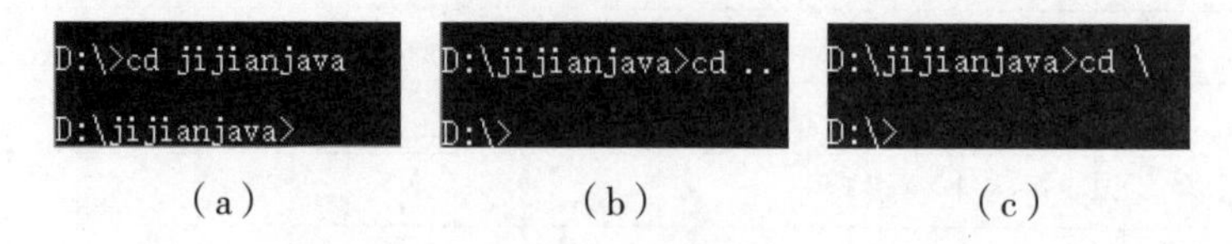

图1-7 不同的cd命令执行后的结果

【例1-6】清屏

输入cls命令后按回车键，整个屏幕的内容就会被清除干净。

1.5 Java程序运行原理

1.5.1 JVM与跨平台

JVM是Java Virtual Machine（Java虚拟机）的缩写。JVM是一种用于计算设备的规范，它是一个虚构出来的计算机，是通过在实际的计算机上仿真模拟各种计算机功能来实现的。JVM是Java程序的运行环境，是Java 最具吸引力的特性之一，我们编写的Java代码都要运行在JVM之上。

不同的操作系统有不同的JVM（图1-8），因此Java程序可以在不修改的情况下运行于不同的操作系统，从而实现跨平台运行。例如，Windows系统中的JVM会将Java代码解释为能在Windows平台上执行的代码，Linux系统中的JVM会将Java代码解释为能在Linux平台上执行的代码等，这样Java代码通过JVM就可以运行在不同的平台上了。

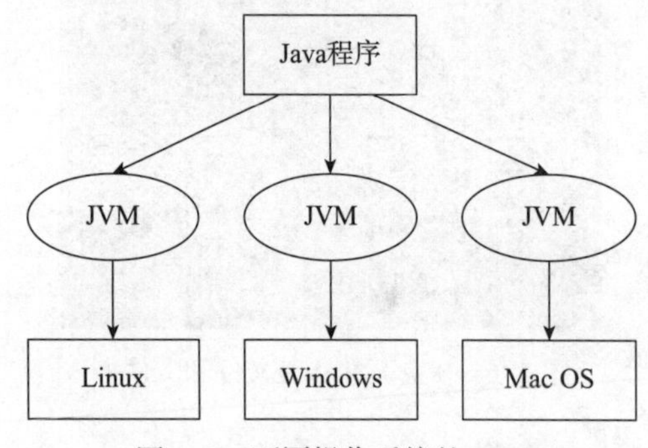

图1-8 不同操作系统的JVM

1.5.2　JRE 与 JDK

JRE是Java Runtime Environment的缩写，是指Java运行环境，用Java开发的程序必须在JRE环境下才能正确运行。

JDK是Java Development Kit的缩写，是Java语言的软件开发工具包，如果要开发Java程序，就必须安装JDK。

1.6　Java 开发环境

微信扫码

扫一扫，看视频讲解

1.6.1　安装 JDK

可以扫描前言“本书资源浏览与获取方式”中的二维码添加小助手微信(本书配套软件、演示代码和练习代码都可通过该微信索取)，验证信息请填写“极简Java”。

安装JDK非常简单，只要根据提示一直单击“下一步”按钮就可以。

注意：

在安装路径中不要包含中文，本书使用Java 11的版本。

1.6.2　配置环境变量

安装好JDK后还需要配置环境变量，配置环境变量的目的就是实现在任意路径下能够直接执行命令。

JDK的默认安装路径是C:\Program Files\Java\jdk-11.0.6，如图1-9所示。

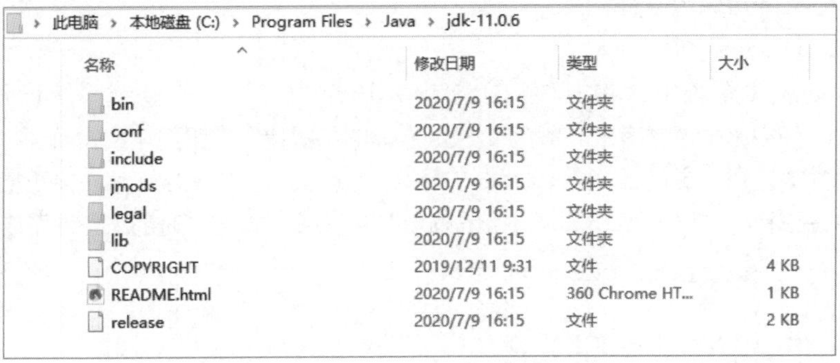

› 此电脑 › 本地磁盘 (C:) › Program Files › Java › jdk-11.0.6

名称	修改日期	类型	大小
bin	2020/7/9 16:15	文件夹	
conf	2020/7/9 16:15	文件夹	
include	2020/7/9 16:15	文件夹	
jmods	2020/7/9 16:15	文件夹	
legal	2020/7/9 16:15	文件夹	
lib	2020/7/9 16:15	文件夹	
COPYRIGHT	2019/12/11 9:31	文件	4 KB
README.html	2020/7/9 16:15	360 Chrome HT...	1 KB
release	2020/7/9 16:15	文件	2 KB

图 1-9　Java\jdk-11.0.6 目录下的文件

怎样验证有没有安装成功呢？在图1-9所示的文件列表中双击打开文件夹bin，可以看到bin目录下有一个javac.exe文件，如图1-10所示。

名称	修改日期	类型
jar.exe	2020/7/9 16:15	应用程序
jarsigner.exe	2020/7/9 16:15	应用程序
java.dll	2020/7/9 16:15	应用程序扩展
java.exe	2020/7/9 16:15	应用程序
javaaccessbridge.dll	2020/7/9 16:15	应用程序扩展
javac.exe	2020/7/9 16:15	应用程序
javadoc.ex	16:15	应用程序
javajpeg.d	16:15	应用程序扩展
javap.exe	16:15	应用程序
javaw.exe	16:15	应用程序
jawt.dll	16:15	应用程序扩展

文件说明: Java(TM) Platform SE binary
公司: Oracle Corporation
文件版本: 11.0.6.0
创建日期: 2020/7/9 16:15
大小: 20.8 KB

图 1–10　bin 目录下的文件

javac.exe是一个可执行文件，是用来编译Java代码的。如果想要执行这个文件，在DOS操作窗口先进入bin目录下，然后输入javac并按回车键，出现如图1–11所示的界面，就表示JDK已经安装成功了。

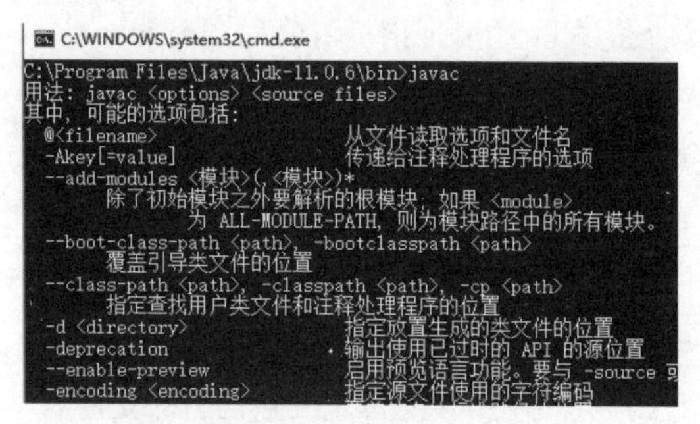

图 1–11　javac 命令执行界面

有没有办法在任意的目录下都可以执行这个文件呢？那就需要配置环境变量。

【例 1–7】配置Java环境变量

配置环境变量的步骤如下：

（1）在Windows 10系统中，右击“我的电脑”，选择“属性”→“高级系统设置”→“环境变量”命令，在弹出的对话框中单击“系统变量(s)”中的“新建”按钮，弹出“新建系统变量”对话框，如图1–12所示。在“变量名(N)”输入框中输入变量名JAVA_HOME，在“变量值(V)”输入框中输入JDK的安装路径，即C:\Program Files\Java\jdk–11.0.6，单击“确定”按钮完成。

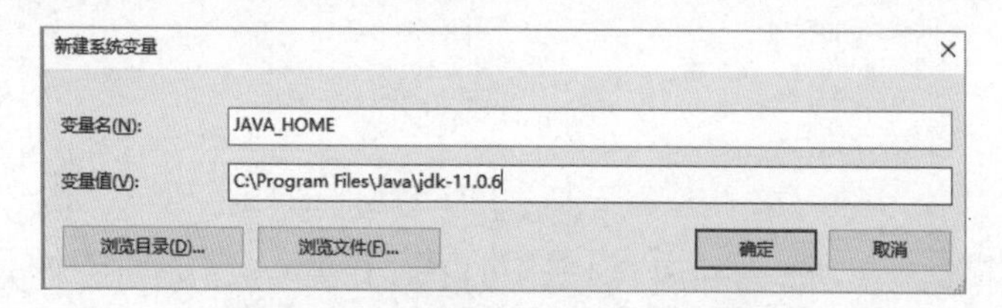

图 1–12　“新建系统变量”对话框

（2）在“系统变量(S)”中找到Path变量并双击，单击编辑文本，将“%JAVA_HOME%\bin;”添加到Path变量的最前面(图1–13)。这里的“%JAVA_HOME%”引用的就是刚刚建立的变量

JAVA_HOME的值C:\Program Files\Java\jdk-11.0.6，所以它等同于路径C:\Program Files\Java\jdk-11.0.6\bin，而javac.exe文件就在该路径下。

图 1-13　编辑 Path 环境变量

配置好环境变量后，在任意一个路径下输入javac，然后按回车键，会发现能够正常执行，界面如图1-14所示。这就是配置的环境变量起作用了。

图 1-14　在 C:\Users\admin 下执行 javac 命令的结果

小技巧（Path原理解析）：

在命令行中执行某个命令时，首先在当前路径下查找可执行文件，如果找不到，则到Path配置的各个路径下查找。Path的作用就是指定从哪些地方查找命令。设置了Path环境变量之后，在任何位置都可以直接执行相关命令。

1.7　IDEA 开发工具

本节主要介绍一个好用的开发工具IDEA（全称为IntelliJ IDEA，是Java程序开发的集成环境，也可用于其他语言）。IDEA可以用来编写和运行Java代码。

IDEA是企业中应用最广泛的Java开发工具，它本身也是用Java语言开发的。要想使用IDEA，首先需要安装好JDK。

1.7.1 IDEA 的安装

本书采用的IDEA版本为2019.3.3，可以添加小助手微信获取软件下载链接。

下载软件后就可以按照以下步骤进行安装：

（1）双击安装包，单击Next按钮选择安装路径，如图1-15所示。

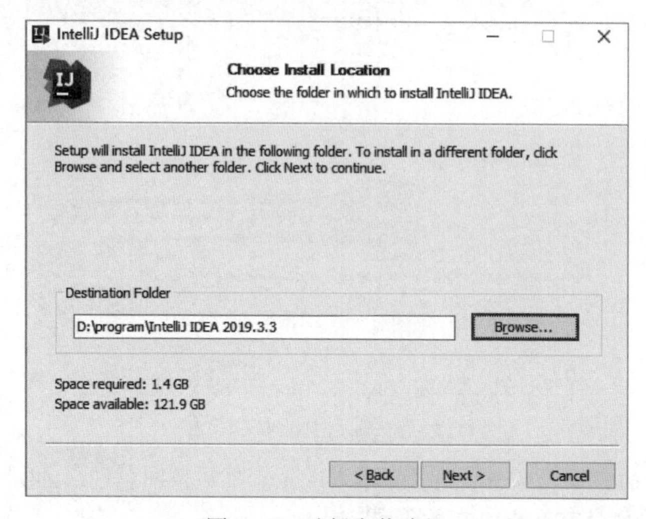

图 1-15　选择安装路径

（2）单击Next按钮，勾选64-bit launcher复选框，然后单击Next按钮开始安装，如图1-16所示。勾选64-bit launcher复选框的目的是安装完成后生成IDEA的桌面图标。

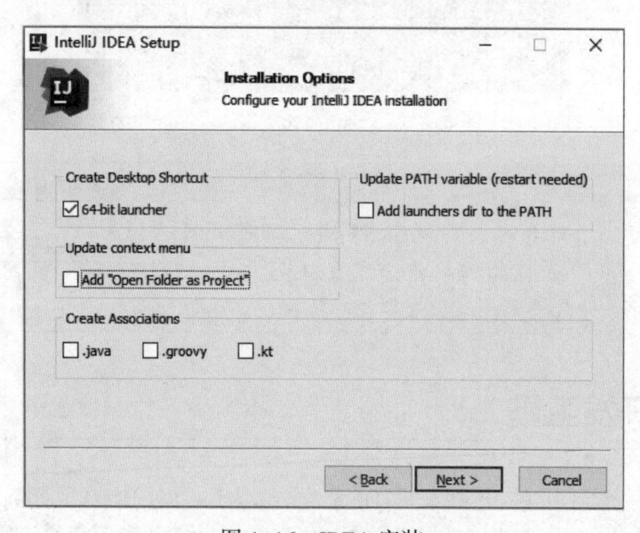

图 1-16　IDEA 安装

（3）安装完毕，勾选Open IntelliJ IDEA复选框并单击OK按钮，会出现图1-17所示的导入设置对话框，选中Do not import settings单选项（表示如果以前安装过IDEA不导入其设置），单击OK按钮。

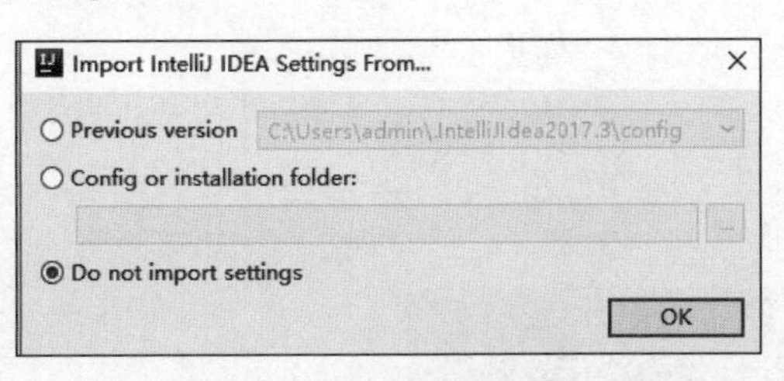

图1-17　导入设置对话框

（4）在弹出的阅读条款对话框中勾选I confirm that...复选框并单击Continue按钮，如图1-18所示。

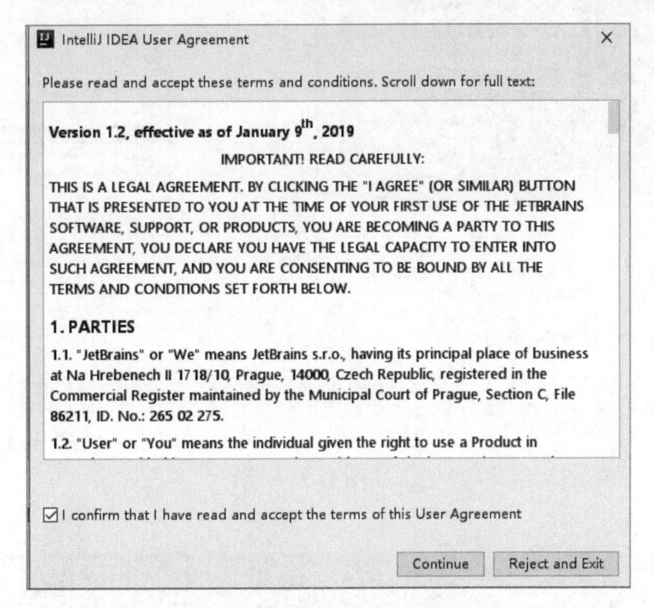

图1-18　阅读条款对话框

（5）在弹出的“发送数据”对话框中单击Don't send按钮，如图1-19所示。

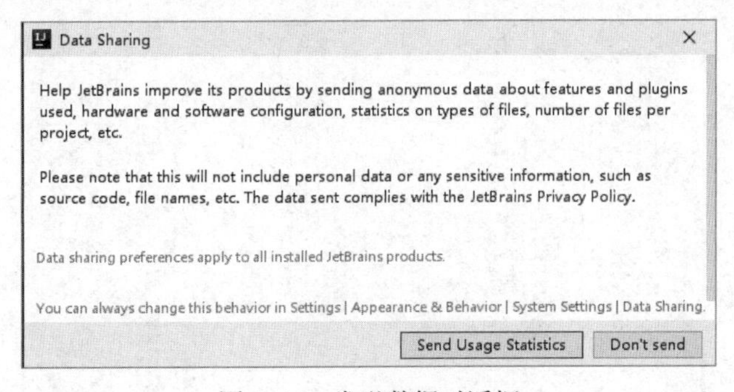

图1-19　发送数据对话框

(6)选择背景颜色(如黑色或白色)，如图1-20所示。然后单击Skip Remaining and Set Defaults按钮，将剩下的部分设置为默认值。

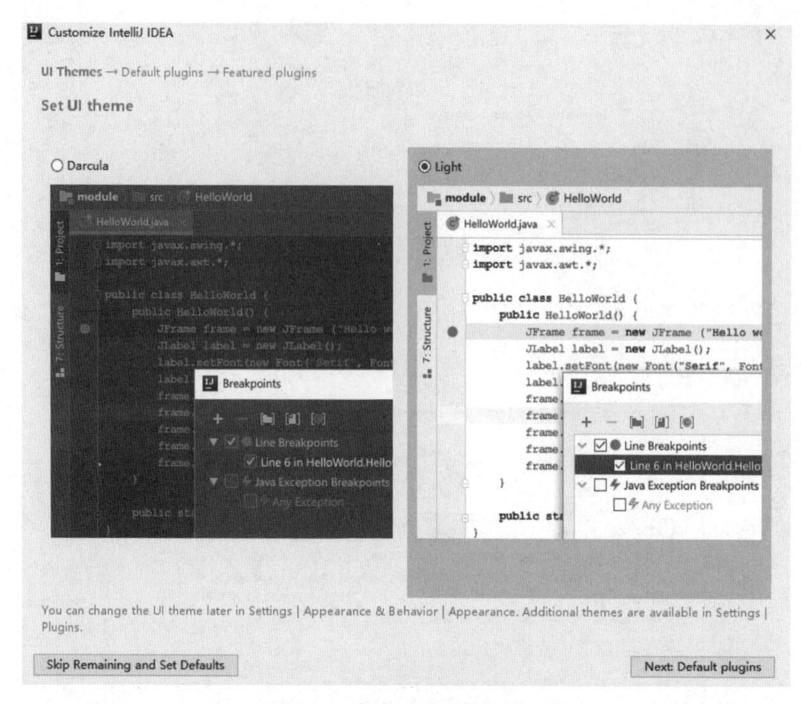

图1-20 选择背景颜色

(7)因为IDEA是收费软件，此处可以选中Evaluate for free单选项(30天免费试用版)，在此期间没有功能限制，然后单击Evaluate按钮，如图1-21所示。

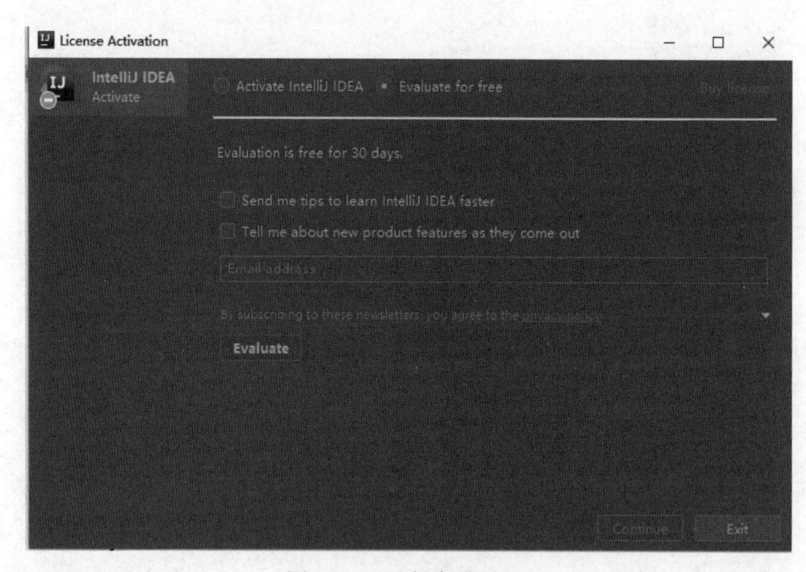

图1-21 选择免费试用

(8)单击Continue按钮，如果出现如图1-22所示的界面，则表示IntelliJ IDEA已经安装完毕。

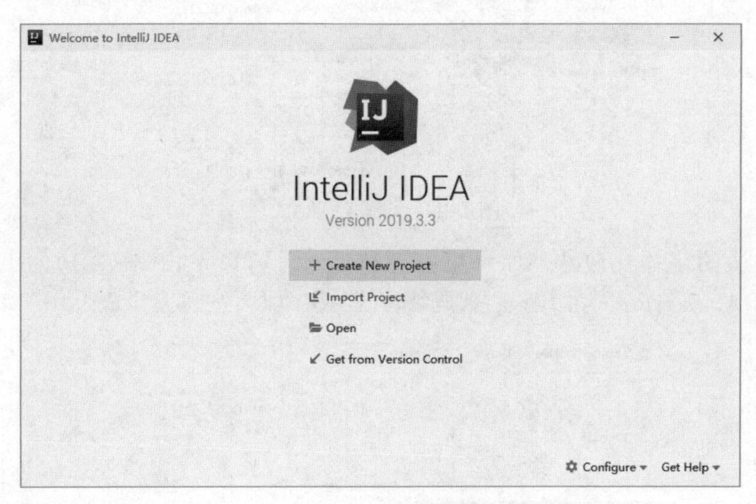

图 1-22　初始界面

安装好IDEA后就可以进行配置了。IDEA的配置分为全局配置和项目配置。全局配置会对所有的项目生效，此处先进行全局配置，操作步骤如下：

(1)单击初始界面Configure右下角的下拉按钮，选中Settings选项(图1-23)，进入全局配置界面。

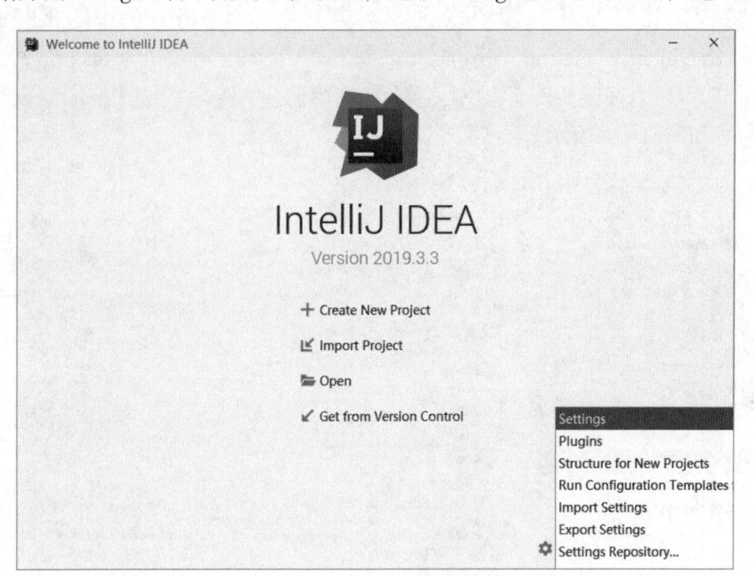

图 1-23　IDEA 全局配置

(2)修改背景主题。单击Appearance & Behavior→Appearance选项，在Theme下拉列表中可以选择感兴趣的背景主题，如图1-24所示。此处提供了三种背景主题:Darcula (黑色背景的主题)、High contrast (高对比度背景的主题)和IntelliJ (白色背景的主题)。

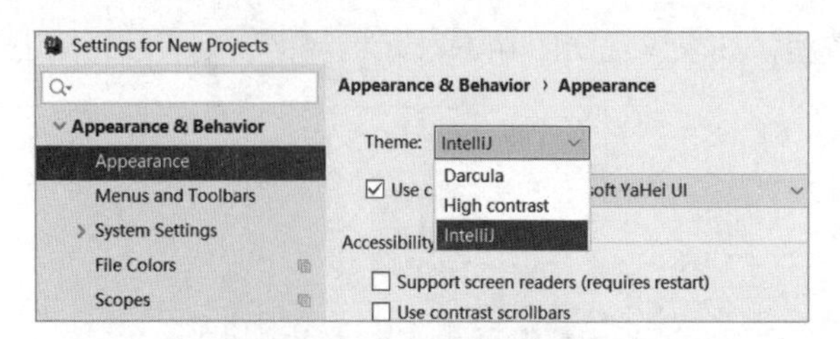

图 1-24　设置背景主题

（3）IDEA默认的字体比较小，如果想把字体调大，可以单击Editor左边的下拉按钮，选中General→Font选项，在Size文本框中设置代码编辑区的字体大小，通常设置为16，如图1-25所示。

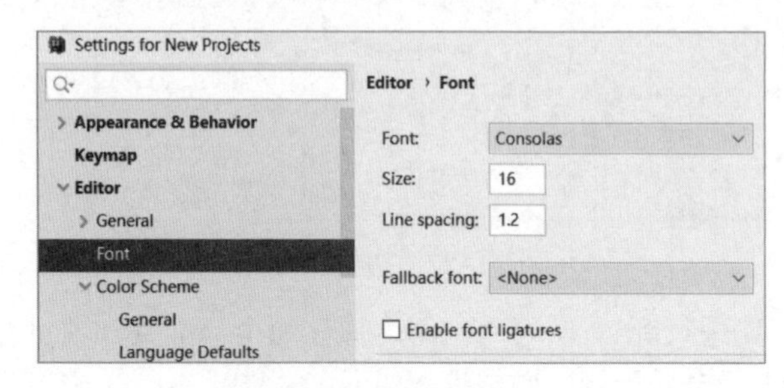

图 1-25　设置代码编辑区字体

（4）为了避免中文出现乱码，需要设置编码方式。单击Editor左边的下拉按钮，选中File Encodings选项，将Global Encoding、Project Encoding和Default encoding for properties files都设置为UTF-8编码格式（因为UTF-8具有相对较好的兼容性），然后勾选Transparent native-to-ascii conversion复选框，如图1-26所示。

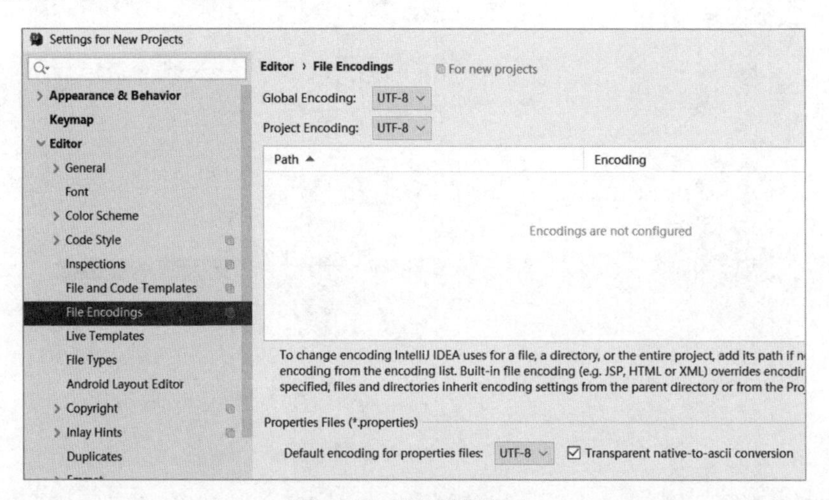

图 1-26　设置编码格式

（5）要进行Java开发，还需要配置JDK的环境。在初始界面单击Configure右下角的下拉按钮并选择Structure for New Projects选项，如图1-27所示。

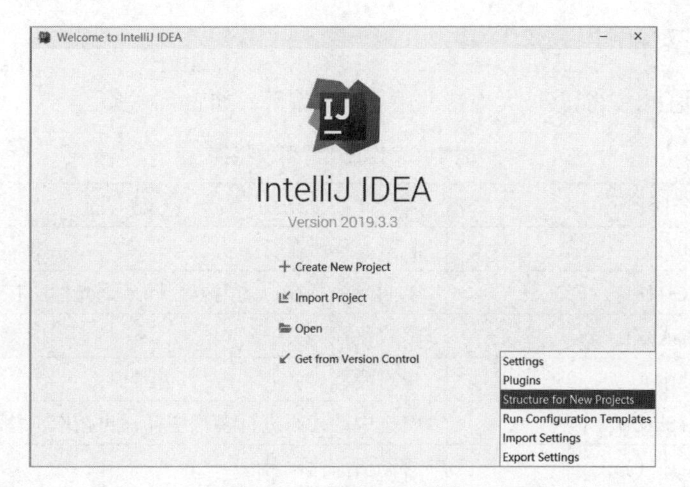

图 1-27 配置 JDK 环境

(6)选择Project Settings中的Project选项，单击New...按钮并选择JDK选项，如图1-28所示。

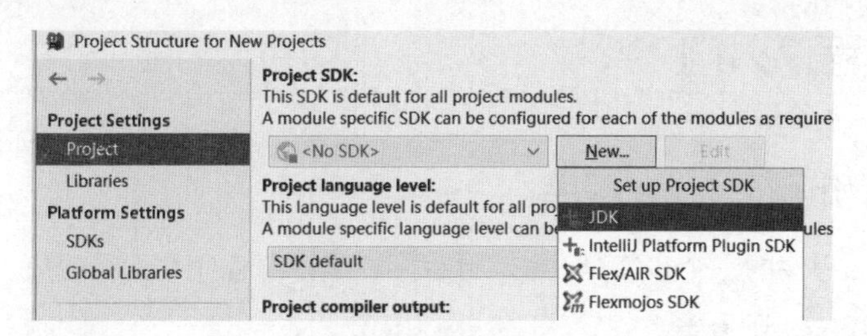

图 1-28 配置 JDK

(7)找到JDK的安装路径，如图1-29所示，单击OK按钮。

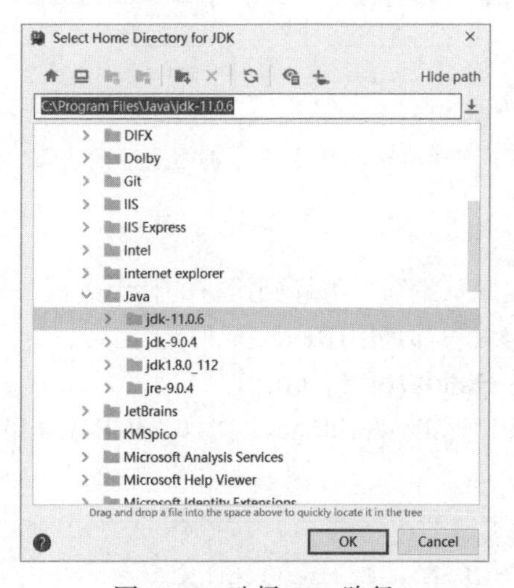

图 1-29 选择 JDK 路径

此时IDEA的基本配置就已完成。

1.7.2 IDEA的快捷键

IDEA有很多快捷键，能够极大地帮助用户快速编码，如表1–2所示。

表1–2 IDEA 常用快捷键

快捷键	功 能
Ctrl+Y	删除光标所在行
Ctrl+D	复制光标所在行的内容，插入到光标所在位置后面
Ctrl+Alt+L	格式化代码
Ctrl+/	单行注释
Ctrl+Shift+/	将选中的代码进行多行注释，再按取消注释
Alt+Shift+↑（或↓）	移动当前代码行
Alt+Ins	自动生成代码，如自动生成 toString、get 和 set 等方法

1.8 Java 程序入门

1.8.1 编写和运行 Java 程序

编写和运行Java程序的三个步骤是：编写源程序、编译源程序和运行程序，如图1–30所示。

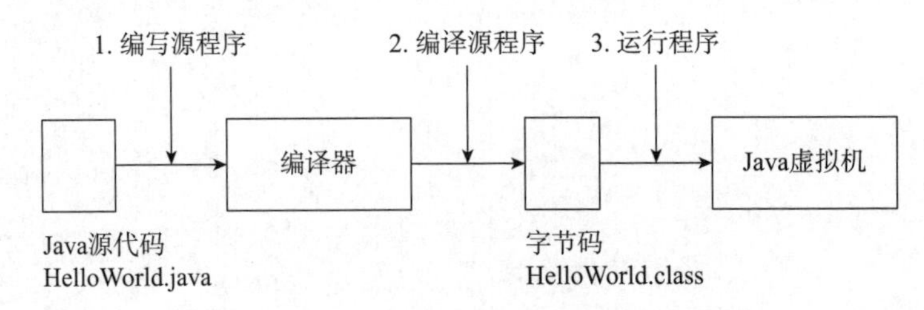

图 1–30 编写和运行 Java 程序的步骤

1. 编写源程序

为了从根本上理解Java程序从编写、编译到运行的整个过程，先使用记事本来编写代码，之后再用IDEA编写（后面的代码编写都是用IDEA完成的）。

【例1–8】编写第一个程序HelloWorld.java

使用记事本编写第一个程序HelloWorld.java，打印“HelloWorld！”。

程序代码如下：

```
1    public class HelloWorld{
2      public static void main(String[] args){
3          System.out.println("Hello");
4          System.out.println("World!");
```

```
5       }
6   }
```

注意:

System的首字母S是大写，并且所有符号都是英文状态下的。

解析: 第1行(序号1)代码public class HelloWorld表示定义一个类，在Java中所有的代码都是以类为单位组织的，其中 public class为关键字(即在Java中已经定义好的代表特殊含义的单词)，它不会发生变化，HelloWorld是定义的类名，可以随意修改。

第2行(序号2)代码是主方法，程序代码就是从主方法开始执行的，public static void main(String[] args)不能发生变化。

{ }括起来的部分就是程序真正执行的代码。System.out.println("Hello")表示打印Hello并换行，System.out.println("World!")表示打印“World!”并换行。

将编写的上述文件保存到D:\demo目录下，文件命名为HelloWorld.java。

小技巧:

Java源程序是以.java为后缀的，如果计算机上没有显示后缀名(.java)，可以通过设置不隐藏文件扩展名来显示。双击“我的电脑”→“查看”选项卡，勾选“文件扩展名”复选框，就可以显示文件的扩展名了，如图1-31所示。

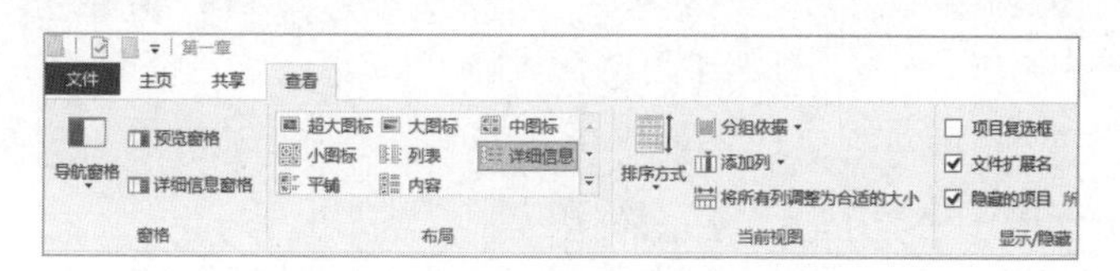

图 1-31 设置不隐藏文件扩展名

2. 编译源程序

编译源程序就是编译器对源代码的语法进行检查，生成字节码文件①。

在DOS窗口中进入刚刚编写好的源代码所在的磁盘目录(D:\demo)，执行javac HelloWorld.java加回车命令，看到新生成了一个以.class为后缀的文件HelloWorld.class，这就是字节码文件，Java最终执行的也是这个文件，如图1-32所示。

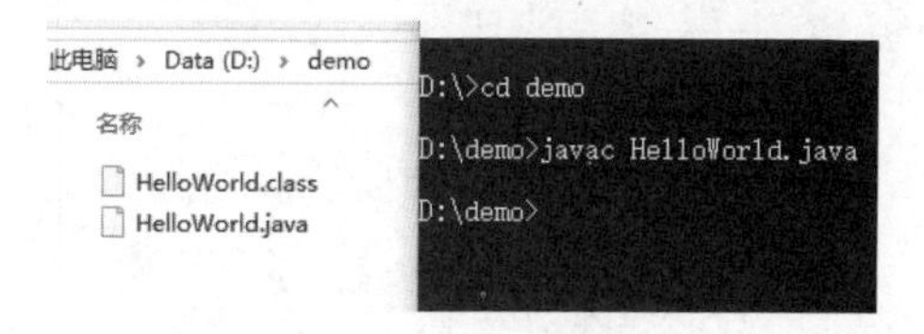

图 1-32 编译程序

① 我们编写的源程序在JVM中不能直接执行，所以需要将源程序编译为JVM能够执行的字节码文件。

3. 运行程序

还是在该路径（D:\demo）下执行java HelloWorld加回车命令，可以看到程序运行以后的结果，打印“Hello World!”，如图1-33所示。

```
D:\demo>javac HelloWorld.java

D:\demo>java HelloWorld
Hello
World!

D:\demo>
```

图1-33　程序运行结果

注意：

在Java中源文件的名称必须是代码中主类的名称，扩展名必须为.java。

1.8.2　main()方法

前面编写的程序中main()方法是主方法，程序就是从这里开始执行的。该方法的方法名只能是main，不能是Main等形式，其中的修饰符public、static和void三者缺一不可，多一个也不行。

在例1-8的程序代码中，main()方法中有两行代码。

```
System.out.println("Hello");
System.out.println("World!");
```

这两行代码的意思是，先在控制台打印Hello，回车换行以后再打印World。此处System.out.println()语句表示打印并回车换行。

以上两行代码运行后的显示结果如下：

```
Hello
World!
```

打印语句除了System.out.println()以外，还有System.out.print()语句。它们的区别是：System.out.println()打印后会回车换行，而System.out.print()打印后不会回车换行。下面来看一个案例。

【例1-9】main()方法应用实例——编程打印Hello World

```
public class HelloWorld{
   public static void main(String[] args){
         System.out.print("Hello");
         System.out.print("World!");
   }
}
```

执行结果如图1-34所示。

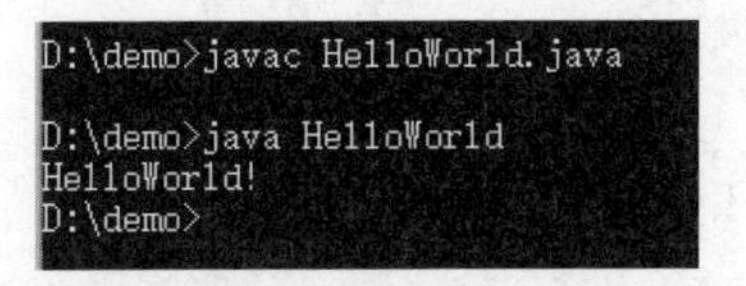

图 1-34　程序运行结果

1.8.3 使用 IDEA 编写代码

现在使用IDEA来重新编写例1-9的代码，步骤如下：

(1)双击桌面上的IDEA图标，加载后出现初始化界面(图1-22)，单击Create New Project按钮。

(2)先创建一个基本的Java项目，在项目类型中选择Java，单击New...按钮，选择JDK安装路径，如图1-35所示。单击Next按钮。

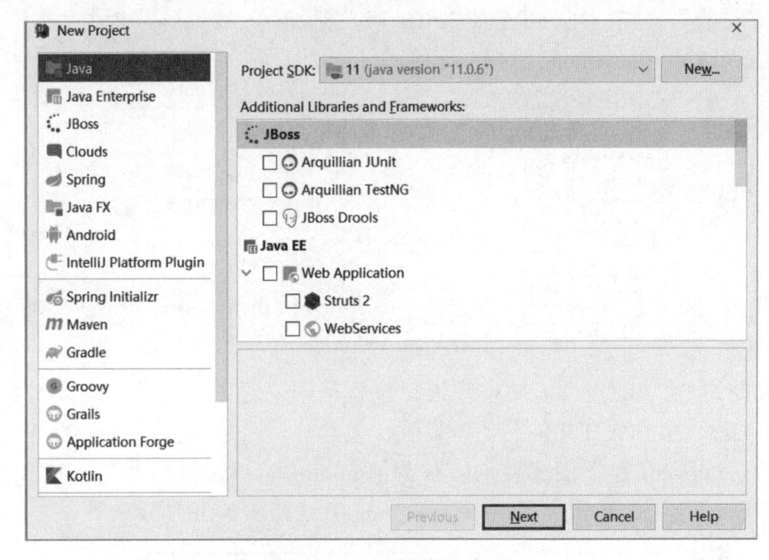

图 1-35　选择项目类型

(3)继续单击Next按钮。

(4)在Project name文本框中输入创建的项目的名称chapter01-code，单击...按钮，选择项目的存放路径(图1-36)，单击Finish按钮，如果弹出Directory Does Not Exist对话框，单击OK按钮完成项目的创建。

注意:

需要把项目名写在路径后面。

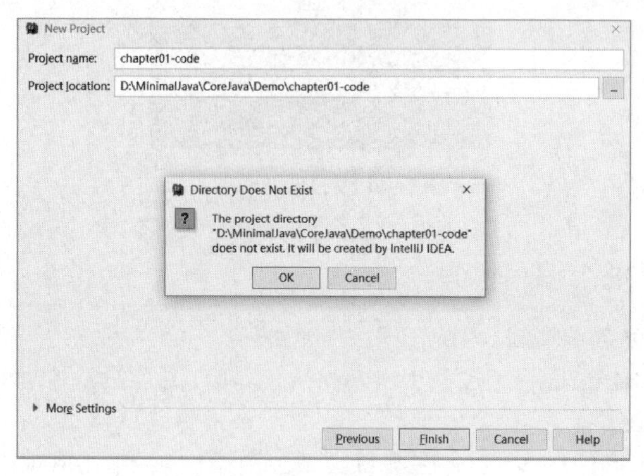

图 1-36　创建项目

（5）项目建立完成后，先创建一个包，右击src，选择New→Package命令，如图1-37所示。输入包名cn.minimal.chapter01.demo01后按回车键。

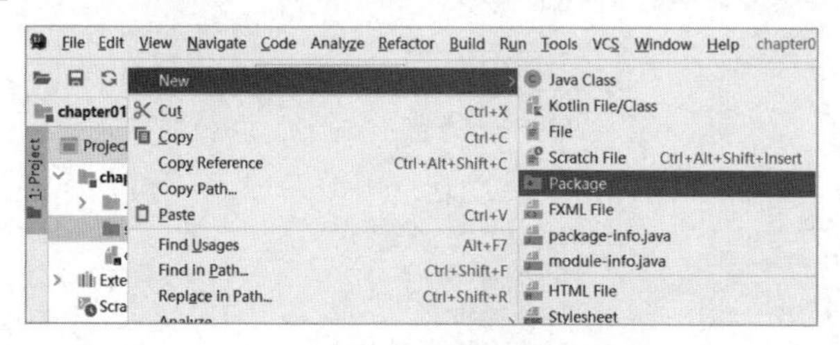

图 1-37　创建包

此处第一次提到“包”的概念。简单来说，包就是用来对类进行区分的，包好比文件夹，类好比文件夹中的文件，文件放在文件夹中，类放在包下。

（6）创建包后就可以在包下创建类了。右击包cn.minimal.chapter01.demo01，选择New→Java Class命令，选中Class选项，输入类名FirstCodeDemo01，如图1-38所示。

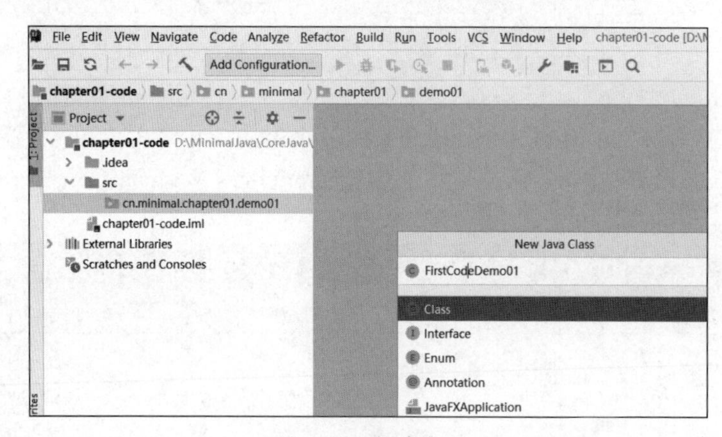

图 1-38　创建类 1

(7)出现图1-39所示的界面表示类创建完成，此时可以看到IDEA自动生成了一些代码。

第1行代码package cn.minimal.chapter01.demo01;表示当前类FirstCodeDemo01属于包cn.minimal.chapter01.demo01。

第2行代码public class FirstCodeDemo01 {}定义了一个类FirstCodeDemo01，只需要在大括号{}内输入代码就可以了。

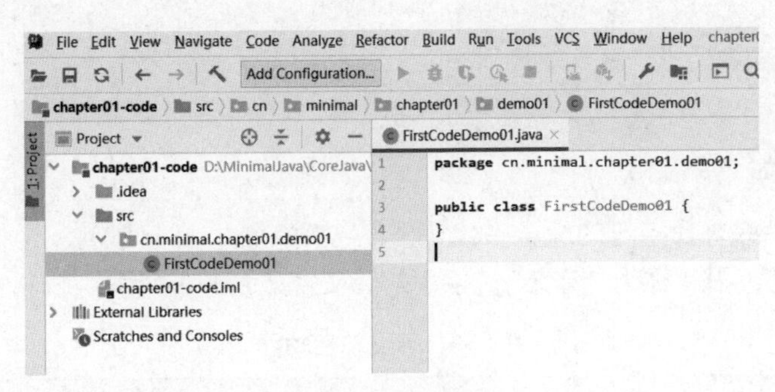

图1-39　创建类2

要实现例1-9的功能，需要一个main()方法，把光标移动到大括号内输入快捷键psvm，如图1-40所示，按回车键后IDEA就会自动生成main()方法。

```
1  package cn.minimal.chapter01.demo01;
2
3  public class FirstCodeDemo01 {
4      psvm
5      psvm                                  main(
6  Press Ctrl+空格 to see non-imported classes  Next Tip
```

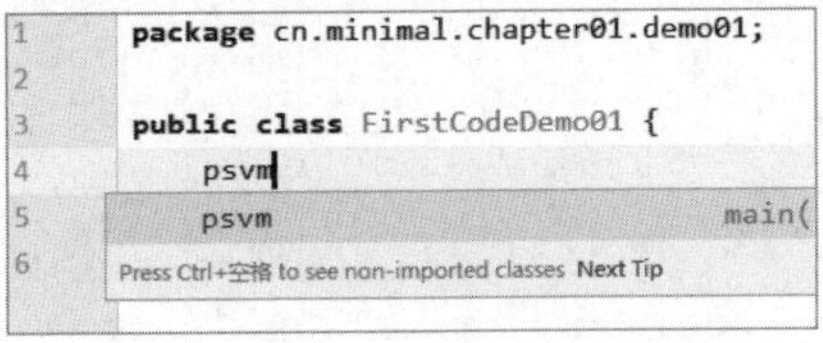

图1-40　自动生成main()方法

输入例1-9的代码之后，在代码编辑区右击，选择Run FirstCodeDemo01.main()选项以执行代码，如图1-41所示。

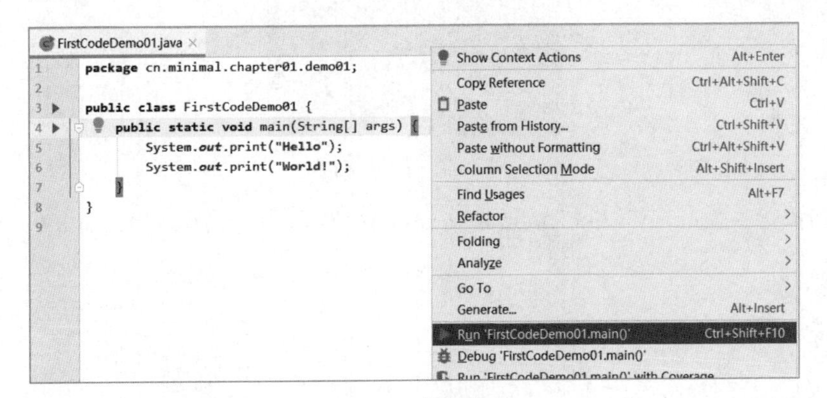

图1-41　执行代码

代码的执行结果如图1-42所示。

```
FirstCodeDemo01 ×
"C:\Program Files\Java\jdk-11.0.6\bin\java.
HelloWorld!
Process finished with exit code 0
```

图 1–42　代码的执行结果

小技巧:

如果不小心输错了代码，错误的地方会显示为红色，按照提示修改代码即可。

1.8.4　转义符

转义符是指用一些普通字符的组合来代替一些特殊字符，由于其组合改变了原来字符表示的含义，因此称为“转义”。常用的转义符如表1–3所示。

表 1–3　转义符及功能

转义符	说　明
\n	回车换行
\t	4 个空格

【例 1–10】转义符\n和\t的应用

```
public class HelloWorld{
    public static void main(String[] args){
        System.out.print("Hello\nWorld\n");
        System.out.print("Hello\tWorld");
    }
}
```

执行结果如图1–43所示。

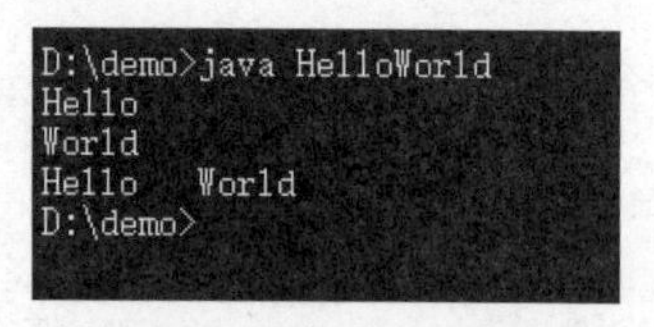

图 1–43　转义字符

解析：当执行System.out.print("Hello\nWorld\n"); 语句时，不会打印Hello\nWorld\n，而是打印如下内容：

```
Hello
World
```

这里的\n表示回车换行。

当执行System.out.print("Hello\tWorld");语句时，打印如下内容：

```
Hello    World
```

这里的\t表示制表符，一般相当于4个空格。

1.8.5 Java 中的注释

有时写的代码比较复杂，过一段时间会遗忘。为了避免上述问题可以给代码加上注释。代码注释起到的是说明的作用，它本身不会被执行，Java中的注释有单行注释、多行注释和文档注释。单行注释用“//”表示，多行注释用“/* */”表示，文档注释用“/** */”表示。下面来看一个案例。

【例1-11】Java中的注释

```
package cn.minimal.chapter01.demo01;
/**
*@ author xh
*@ version 1.0
*/
public class FirstCodeDemo02 {
    public static void main(String[] args) {
        // 打印 Hello World!
        System.out.print("Hello");
        /*
        打印
        World!
        */
        System.out.print("World!");
    }
}
```

解析： 这里的“/* */”中就是多行注释，多行注释可以注释多行；“//”后面是单行注释，单行注释只能注释一行；“/** */”中是文档注释，文档注释一般放在类或方法上进行功能说明。

1.8.6 Java 的语法格式

Java的语法要求非常严格和规范，在编写Java代码时需要注意以下几点：

（1）Java代码分为结构定义语句和功能执行语句。定义类和定义方法的语句就是结构定义语句，这种语句一般都有固定的语法，如例1-10中的代码public class HelloWorld{ public static void main(String[] args){}}，在main方法中的语句就是功能执行语句，代码System.out.print("Hello\nWorld\n");和System.out.print("Hello\tWorld");就是功能执行语句，程序运行后真正执行的正是这两行代码，每条功能执行语句都要以分号“;”结束。

> **注意：**
>
> 每条功能执行语句最后的英文格式的分号“;”，千万不要写成中文格式的分号“；”，否则会报错。

（2）Java语言是区分大小写的。在编写代码的过程中一定要注意大小写，例如System.out.print就不能写为system.out.print。

（3）为了美观和便于阅读，在编写代码时通常如例1-10这样排版。类名后面跟“{”，最后一行以“}”结束；方法声明后跟“{”，方法结束后的“}”独占一行。当然这种排版方式不是非此不可的，只是希望大家能养成良好的编码习惯。

（4）注意代码的缩进，在方法的代码前面都有缩进（即空格），这样代码看起来就会很清晰。

练习1

1-1 在记事本中编写程序PrintInfo.java，打印以下内容：

```
姓名：xxx
年龄：xx
性别：x
```

1-2 利用IDEA编写程序，打印《锄禾》这首诗（注意包和类的命名）。

```
锄禾日当午
汗滴禾下土
谁知盘中餐
粒粒皆辛苦
```

第 2 章

变量和数据类型

学习目标

人类的语言多种多样，而计算机中所有的数据都是以二进制的形式存在的，所以计算机无法理解人类的语言。生活中有整数、有小数，同样 Java 中也有很多数据类型。本章将介绍 Java 的各种数据类型以及类型间的转换，通过本章的学习，读者将可以做到：

- 掌握二进制以及二进制和十进制之间的转换
- 掌握 Java 中的数据类型
- 掌握常量和变量
- 掌握数据类型的转换

内容浏览

2.1 二进制
2.1.1 十进制数据转换为二进制数据
2.1.2 字节
2.2 数据类型
2.3 变量与常量
2.3.1 变量
2.3.2 变量的声明及使用
2.3.3 变量的命名规则
2.3.4 变量的使用规则
2.3.5 常量
2.4 数据类型转换
2.4.1 自动数据类型转换
2.4.2 强制数据类型转换
练习 2

2.1 二进制

生活中的数据是十进制形式的，十进制数由0，1，2，3，4，5，6，7，8，9这十个数字组成，满十进一，所以9+1=10。计算机中的数据不同于人们生活中的数据，计算机中采用二进制数据，它只包含0和1两个数，满二进一，即1+1=10。每个0或每个1，叫作1bit（比特）。十进制和二进制之间可以互相转换。

微信扫码

扫一扫，看视频讲解

2.1.1 十进制数据转换为二进制数据

可以使用除以2获取余数的方式将十进制数据转换为二进制数据。例如，将十进制的5转换为二进制，步骤如下：

```
5/2 商是2          余1  （作为二进制的第三位）
```

再用商2除以2：

```
2/2 商是1          余0  （作为二进制的第二位）
```

再用商1除以2：

```
1/2 商是0          余1  （作为二进制的第一位）
```

将余数倒置就是101，也就是5的二进制表示。

此过程如图2-1所示。

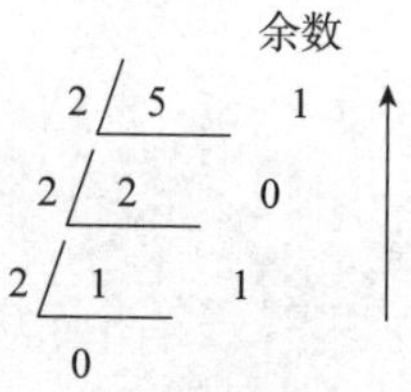

```
              余数
  2 / 5        1   ↑
  2 / 2        0   |
  2 / 1        1   |
      0
```

图2-1　十进制数据转换成二进制数据

2.1.2 字节

字节是计算机中数据的最小存储单元。计算机中的数据都是以二进制的形式存在的，每一个二进制的0或1称为1bit，1字节有8 bit。字节可以用byte或B来表示，1字节可以写成1 byte或者1 B。右击任意一个磁盘上的文件，选中“属性”选项，可以查看文件的字节大小，如图2-2所示。

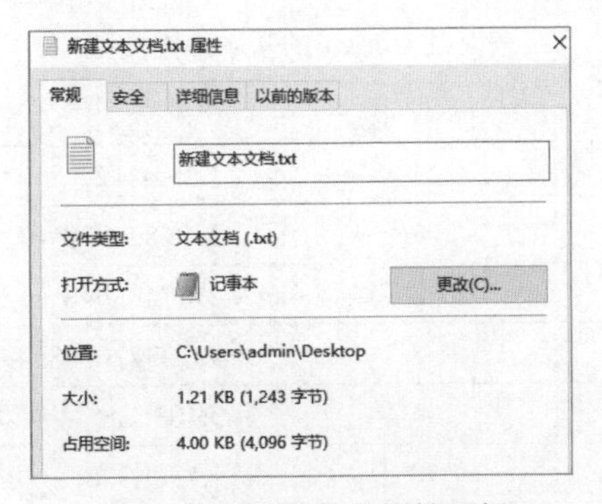

图 2-2　文本文档的属性面板

常见的数据单位bit、B、KB、MB、GB和TB之间的关系为：

8 bit = 1 B
1024 B =1 KB
1024 KB =1 MB
1024 MB =1 GB
1024 GB = 1 TB

2.2　数据类型

生活中数据是有类型的，例如“神雕侠侣”是一串字符，它是字符串型的；张三今年100岁，100是一个整数，是整数型。同样，在Java中所有的数据都有类型，数据类型表示该数据是一个什么样的数据，存储的时候需要分配多大的空间，可以表示多大的范围。Java的数据类型可以分为两大类：基本数据类型和引用数据类型，如图2-3所示。

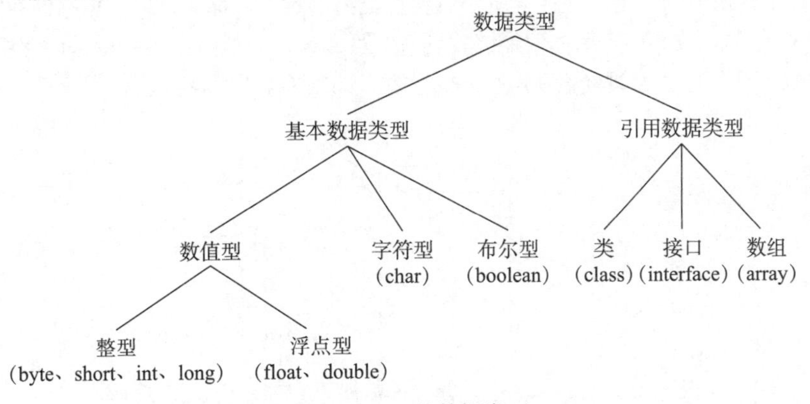

图 2-3　Java 的数据类型

本节介绍基本数据类型，引用数据类型将会在第9章介绍。Java的基本数据类型有8种，如表2-1所示。

表 2–1 Java 的基本数据类型

类 型	数据类型	所占字节数	数 据 范 围
整型	byte	1	–128 ~ 127
	short	2	–32768 ~ 32767
	int	4	–2147483648 ~ 2147483647
	long	8	–9223372036854775808 ~ 9223372036854775807
浮点型	float	4	–3.403E38 ~ 3.403E38
	double	8	–1.798E308 ~ 1.798E308
字符型	char	2	表示一个字符，如 'a'，'A'，'0'，'家'等
布尔型	boolean	1	true 或 false

整型：表示整数，根据其所占字节数和数据表示范围的不同可以分为4种，分别是byte（字节）、short（短整型）、int（整型）和long（长整型）。

浮点型：表示小数，根据其所占字节数和数据表示范围的不同可以分为两种，分别是float（单精度浮点型）和double（双精度浮点型）。float占4字节，适用于对精度要求不高的情况；double占8字节，适用于操作的数很大或对精度要求较高的情况。

字符型：表示一个字符。

布尔型：表示逻辑判断，它只有两个取值，true（真）和false（假）。

2.3 变量与常量

2.3.1 变量

2.2节学习了数据类型，可知在计算机中有各种类型的数据，那么这些数据存储在哪里呢？当然是在计算机的内存中。数据存入后如何能够找到它？可以通过变量找到。变量是内存中的一块区域，可以把数据存储在变量中，通过变量获取存入的数据，如图2–4所示（将数据100存入num变量中）。

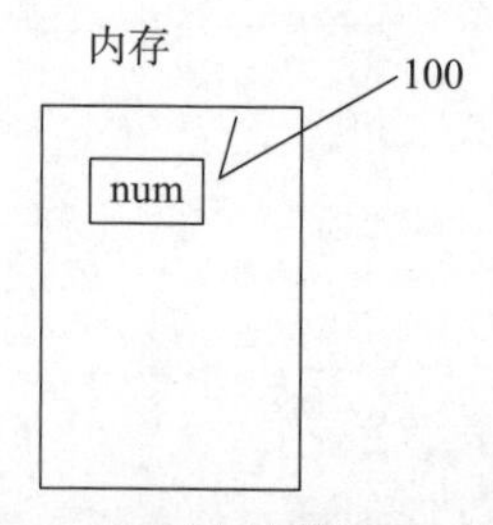

图 2–4 变量存储数据的示意图

注意：

变量中存入的数据是可以发生变化的。

变量有三大要素：变量名、变量类型和变量值，通过变量名可以简单、快速地找到数据，变量类型表明了该变量中可以存储什么类型的数据，变量值就是变量中存储的数据。

2.3.2　变量的声明及使用

如何声明并使用一个变量？下面来看一个案例。

【例2-1】声明变量并使用——声明一个整数型的变量num，将100存入num，然后打印

```
1  package cn.minimal.chapter02.demo01;
2
3  public class VariableDemo01 {
4      public static void main(String[] args) {
5          int num;                              //声明一个整型变量 num
6          num = 100;                            //将 100 存入 num
7          System.out.println(num);              //打印 num
8      }
9  }
```

解析：通过这个案例总结出声明和使用变量的步骤如下。

第1步：声明变量，声明变量其实就是根据数据类型在内存中申请空间，格式如下：

```
数据类型  变量名;                    例如：int num;（见第 5 行）
```

此处声明了一个int型变量num，因为int表示整数类型，它占据4字节的内存空间，所以num这个变量会在内存中开辟一块4字节的空间。

第2步：赋值，即将数据存储至对应的内存空间，格式如下：

```
变量名 = 数值;                       例如 : num = 100;（见第 6 行）
```

此处把100赋值给变量num，也就是num这个变量里存储的数据为100。

第3步：使用变量，即取出数据后使用。可以对变量进行任意处理，例如打印变量的值，格式如下：

```
System.out.println(num);             （见第 7 行）
```

上面的第1步和第2步可以合并，格式如下：

```
数据类型  变量名 = 数值;              例如： int num = 100; （见下面代码的第 5 行）
```

此处在声明变量的同时给变量赋值，相当于在内存中开辟了一块4字节的区域num并将100存在num中。

合并后的程序代码如下：

```
1  package cn.minimal.chapter02.demo01;
2
3  public class VariableDemo01 {
4      public static void main(String[] args) {
```

```
5         int num = 100;                        // 声明整型变量 num 并赋值 100
6         System.out.println(num);              // 打印
7     }
8 }
```

再来看一个案例。

【例2-2】声明多个变量——分别声明int、float、double、char、boolean和String类型的变量，存入相应的值，然后给int型的变量重新赋值并打印

程序代码如下：

```
public class VariableDemo02 {
    public static void main(String[] args) {
        int num1 = 20;                    // 声明一个 int 型变量 num1，并赋值为 20
        // 声明一个 float 型变量 num2，并赋值为 5.3f，注意 float 型变量的值需要加上 f
        float num2 = 5.3f;
        double num3 = 4.28;               // 声明一个 double 型变量 num3，并赋值为 4.28
        char c = 'x';                     // 声明一个 char 型变量 c，并赋值为 'x'
        boolean flag = true;              // 声明一个布尔型变量 flag，并赋值为 true
        String s = "hello world!";        // 声明一个字符串型的变量 s，并赋值为 "hello world!"
        num1 = 30;                        // 将变量 num1 的值修改为 30
        System.out.println(num1);         // 打印 num1
    }
}
```

此处提到了一个常用的数据类型String，它是字符串类型，表示一串字符，在使用时需要为变量的值添加双引号，它不属于基本数据类型。

2.3.3 变量的命名规则

定义变量时需要遵守一定的规则。在声明变量时变量的名称只能包含以下内容，不能有其他内容：

(1) 英文大小写字母。

(2) 数字。

(3) $ 或_。

给变量命名时通常采用驼峰命名法，即如果变量名由一个或多个单词构成，第一个单词的首字母要小写，后面单词的首字母要大写。

例如，声明两个变量：String userName;int score;

注意：

（1）不能以数字开头。

（2）严格区分大小写，不限制长度。

（3）命名时，尽量达到见名知意。

（4）不可以使用关键字。

什么是关键字呢？关键字就是在Java中已经被定义好且表示特殊含义的单词。

目前在Java中定义了50个关键字，如表2-2所示。

表 2-2　Java 的关键字

abstract	continue	for	new	switch
assert	default	goto	package	synchronized
boolean	do	if	private	this
break	double	implements	protected	throw
byte	else	import	public	throws
case	enum	instanceof	return	transient
catch	extends	int	short	try
char	final	interface	static	void
class	finally	long	strictfp	volatile
const	float	native	super	while

我们已经接触到的关键字有:public、static、void、class、boolean、byte、char、double、float、int、long、package和short。

2.3.4　变量的使用规则

使用变量时需要满足变量的使用规则。变量的使用规则如下：

（1）赋给变量的值必须符合它的数据类型，不赋值不能使用。例如：

```
public static void main(String[] args) {
    double x;
    x = 3.14;                              // 为 x 赋值 3.14
    System.out.println(x);                 // 读取 x 变量中的值，再打印
}
```

（2）变量不可以重复定义。例如：

```
public static void main(String[] args){
    int num = 5;
    double num = 6.2;                      // 编译失败，变量重复定义
}
```

2.3.5　常量

常量是指在程序的整个运行过程中值保持不变的量，即常量的值不能发生变化。声明常量需要使用final关键字，例如：

```
final double PI = 3.14
```

常量通常在声明时赋值，并且赋值后其值不能改变，常量标识符（即常量的名称）通常全部为

大写字母，下面来看一个案例。

【例2-3】计算圆的面积

程序代码如下（注意PI的字母都是大写）：

```
public class FinalDemo01 {
    public static void main(String[] args) {
        final double PI=3.14;                          //定义常量 PI
        int r=2;                                       //定义半径
        double area=PI*r*r;                            //计算面积
        System.out.println(" 圆的面积为: "+area);
    }
}
```

这里的PI用final关键字修饰，是常量，所以PI的值不能被更改。

2.4 数据类型转换

数据类型转换就是将一种数据类型转换为另一种数据类型。数据类型转换分为自动转换和强制转换。

2.4.1 自动数据类型转换

在运算时有一个规则就是：参与运算的数据的类型必须一致，如果一个 int 型变量和一个 byte 型变量进行加法运算，就会发生自动数据类型转换。下面来看一个案例。

【例2-4】不同数据类型的自动转换1

```
public class TypeDemo01 {
    public static void main(String[] args) {
        int num1 = 1;                              //定义整型变量 num1
        byte num2 = 2;                             //定义 byte 型变量 num2
        int num3 = num1 + num2;                    // num1+num2 赋给 num3
        System.out.println(num3);                  //打印 num3
    }
}
```

解析：因为参与运算的数据类型必须一致，此处的num1是int型，num2是byte型，数据类型不一致就会发生数据类型转换。

num1是int型，占4字节，num2是byte型，占1字节，程序中会将占据空间小的 num2 自动转换为占据空间大的类型int。

为什么自动数据类型转换能够发生呢？想象一下有两个杯子，一个大杯，一个小杯，把小杯中的水倒入大杯是没有问题的，但是反过来把大杯中的水倒入小杯，水就会溢出。

通过图解的方式理解自动数据类型转换，如图2-5所示。byte型num2在内存中占1字节，在与int型num1运算时会转换为int型，自动补充3个内容为空的字节，因此计算后的结果num3还是int型。

1字节自动转换为4字节

num2(byte类型)

\+

num1(int类型)

=

num1+num2(int类型)

图 2-5　自动类型转换示意图

假如按下面的方式修改例2-4的代码，会发生什么？

【例2-5】不同数据类型的自动转换2

```
public class TypeDemo02 {
    public static void main(String[] args) {
        int num1 = 1;
        byte num2 = 2;
        byte num3 = num1 + num2;                              //编译出错
        System.out.println(num3);
    }
}
```

运行结果会产生编译错误，因为num1+num2的结果为占4字节内存空间的int型，却被赋给了一个占1字节内存空间的byte型变量。这就相当于把大杯的水倒入小杯，当然不行。那有没有办法做到呢？有！可以用强制数据类型转换。

2.4.2　强制数据类型转换

通过前面的学习知道，占据空间范围小的数据可以发生自动数据类型转换，变成占据空间范围大的数据类型。那么反过来占据空间范围大的数据能不能自动转换为占据空间范围小的数据类型呢？例如将 3.5赋值给int类型变量会发生什么？

```
int num =3.5;
```

会编译失败，无法赋值。double型变量在内存中占8字节，int型变量在内存中占4字节。3.5是double型，占据空间范围大于int。可以理解为double是8升的水杯，int是4升的水杯，不能把大水杯中的水直接倒入小水杯。

要想赋值成功，只有通过强制类型转换，将double型强制转换为int型才能赋值。强制类型转换就是将占据空间大的类型强制转换为占据空间小的类型。

自动转换是Java自动执行的，而强制转换需要读者手动执行，转换格式如下：

```
数据类型　变量名 = （数据类型）值；
```

将3.5赋值给int类型的变量，代码应该修改为：

```
int i = (int)3.5;
```

注意:

因为3.5是小数，转换为整数时会将小数点后面的内容直接截掉。

此时再回看例2-5的代码，发现num1是int型，num2是byte型，num2会自动转换为int型，num1+num2的结果为int型。如果想把它赋值给byte类型的变量num3，就需要进行强制类型转换，如例2-6所示。

【例2-6】不同数据类型的强制转换

```
public class TypeDemo03 {
    public static void main(String[] args) {
        int num1 = 1;
        byte num2 = 2;
        byte num3 = (byte)(num1 + num2);        // 将 num1+num2 强制转换为 byte 类型
        System.out.println(num3);
    }
}
```

注意:

强制数据类型转换后会将int型的前3字节截掉，所以会丢失精度。

强制数据类型转换原理图解如图2-6所示。

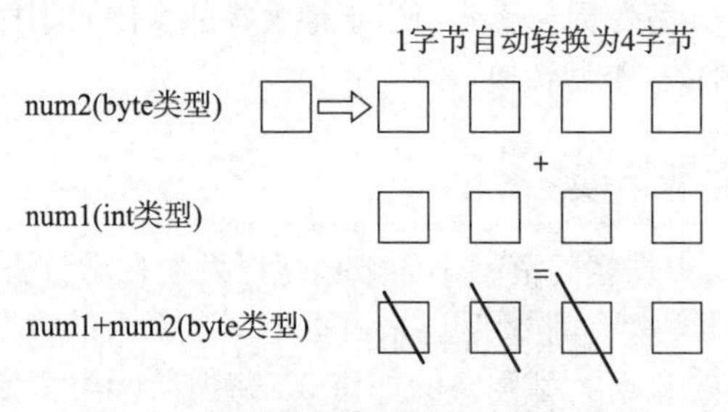

图2-6　强制数据类型转换原理示意图

练习2

2-1　将十进制的数9转换为二进制。

2-2　定义int型变量num1和double型变量num2，分别为其赋值，计算num1和num2的和并打印。

2-3　定义布尔型变量x和字符串型变量y，分别为其赋值并打印。

第 3 章

Scanner 类与运算符

学习目标

运算符是 Java 表达式的重要组成部分，Java 中运算符的功能多数和数学中的一样，也有少部分不一样。本章主要介绍运算符，通过本章的学习，读者将可以做到：

- 掌握使用 Scanner 类输入数据的方法
- 掌握各种运算符的使用
- 掌握运算符的优先级

内容浏览

3.1 Scanner 类
3.2 运算符
3.2.1 算术运算符
3.2.2 赋值运算符
3.2.3 比较运算符
3.2.4 逻辑运算符
3.2.5 三元运算符
3.2.6 运算符优先级
练习 3

3.1 Scanner类

在程序的运行过程中，如何接收用户从键盘输入的值呢？

接收从键盘输入的值需要用到Scanner类，Scanner类是系统已经定义好的，读者可以直接使用。下面来看一个案例。

【例3-1】使用Scanner类接收数据——从键盘输入一个整数、一个小数和一个字符串并打印

```
 1  package cn.minimal.chapter03.demo;                    //自动生成的包名
 2  //导入Scanner类
 3  import java.util.Scanner;
 4  public class InputDemo01 {
 5      public static void main(String[] args) {
 6          Scanner sc = new Scanner(System.in);      //创建Scanner类型的对象
 7          System.out.println("请输入一个整数:");
 8          int num1 = sc.nextInt();                  //从键盘输入整数
 9          System.out.println("num1的值为" + num1);
10          System.out.println("请输入一个小数");
11          Double num2 = sc.nextDouble();            //从键盘输入小数
12          System.out.println("num2的值为" + num2);
13          System.out.println("请输入一个字符串");
14          String str = sc.next();                   //从键盘输入字符串
15          System.out.println("str的值为" + str);
16      }
17  }
```

运行结果如下：

```
请输入一个整数:
5
num1的值为5
请输入一个小数
5.6
num2的值为5.6
请输入一个字符串
abc
str的值为abc
```

解析：

使用Scanner类的步骤如下。

第1步：导入Scanner类（第3行）。Scanner类是系统已经定义的类，如果要使用它的方法必须先导入该类。导入Scanner类有两种方式，第一种：用import java.util.Scanner语句将该类导入；第二种：用import java.util.*语句将java.util这个包下所有的类都导入（自然也包括Scanner类）。

小技巧:

也可以在程序中先编写Scanner sc = new Scanner(System.in);语句，然后将光标移动到Scanner上按Alt+Enter组合键，即可自动导入Scanner类。

第2步：创建Scanner对象(第6行)。要使用Scanner类必须先创建它的对象并赋值给一个变量，创建对象的格式如下：

```
Scanner input = new Scanner(System.in)
```

input是变量名，可以任意命名。除了变量名以外，其他内容都不能更改。关于对象的概念以及为什么要创建对象将会在第9章详细讲解，此处只需要记住这种写法即可。

第3步：获得键盘输入的数据(第8行)。程序可以获得从键盘输入的各种类型的数据，最常用的有三种类型如下。

(1)获得一个整数，格式为:int num1 = input.nextInt(); (第8行)。

(2)获得一个小数，格式为:Double num2 = input.nextDouble(); (第11行)。

(3)获得一个字符串，格式为:String str = input.next(); (第14行)。

从键盘获得数据后会将数据存入相应的变量num1、num2和str中，然后就可以使用这些变量完成其他操作。

注意:

程序从键盘输入代码时会停下来等待数据输入，类似于程序中断，从键盘输入数据后按回车键程序会继续执行。

3.2　运算符

本节主要介绍Java表达式中常用的运算符和各运算符的优先级，常用的运算符有五种，分别是算术运算符、赋值运算符、比较运算符、逻辑运算符和三元运算符。详细介绍如下。

3.2.1　算术运算符

对数据进行加、减、乘、除等运算需要用到算术运算符，Java中的算术运算符和数学中的运算符类似，但也有一些不同。常见的算术运算符如表3-1所示。

表3-1　算术运算符

运算符	功　能	例　子	结　果
+	加	3+5	8
+	连接字符串	"北 + 京"	"北京"
-	减	5-3	2
*	乘	5*3	15

续表

运算符	功　能	例　子	结　果
/	除	5/3	1
%	取余	5%3	2
++	自增	int a=2;a++/++a;	3
--	自减	int b=4;a--/--a;	3

“+”表示相加或连接字符串，下面看一个案例。

【例3-2】“+”运算符的使用——定义两个整型变量num1和num2并打印它们的和

```
 1 package cn.minimal.chapter03.demo;
 2
 3 public class OperatorDemo1 {
 4     public static void main(String[] args) {
 5         System.out.println(1+5);                  // 常量相加
 6         int num1 = 4;                             // 定义变量 num1
 7         int num2 = 6;                             // 定义变量 num2
 8         int result = num1+num2;                   // 变量相加
 9         System.out.println("4+6="+result);        // 字符串和变量用 + 连接
10     }
11 }
```

运行结果如下：

```
6
4+6=10
```

解析：第5行，1和5都是常量，可以直接进行相加操作；第8行，对两个变量num1和num2先进行了相加操作，然后将结果赋值给变量result；第9行，“4+6=”是字符串，result是变量，中间用“+”连接，此处result会自动转换为字符串。

注意：

字符串和变量用“+”连接。

“/”表示相除，两个整数相除和两个小数相除会有不同的结果。下面看一个案例。

【例3-3】“/”运算符的使用——定义两个int型变量进行相除，再定义两个double型变量进行相除，打印结果

```
1 package cn.minimal.chapter03.demo;
2
3 public class OperatorDemo02 {
4     public static void main(String[] args) {
5         int num1 = 5;                       // 定义变量 num1
6         int num2 = 4;                       // 定义变量 num2
7         int result1 = num1/num2;            // 将 num1 除以 num2 的商赋值给 result1
```

微信扫码

扫一扫，看视频讲解

```
 8         System.out.println("5/4="+result1);
 9         double num3 = 5.6;
10         double num4 = 3.4;
11         double result2 = num3/num4;          //将 num3 除以 num4 的结果赋值给 result2
12         System.out.println("5.6/3.4="+result2);
13     }
14 }
```

执行结果如下：

```
5/4=1
5.6/3.4=1.6470588235294117
```


解析：该案例中num1=5，num2=4，两者相除的结果应该为1.25，但是打印的结果却为1，num3除以num4的结果是正常的。为什么会出现这种状况呢？因为除法运算符“/”规定当两边为整数时，取整数部分，舍余数。当其中一边为小数时，按正常规则相除。

“%”表示取余，也就是取模的含义，小数取余没有意义。下面看整数取余案例。

【例3-4】“%”运算符的使用——对两个int型的变量取余并打印

```
 1 package cn.minimal.chapter03.demo;
 2
 3 public class OperatorDemo03 {
 4     public static void main(String[] args) {
 5         int num1 = 5;
 6         int num2 = 3;
 7         int result = num1%num2;          //两个变量相除取余数
 8         System.out.println("5%3="+result);
 9     }
10 }
```

执行结果如下：

```
5%3=2
```

此处“%”表示相除取余数。

“++”和“--”表示自加和自减，也就是自己加1或自己减1。看下面的案例。

【例3-5】“++”和“--”运算符的使用——定义两个int型变量num1和num2，对num1进行自加，对num2进行自减，然后打印num1和num2的值

```
 1 package cn.minimal.chapter03.demo;
 2
 3 public class OperatorDemo04 {
 4     public static void main(String[] args) {
 5         int num1 = 3;
 6         int num2 = 4;
 7         num1++;                          //自己加 1 相当于 num1=num1+1
 8         num2--;                          //自己减 1 相当于 num2=num2-1
 9         System.out.println("num1="+num1);
```

微信扫码

扫一扫，看视频讲解

```
10          System.out.println("num2="+num2);
11      }
12  }
```

执行以后的结果如下：

```
num1=4
num2=3
```

解析：第7行，num1++表示自加，也就是自己加1，相当于num1=num1+1，num1原来的值为3加1以后就变成了4；第8行，num2--表示自减，也就是自己减1，相当于num2=num2-1，num2原来的值为4，减1以后就变成了3。此处“++”和“--”也可以放在操作数的前面，下面来看一个案例。

【例3-6】“++”和“--”运算符前置——将“++”和“--”放在操作数前面

```
 1 package cn.minimal.chapter03.demo;
 2
 3 public class OperatorDemo05 {
 4     public static void main(String[] args) {
 5         int num1 = 3;
 6         int num2 = 4;
 7         ++num1;                              // 自增 1
 8         --num2;                              // 自减 1
 9         System.out.println("num1="+num1);
10         System.out.println("num2="+num2);
11     }
12 }
```

执行结果如下：

```
num1=4
num2=3
```

解析：执行结果与将“++”和“--”放在操作数后的结果一致，说明无论“++”和“--”在操作数前面还是后面，如果该操作数没有参与运算，结果都是相同的。如果操作数参与了运算，“++”和“--”的位置不同，含义也不同。下面来看一个案例。

【例3-7】“++”参与运算

```
 1 package cn.minimal.chapter03.demo;
 2
 3 public class OperatorDemo06 {
 4     public static void main(String[] args) {
 5         int num1 = 3;
 6         int result1 = num1+++4;              // 先参与运算再加 1
 7         System.out.println("num1+++4="+result1);
 8         int num2 = 5;
 9         int result3 = ++num2+5;              // 先加 1 再参与运算
10         System.out.println("++num2+5="+result3);
```

```
11    }
12 }
```

执行结果如下：

```
num1+++4=7
++num2+5=11
```

解析：“++”和“--”所在的操作数num1参与了运算，第6行，num1+++4结果为7。如果按前面学习到的num1=3，num1++以后num1=4，4+4结果应该为8，这里为什么为7呢？这就是“++”所在的操作数是否参与运算的不同之处。

当“++ ”参与运算时，如果“++”位于操作数的后面，则该操作数会先进行运算再自加1。第6行代码参与的运算是加4，所以会先用num1原来的值3与数值4相加，然后将结果7赋值给result1，num1再自加1，由原来的3变成了4。

如果“++”位于操作数的前面，则该操作数会先自加1然后再参与运算。第9行代码的运算是“+”5，所以num2先自加1变成6，再参与加5的运算，结果为11。

注意：

“--”运算符和“++”运算符的用法相同，这里就不再举例说明了。

3.2.2 赋值运算符

赋值运算符就是为变量赋值的符号，Java的赋值运算符如表3-2所示。

表3-2 Java的赋值运算符

运算符	规　则	例　子	num的值
=	赋值	int num=3	3
+=	加后赋值	int num=3，a+=2	5
-=	减后赋值	int num=3，a-=2	1
*=	乘后赋值	int num=3，a*=2	6
/=	整除后赋值	int num=3，a/=2	1
%=	取余后赋值	int num=3，a%=2	1

注意：

诸如“+=”形式的赋值运算符，会将结果强制转换成符号左边的数据类型。

下面看几个赋值运算符的案例。

【例3-8】赋值运算符的应用

```
1 package cn.minimal.chapter03.demo;
2
3 public class OperatorDemo07 {
```

```
4     public static void main(String[] args) {
5         int num = 5;
6         num += 6.4;              // 相当于 num = (int)(num+6.4);，+= 左边必须是变量
7         System.out.println(num);
8     }
9 }
```

执行结果如下：

```
11
```

解析：这里的第6行num+=6.4，相当于num=(int)(num+6.4)，赋值符号“=”右边结果的数据类型会被强制转换为左边变量的类型。

【例3-9】借助运算符和中间变量实现两个数据的交换

```
1 package cn.minimal.chapter03.demo;
2 public class OperatorDemo08 {
3     public static void main(String[] args) {
4         int num1 = 6;
5         int num2 = 8;
6         System.out.println("交换前：");
7         System.out.println("num1="+num1);
8         System.out.println("num2="+num2);
9         int temp;                // 定义一个中间变量用来交换数据
10        temp = num1;             // 将 num1 赋值给中间变量 temp
11        num1 = num2;             // 将 num2 赋值给 num1
12        num2 = temp;             // 将 temp 的值赋给 num2
13        System.out.println("交换后：");
14        System.out.println("num1="+num1);
15        System.out.println("num2="+num2);
16    }
17 }
```

扫一扫，看视频讲解

执行以后的结果如下：

```
交换前：
num1=6
num2=8
交换后：
num1=8
num2=6
```

解析：该案例中数据交换的思路是，比如有两个苹果，苹果1和苹果2分别放在盘子1和盘子2中，想要交换可以再拿一个盘子3，将苹果1放入盘子3，再将苹果2放入盘子1，再将盘子3中的苹果放入盘子2，这样盘子1和盘子2中的苹果就交换位置了。

【例3-10】求四位整数之和

```
1 import java.util.Scanner;
2 public class OperatorDemo09 {
3     public static void main(String[] args) {
4         System.out.println("请输入一个四位数:");
5         Scanner input = new Scanner(System.in);       //创建Scanner对象
6         int num = input.nextInt();                    //从键盘输入一个四位数
7         int geWei = num%10;                           //获取个位数
8         int shiWei = num/10%10;                       //获取十位数
9         int baiWei = num/100%10;                      //获取百位数
10        int qianWei = num/1000;                       //获取千位数
11        int sum = geWei+shiWei+baiWei+qianWei;        //计算各位数的和
12        System.out.println("该四位数的和为:"+sum);
13    }
14 }
```

执行结果如下:

```
请输入一个四位数:
1356
该四位数的和为:15
```

解析: 这个案例的重点在于如何分解一个四位数，即如何分别取出该数个位、十位、百位、千位上的值。

3.2.3　比较运算符

比较运算符又叫关系运算符，是用来判断两个操作数的大小关系的，比较结果是布尔值true或者false。Java中的比较运算符如表3-3所示。

表3-3　Java 中的比较运算符

运算符	规　则	例　子	结　果
==	相等	5==6	false
!=	不等于	2!=6	true
<	小于	6<8	true
>	大于	2>5	false
<=	小于等于	3<=6	true
>=	大于等于	8>=3	true

下面看一个比较运算符的案例。

【例3-11】比较运算符的应用

```
1 package cn.minimal.chapter03.demo;
2 public class OperatorDemo10 {
3     public static void main(String[] args) {
4         int num1 = 5;
5         int num2 = 8;
6         System.out.println(num1==num2);              //判断 num1 和 num2 是否相等
7         System.out.println(num1=num2);               //将 num2 的值赋给 num1
8     }
9 }
```

执行结果如下：

```
false
8
```

解析：这里的第6行的“==”是关系运算符，用来判断num1和num2是否相等，运算结果是一个布尔值true或false，第7行的“=”是赋值运算符，表示将num2的值赋给num1。

3.2.4 逻辑运算符

逻辑运算符是用来对布尔值进行运算的，运算的结果也为布尔值true或false。常用的逻辑运算符如表3-4所示。

表3-4 常用的逻辑运算符

运算符	规 则	例 子	结 果
&&	短路与	true&&false	false
||	短路或	true||false	true
!	非	!false	true

说明：

（1）短路与“&&”：两边都为true时结果才为true。
（2）短路或“||”：两边只要有一个为true，结果就为true。
（3）逻辑非“!”：本身为true时结果为false，本身为false时结果为true。

下面看一个逻辑运算符的案例。

【例3-12】逻辑运算符应用

```
1 package cn.minimal.chapter03.demo;
2
3 public class OperatorDemo11 {
4     public static void main(String[] args) {
5         boolean flag1 = 4>3;
```

```
6          boolean flag2 = false;
7          //短路与会先判断flag1为true，继续判断flag2为false，则结果为false
8          System.out.println(flag1&&flag2);
9          //短路或先判断flag1为true，则后面的flag2不用判断了，结果为true
10         System.out.println(flag1||flag2);
11         System.out.println(!flag1);          // flag1为true，则逻辑非的结果为false
12     }
13 }
```

分析：第8行flag1&&flag2语句中“&&”运算符会先判断左边的flag1，如果flag1为true，才会继续去判断右边的flag2；如果flag1为false，就不会再去判断flag2，因为不管flag2为true还是false，最终结果都为false。同样，第10行flag1||flag2语句中“||”运算符会先去判断左边的flag1，如果flag1为true，则后面的flag2就不用判断了，因为flag2无论为true还是false，最终结果都为true。

3.2.5 三元运算符

前面学习的运算符都是有一个或两个操作数，有一个操作数的运算符叫一元运算符，例如!flag中的“!”；有两个操作数的叫二元运算符，例如“4+3”中的“+”。现在要学习有三个操作数的运算符，也就是三元运算符。三元运算符的格式如下：

```
(条件表达式)?表达式1:表达式2;
```

什么是表达式？通俗地说，表达式就是用运算符将操作数连起来的式子。例如“5+6”和“true&&false”都是表达式。条件表达式就是用比较运算符将操作数连起来的式子，条件表达式的结果为布尔值true或者false。例如“3>2”就是一个条件表达式，当条件表达式的结果为true时，运算结果为表达式1；若条件表达式的结果为false时，则运算结果为表达式2。

下面看几个三元运算符的案例。

【例3-13】三元运算符的使用

```
1 package cn.minimal.chapter03.demo;
2 
3 public class OperatorDemo12 {
4     public static void main(String[] args) {
5         //如果3>1成立，则打印“正确”；否则打印“错误”
6         System.out.println(3>1?"正确":"错误");
7         //如果5*3<2成立，则result1="正确"；否则result1="错误"
8         String result1 = 5*3<2?"正确":"错误";
9         System.out.println(result1);
10        //如果6-4==5成立，则result2=1；否则result2=0
11        int result2 = 6-4==5?1:0;
12        System.out.println(result2);
13    }
14 }
```

执行结果如下：

```
正确
错误
0
```

解析：第6行先判断3>1，结果为true，所以返回并打印“正确”；第8行先判断5*3<2，结果为false，所以返回“错误”并赋值给result1后打印；第11行先判断6–4==5，结果为false，所以将0赋值给result2并打印。

【例3–14】判断奇偶数——从键盘输入一个整数判断该数是偶数还是奇数

```
 1 import java.util.Scanner;
 2 
 3 public class OperatorDemo13 {
 4     public static void main(String[] args) {
 5         System.out.println("请输入一个整数：");
 6         Scanner input = new Scanner(System.in);     //创建Scanner对象
 7         int num = input.nextInt();                  //从控制台输入一个整数
 8         //如果num%2==0为true，则结果为“偶数”；否则为“奇数”
 9         String result = num%2==0?"偶数":"奇数";
10         System.out.println("该数为 :"+result);
11     }
12 }
```

执行结果如下：

```
请输入一个整数：
7
该数为 : 奇数
```

3.2.6 运算符优先级

当运算符较多时，谁先运算谁后运算往往容易混乱。其实运算符有优先级的概念，按照运算符的优先级就知道谁先谁后。

表3–5所列是每种运算符的优先级，按照优先级的先后顺序排序（优先级相同的情况下，按照从左到右的顺序依次运算）。

表3–5 运算符的优先级

优先级	运算符
1	()、[]
2	+、–（一元运算）
3	++、––、!
4	*、/、%
5	+、–（二元运算）
7	>、>=、<、<=

续表

优先级	运算符
8	==、!=
12	&&
13	||
14	?:
15	=、+=、-=、*=、/=、%=

下面通过两个案例来学习运算符的优先级。

【例3-15】运算符优先级的应用1

```
1  package cn.minimal.chapter03.demo;
2
3  public class Operator14 {
4      public static void main(String[] args) {
5          String result = 4+5*6>20?"正确":"错误";
6          System.out.println(result);
7      }
8  }
```

执行结果如下：

```
正确
```

解析：根据运算符的优先级，第4行代码的执行顺序如下：

(1)执行5*6，得到30。

(2)执行4+30，得到34。

(3)判断34>20，得到true。

(4)根据返回的true将表达式1的结果“正确”赋值给变量result。

再来看一个例子。

【例3-16】运算符优先级的应用2

```
1 package cn.minimal.chapter03.demo;
2
3 public class OperatorDemo15 {
4     public static void main(String[] args) {
5         int num1 = 5;
6         int num2 = 4;
7         int num3 = 6;
8         int result = (num1+num2)*2>num3&&num2>num3? num3:num1+++num2;
9         System.out.println(result);
10    }
11 }
```

微信扫码

扫一扫,看视频讲解

执行结果如下：

```
9
```

解析：第8行代码“(num1+num2)*2>num3&&num2>num3? num3:num1+++num2;”的执行顺序如下：

（1）因为小括号“()”的优先级最高，所以先计算小括号中的内容num1+num2，得到9。

（2）算术运算符“*”的优先级大于关系运算符“>”，所以先计算9*2，得到18。

（3）关系运算符“>”的优先级大于逻辑运算符“&&”，所以先计算18>num3，得到true，计算num2>num3，得到false。

（4）true和false进行“&&”运算，得到false，返回表达式2。

（5）计算num1+++num2，因为“+”的优先级高于“++”，所以先运算后自加，num1+num2结果为9。

练习3

3-1　从键盘输入一个字符串并打印。

3-2　从键盘输入一个三位的整数，计算该整数的个位、十位、百位的和并打印。

3-3　从键盘输入两个整数并判断它们的和，如果大于20，则打印yes；否则打印no（使用三元运算符）。

第 4 章

流程控制语句

学习目标

第 1~3 章中的 Java 程序都是一行行从头到尾执行的。本章介绍流程控制语句，使用流程控制语句可以改变程序的执行流程。通过本章的学习，读者将可以做到：

- 掌握随机数类 Random 的用法
- 掌握 if 选择结构的用法
- 掌握 switch 选择结构的用法

内容浏览

4.1 随机数类 Random
4.2 流程控制语句
4.2.1 if 选择结构
4.2.2 if...else 语句
4.2.3 if...else if...else 语句
4.2.4 嵌套 if 选择结构
4.2.5 if 选择结构语句与三元运算符转换
4.2.6 switch 选择语句
练习 4

4.1 随机数类 Random

在编写程序的过程中，如果要产生一个随机数，需要用到随机数类Random。Random类也是JDK中的类，直接拿来用就可以。Random类常用的方法的声明格式如下所示：

方法1：public int nextInt(int maxValue)

功能：产生0~maxValue范围的随机整数，包含0，不包含maxValue。

方法2：public double nextDouble()

功能：产生0~1范围的随机小数，包含0，不包含1.0。

什么是方法以及方法如何使用，将会在第7章详细讲解，此处只需要会用它产生随机数即可。

下面看一个随机数的案例。

【例4-1】生成随机数——生成一个0~100（包含0不包含100）之间的随机整数和一个0.0~1.0（包含0.0不包含1.0）之间的随机小数并打印

```
 1 package cn.minimal.chapter04;
 2 import java.util.Random;
 3 public class RandomDemo01 {
 4     public static void main(String[] args) {
 5         Random rd = new Random();                    // 创建 Random 对象
 6         int num1 = rd.nextInt(100);                  // 生成 0 ~ 100 的随机整数
 7         double num2 = rd.nextDouble();               // 生成 0.0 ~ 1.0 的随机小数
 8         System.out.println(num1);
 9         System.out.println(num2);
10     }
11 }
```

执行结果如下：

```
66
0.9461177471152684
```

解析：生成一个随机数的步骤如下。

第1步：导入Random类。和Scanner类类似，使用Random类前需要先导入它，有两种导入方式：第一种，用import java.util.Random;命令直接将Random类导入；第二种，用import java.util.*;命令将java.util包下的所有类都导入。

第2步：创建Random类的对象。上述代码第5行是创建Random类的对象，要想使用该类必须先创建类的对象。

第3步：rd.nextInt(100);语句表示生成0~100之间的随机数，见第6行代码。

第4步：rd.nextDouble();语句表示生成0.0~1.0之间的随机数，见第7行代码。

> **注意：**
>
> 第6行生成的随机数在0~100之间（包含0，不包含100）；第7行生成的随机数在0.0~1.0之间（包含0.0，不包含1.0）。

4.2　流程控制语句

例4–1中的代码是从第1行执行到最后一行，按先后顺序执行。使用流程控制语句可以控制程序的执行流程。流程控制语句包括if选择结构和switch选择结构。

4.2.1　if 选择结构

4

通过if选择结构可以选择性地执行代码。如果满足某种条件，就进行某种处理。

例如，小明妈妈跟小明说“如果你考试得了100分，星期天就带你去游乐场玩”。这句话可以通过下面的一段伪代码来描述。

```
如果小明考试得了 100 分
星期天妈妈带小明去游乐场
```

可以用if语句来实现该功能，if语句的具体语法格式如下：

```
if （条件语句）{
   执行语句；
   ……
}
```

上述格式中，条件语句的结果是一个布尔值，当结果为true时，{}中的执行语句才会执行，流程图如图4–1所示。

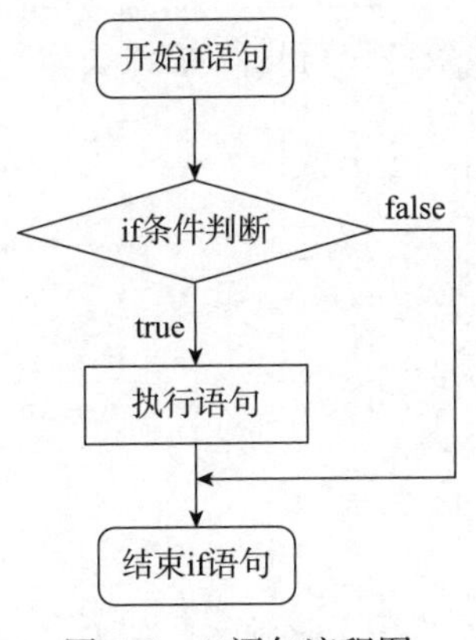

图4–1　if语句流程图

下面通过Java代码来实现。

【例4-2】if选择语句——从键盘输入小明的考试成绩，如果成绩为100分，则打印“星期天带你到游乐场玩!”

```
1 package cn.minimal.chapter04;
2 import java.util.Scanner;
3 public class chooseDemo01 {
4     public static void main(String[] args) {
5         System.out.println("请输入考试成绩:");
6         Scanner input = new Scanner(System.in);     //创建Scanner对象
7         int score = input.nextInt();                //输入考试成绩
8         //如果成绩为100分，则打印“星期天带你到游乐场玩!”
9         if(score==100){
10            System.out.println("星期天带你到游乐场玩!");
11        }
12        System.out.println("程序结束!");
13    }
14 }
```

执行结果如下：

```
请输入考试成绩：
100
星期天带你到游乐场玩!
```

解析：第9行代码if(score==100)，判断score分数是否等于100，这里返回的是true，所以执行{}中的语句打印“星期天带你到游乐场玩!”。

如果小明的考试成绩小于100分，想打印“在家学习!”，应该如何做呢？这就需要用到if...else语句。

4.2.2 if...else语句

if...else语句是指如果满足某种条件，就进行某种处理，否则就进行另一种处理。

if...else语句具体的语法格式如下：

```
if (判断条件){
   执行语句1
   ......
}else{
   执行语句2
   ......
}
```

上述格式中，判断条件是一个布尔值。当判断条件为true时，if后面{}中的执行语句1会执行。当判断条件为false时，else后面{}中的执行语句2会执行。if...else语句的执行流程如图4-2所示。

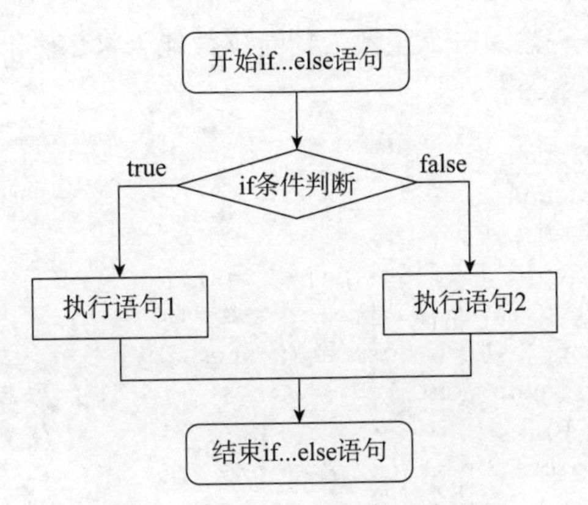

图 4-2　if...else 语句的执行流程图

下面来看一个案例。

【例4-3】if...else语句——从键盘输入小明的考试成绩，如果成绩为100分，则打印“星期天带你到游乐场玩!”；如果成绩小于100分，则打印“在家学习！”

```
 1 package cn.minimal.chapter04;
 2 import java.util.Scanner;
 3 public class ChooseDemo02 {
 4     public static void main(String[] args) {
 5         System.out.println("请输入考试成绩:");
 6         Scanner input = new Scanner(System.in);
 7         int score = input.nextInt();
 8         if(score==100){                   //如果成绩为100分,则打印“星期天带你到游乐场玩!”
 9             System.out.println("星期天带你到游乐场玩!");
10         }else{                            //如果成绩小于100分，则打印“在家学习!”
11             System.out.println("在家学习!");
12         }
13     }
14 }
```

输入100时，执行结果如下：

```
请输入考试成绩:
100
星期天带你到游乐场玩!
```

输入60时，执行结果如下：

```
请输入考试成绩:
 60
在家学习!
```

解析：第8行判断score，如果score=100，则打印“星期天带你到游乐场玩!”；否则打印“在家学习!”。

再来看一个案例。

【例4-4】判断奇偶数——输入一个整数，判断该数能否被2整除，如果能被2整除，则打印“偶数”；否则打印“奇数”

```
 1 package cn.minimal.chapter04;
 2 import java.util.Scanner;
 3 public class ChooseDemo03 {
 4     public static void main(String[] args) {
 5         System.out.println("请输入一个整数:");
 6         Scanner input = new Scanner(System.in);
 7         int num = input.nextInt();                  //输入一个整数
 8         if(num%2==0){                               //如果能被2整除
 9             System.out.println("偶数");
10         }else{                                      //如果不能被2整除
11             System.out.println("奇数");
12         }
13     }
14 }
```

执行结果如下：

输入的数为5时：

```
请输入一个整数:
5
奇数
```

输入的数为6时：

```
请输入一个整数:
6
偶数
```

解析： 第8行判断输入的整数是否能被2整除，如果能，则打印“偶数”；否则打印“奇数”。

4.2.3 if...else if...else 语句

if...else if...else语句用于对多个条件进行判断，进行多种不同的处理。例如，判断水的温度，如果大于95℃，则为“开水”；如果大于70℃小于等于95℃，则为“热水”；如果大于40℃小于等于70℃，则为“温水”；如果小于等于40℃，则为“凉水”。

if...else if...else语句具体的语法格式如下：

```
if (判断条件1) {
   执行语句1
} else if (判断条件2) {
   执行语句2
}
......
else if (判断条件n) {
```

```
    执行语句 n
} else {
    执行语句 n+1
}
```

上述格式中，判断条件的结果是一个布尔值。当判断条件1为true时，if后面{}中的执行语句1会执行。当判断条件1为false时，会继续判断条件2，如果为true则执行语句2，以此类推。如果所有的判断条件都为false，则意味着所有条件均未满足，else后面{}中的执行语句n+1会执行。if...else if...else语句的执行流程如图4-3所示。

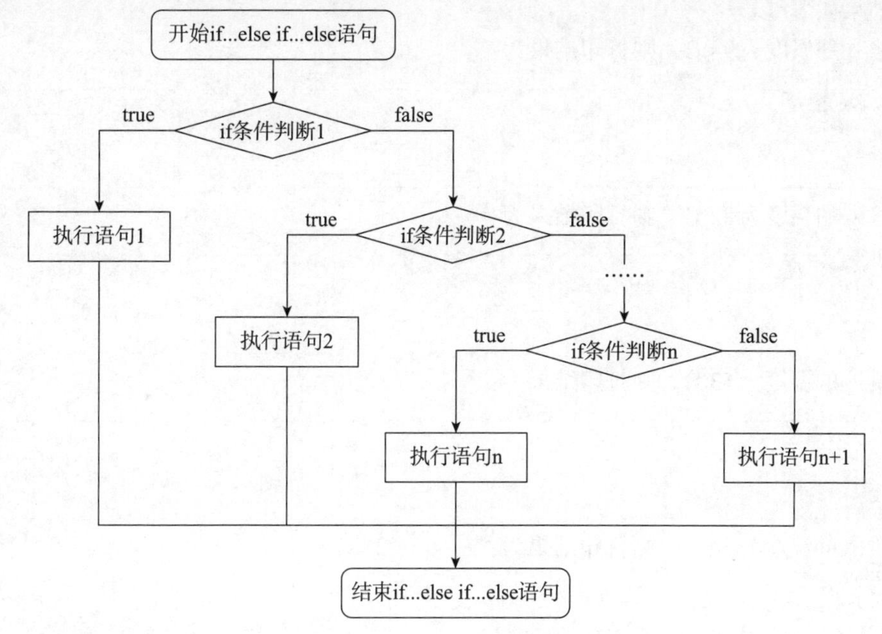

图4-3　if...else if...else语句的执行流程图

下面来看一个案例。

【例4-5】判断是否为开水——判断水的温度并根据不同温度打印不同结果

要求：判断水的温度。如果大于95℃，则打印“开水”；如果大于70℃且小于等于95℃，则打印“热水”；如果大于40℃且小于等于70℃，则打印“温水”；如果小于等于40℃，则打印“凉水”。

```
1 package cn.minimal.chapter04;
2 import java.util.Scanner;
3 public class ChooseDemo04 {
4     public static void main(String[] args) {
5         System.out.println("请输入水的温度");
6         Scanner input = new Scanner(System.in);
7         int temperature = input.nextInt();
8         if(temperature>95){                    //如果温度大于95℃
9             System.out.println("开水");
```

```
10          }else if(temperature>70){           // 如果温度大于 70℃且小于等于 95℃
11              System.out.println(" 热水 ");
12          }else if(temperature>40){           // 如果温度大于 40℃且小于等于 70℃
13              System.out.println(" 温水 ");
14          }else{                              // 如果温度小于等于 40℃
15              System.out.println(" 凉水 ");
16          }
17      }
18 }
```

执行结果如下。

如果输入的温度为98℃，则打印结果为：

```
请输入水的温度
98
开水
```

如果输入的温度为82℃，则打印结果为：

```
请输入水的温度
82
热水
```

如果输入的温度为53℃，则打印结果为：

```
请输入水的温度
53
温水
```

如果输入的温度为34℃，则打印结果为：

```
请输入水的温度
34
凉水
```

解析：第8行首先判断温度是否大于95℃，如果满足条件，则打印“开水”；否则（温度小于等于95℃）判断温度是否大于70℃，如果满足条件，则打印“热水”；否则（温度小于等于70℃）判断温度是否大于40℃，如果满足条件，则打印“温水”；否则（温度小于等于40℃）打印“凉水”。

4.2.4 嵌套 if 选择结构

嵌套if选择结构就是在一个if选择结构中还包括其他的if选择结构，语法结构如下：

```
if(条件1) {
    if(条件2) {
            执行语句 1
    } else {
            执行语句 2
    }
```

```
} else {
    执行语句 3
}
```

嵌套if选择结构的执行流程如图4-4所示。

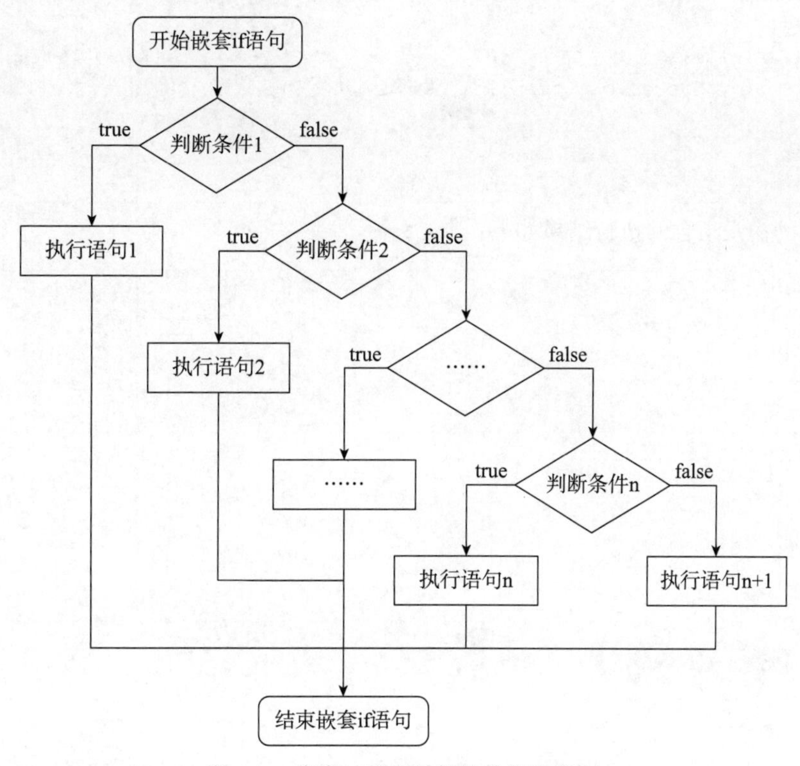

图4-4　嵌套if选择结构的执行流程图

下面来看一个案例。

【例4-6】判断是否进入决赛——根据跳高比赛成绩判断有没有进入决赛

要求：学校比赛跳高，如果成绩在1.5米以上则进入决赛，男生进入男子组决赛，女生进入女子组决赛；否则淘汰。

程序代码如下：

```
1 package cn.minimal.chapter04;
2 import java.util.Scanner;
3 public class ChooseDemo05 {
4     public static void main(String[] args) {
5         System.out.println("请输入跳高比赛的成绩：");
6         Scanner input = new Scanner(System.in);
7         double score = input.nextDouble();          //输入跳高比赛的成绩
8         if(score>1.5){                              //如果跳高比赛成绩大于1.5米
9             System.out.println("请输入性别：");
```

```
10            String gender = input.next();          // 输入性别
11            if(gender.equals("男")){               // 如果性别为男
12                System.out.println("进入男子组决赛");
13            }else{                                 // 如果性别不为男
14                System.out.println("进入女子组决赛");
15            }
16        }else{                                     // 如果跳高比赛成绩小于等于1.5米
17            System.out.println("没有进入决赛");
18        }
19    }
20 }
```

根据不同的输入组合的执行结果如下：

```
请输入跳高比赛的成绩：
1.6
请输入性别：
男
进入男子组决赛
```

```
请输入跳高比赛的成绩：
1.7
请输入性别：
女
进入女子组决赛
```

```
请输入跳高比赛的成绩：
1.4
没有进入决赛
```

解析：第8行代码先判断成绩是否大于1.5米，如果不成立，则打印“没有进入决赛”；如果成立，则继续执行第11行if语句后面的代码，判断性别是否为“男”，如果成立，则打印“进入男子组决赛”；否则打印“进入女子组决赛”。

4.2.5 if选择结构语句与三元运算符转换

if...else语句也可以用3.2.5小节学过的三元运算符来代替。

下面来看一个案例。

微信扫码

扫一扫，看视频讲解

【例4-7】打印较大数——从键盘输入两个整数num1、num2，用if...else语句获取其中较大的数并打印

```
package cn.minimal.chapter04;
import java.util.Scanner;
public class ChooseDemo06 {
    public static void main(String[] args) {
        Scanner input = new Scanner(System.in);
        System.out.println("请输入第一个数:");
```

```
        int num1 = input.nextInt();
        System.out.println("请输入第二个数:");
        int num2 = input.nextInt();
        int max;            //定义变量max记录较大的数
        //判断,如果num1大于num2,则将num1赋值给max;否则将num2赋值给max
        if(num1>num2){
            max = num1;
        }else{
            max = num2;
        }
        System.out.println("较大的数为:"+max);
    }
}
```

执行结果如下:

```
请输入第一个数:
8
请输入第二个数:
3
较大的数为:8
```

```
请输入第一个数:
3
请输入第二个数:
9
    较大的数为:9
```

也可以用三元运算符来实现上述功能。

下面来看一个案例。

【例4-8】使用三元运算符打印较大数——用三元运算符实现获取两个整数num1、num2中较大的数并打印

```
package cn.minimal.chapter04;
import java.util.Scanner;
public class ChooseDemo07 {
    public static void main(String[] args) {
        Scanner input = new Scanner(System.in);
        System.out.println("请输入第一个数:");
        int num1 = input.nextInt();
        System.out.println("请输入第二个数:");
        int num2 = input.nextInt();
        int max = num1>num2?num1:num2;          //将num1和num2中较大的数赋给max
        System.out.println("较大数为:"+max);
    }
}
```

解析:从这个例子可以看出if...else语句可以用三元运算符来代替,而且三元运算符更加简洁。

4.2.6 switch 选择语句

switch语句也是一种很常用的选择语句，和if选择语句不同，它是根据表达式的值决定程序执行哪一段代码。

switch语句的语法格式如下：

```
switch (表达式){
   case 目标值1:
        执行语句1
        break;
   case 目标值2:
        执行语句2
        break;
   ......
   case 目标值n:
        执行语句n
        break;
   default:
        执行语句n+1
        break;
}
```

微信扫码

扫一扫，看视频讲解

switch语句会先计算表达式的值，然后将表达式的值和case 中的目标值进行匹配，从目标值1开始依次往下，如果找到了和表达式的值相等的目标值，则执行对应目标值后面的执行语句。如果没有找到任何匹配值，则执行default后的执行语句。每个case执行语句后面会有一个break语句，当执行到break时，就会跳出switch语句。

switch 语句的执行流程如图4-5所示。

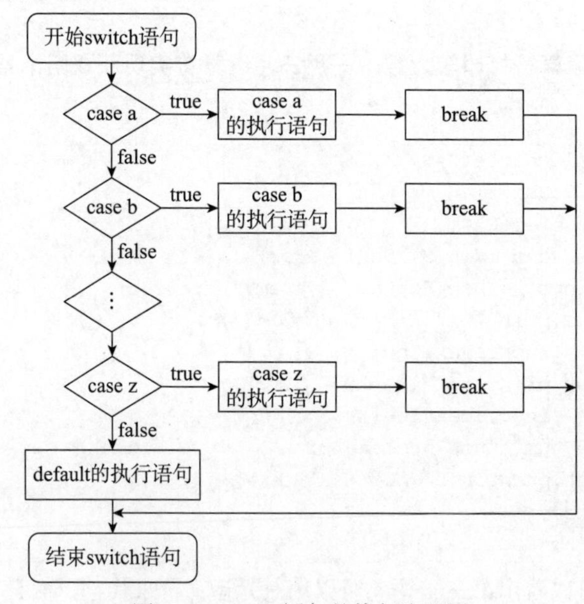

图 4-5　switch 语句的执行流程图

下面来看一个案例。

【例4-9】转换小写数字为大写样式——将小写的数字1、2、3转换为大写的数字一、二、三并打印

```
 1 package cn.minimal.chapter04;
 2 import java.util.Scanner;
 3 public class ChooseDemo08 {
 4     public static void main(String[] args) {
 5         System.out.println("请输入一个数字:");
 6         Scanner input = new Scanner(System.in);
 7         int num = input.nextInt();
 8         switch (num){
 9             case 1:                    //判断num，如果等于1，则执行后面的语句
10                 System.out.println("一");
11                 break;                 //结束switch语句
12             case 2:                    //判断num，如果等于2，则执行后面的语句
13                 System.out.println("二");
14                 break;
15             case 3:                    //判断num，如果等于3，则执行后面的语句
16                 System.out.println("三");
17                 break;
18             default:                   //否则执行后面的语句
19                 System.out.println("输入错误!");
20                 break;
21         }
22     }
23 }
```

执行结果如下:

```
请输入一个数字:
2
二

请输入一个数字:
6
输入错误!
```

解析：当输入2时，第8行中switch表达式的值num等于2，将num依次和case 的值进行比较：首先与第9行的case后的值1比较，不相等；再与第12行的case后的值2比较，相等，于是执行第13行的代码，打印大写的数字“二”。

当输入6时，num的值为6，表达式的值和所有case后的值都不匹配，所以会执行第18行default后的语句，打印“输入错误!”。

注意:

低于JDK1.7的版本中switch语句表达式的值只能是byte、short、char、int类型，JDK1.7以后的版本又增加了enum和String两种类型。

4

在使用switch语句的过程中，如果多个case条件后面的执行语句是一样的，则该执行语句只需书写一次，这是一种简写的方式。

下面来看一个案例。

【例4-10】根据输入的不同数打印不同结果

要求：输入1、2、3、4、5，如果输入的数为1、2、3，则打印“小于4”；如果输入4、5，则打印“大于等于4”，否则打印“输入错误!”。

程序代码如下：

```
package cn.minimal.chapter04;
import java.util.Scanner;
public class ChooseDemo08 {
    public static void main(String[] args) {
        Scanner input = new Scanner(System.in);
        System.out.println("请输入一个数：");
        int num = input.nextInt();
        switch (num){
            case 1:                      //如果num的值为1、2或3，则打印“小于4”
            case 2:
            case 3:
                System.out.println("小于4");
                break;
            case 4:                      //如果num的值为4或5，则打印“大于等于4”
            case 5:
                System.out.println("大于等于4");
                break;
            default:                     //否则打印“输入错误！”
                System.out.println("输入错误！");
                break;
        }
    }
}
```

执行结果如下：

```
请输入一个数：
3
小于4
```

解析：上述代码中，当变量num的值为1、2、3中任意一个值时，处理方式相同，都会打印“小于4”。同理，当变量num值为4、5中任意一个值时，打印“大于等于4”，否则打印“输入错误!”。

练习4

4-1 生成一个0~5的随机整数，如果该随机数等于3，则打印“恭喜您中奖了!”。

4-2 从键盘输入一个整数x，根据条件计算y的值。

```
x>=5        y=3*x
2<x<5       y=4*x
x<=2        y=5*x
```

4-3 从键盘输入三个整数，并将三个数中的最大值打印出来。

4-4 输入星期几和天气，如果是星期六或星期天且天气为晴，则打印“踢足球”；否则打印“在家看电视”。

第 5 章

循环语句

学习目标

许多实际问题往往需要有规律地重复某些操作，这些操作在计算机程序中就体现为某些语句的重复执行，这就是循环。循环语句主要有 3 种，即 while 循环、do... while 循环和 for 循环。通过本章的学习，读者将可以做到：

- 掌握 while 循环的用法
- 掌握 do... while 循环的用法
- 掌握 for 循环的用法
- 掌握跳转语句 break 和 continue 的用法
- 掌握如何使用 IDEA 进行程序调试

内容浏览

5.1 while 循环语句
5.2 do...while 循环语句
5.3 for 循环语句
5.4 循环嵌套
5.5 跳转语句 break 和 continue
5.5.1 break 语句
5.5.2 continue 语句
5.6 无限循环
5.7 程序调试
5.8 综合案例——猜数字游戏
练习 5

5.1　while 循环语句

4.2节中的流程控制语句可以让程序选择性地执行代码，如果想让一段代码反复执行，就需要用到循环结构语句。循环结构语句有3种：while循环语句、do... while循环语句和for循环语句。

while循环语句的语法结构如下：

```
while(循环条件){
    执行语句
    ……
}
```

{}里的执行语句是循环体，当循环条件成立时，会执行该循环体，循环体的代码执行完毕再判断循环条件，如果循环条件成立，再执行循环体，如此循环往复，直到循环条件不成立，该循环也就结束了，循环体不再执行。

循环条件的结果是一个布尔值，若为true表示成立，若为false表示不成立。

while循环的流程图如图5-1所示。

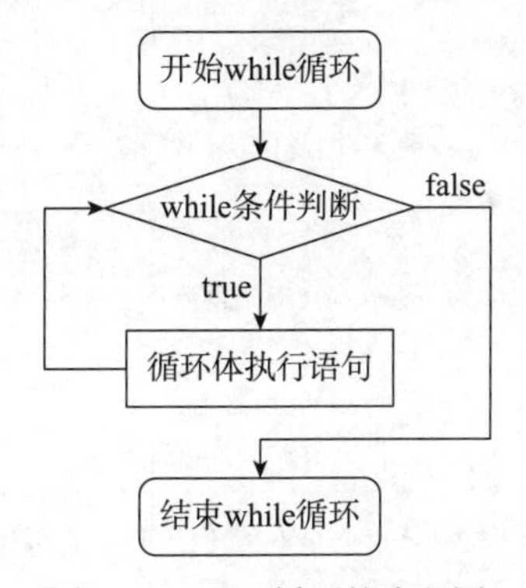

图 5-1　while 循环的流程图

下面来看一个案例。

【例5-1】使用While循环打印100次“好好学习！”

```
1 package cn.minimal.chaptor05;
2 public class WhileDemo01 {
3    public static void main(String[] args) {
4        int count = 1;
5        while(count<=100){              //循环打印 100 次“好好学习！”
6            System.out.println("好好学习！");
7            count++;
8        }
9    }
10 }
```

解析：第4行，定义count变量的初始值为1；第5行，判断循环条件count<=100是否成立，每执行一次循环，在第7行将count的值加1，循环100次以后count的值变为100；当循环到第101次时，count的值变为101，此时循环条件count<=100的结果为false，循环条件不成立，循环结束。总共打印100次“好好学习！”。

5.2 do...while 循环语句

do...while循环语句和while循环语句的功能类似，其语法结构如下：

```
do {
    执行语句
    ……
} while(循环条件);
```

do...while 循环语句的循环条件在循环体的后面，所以do...while循环会至少执行一次循环体，这也是它和while循环的不同之处（while循环的循环体有可能一次都不执行）。

do...while循环语句的流程图如图5-2所示。

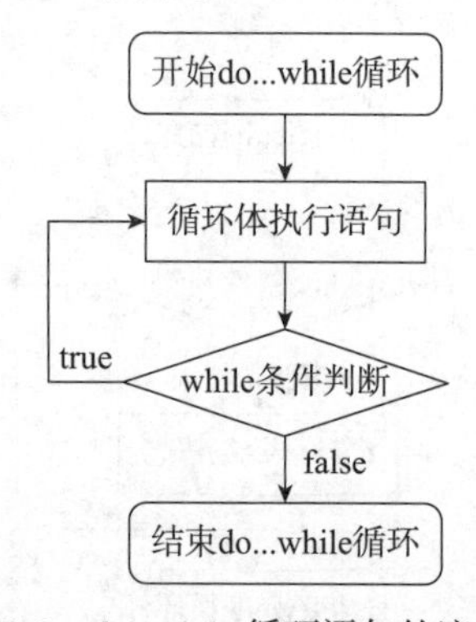

图5-2　do...while 循环语句的流程图

下面使用do...while循环来实现例5-1，对比do...while循环和while循环的区别。

【例5-2】使用do...while循环打印100次“好好学习！”

```
1 package cn.minimal.chaptor05;
2 public class DoWhileDemo01 {
3    public static void main(String[] args) {
4        int count = 1;
5        do{                                    //循环打印100次“好好学习！”
6            System.out.println("好好学习！");
7            count++;
8        }while(count<=100);
9    }
10 }
```

解析：第4行，定义变量count的值为1，因为while条件判断在循环体后面，所以会先执行一次循环体再去判断循环条件，这里如果将第8行的循环条件改成count<1，还是会打印一次“好好学习！”，而在例5-1中，如果将循环条件(代码第5行)改为count<1，则一次也不会打印。读者可以动手试一试。

> **注意：**
>
> 第8行循环条件后面有一个分号“;”。

5.3 for 循环语句

for循环语句是最常用的循环语句，一般用在循环次数已知的情况下。

for循环语句的语法格式如下：

```
for（①初始化表达式；②循环条件；③操作表达式）{
  ④执行语句
  ……
}
```

for循环语句由四部分组成，程序的执行步骤如下。

第1步：执行①初始化表达式。

第2步：判断②循环条件，如果成立，则执行④执行语句。

第3步：执行③操作表达式，这是第一轮。

第4步：再判断②循环条件，如果还成立，则继续执行④执行语句。

第5步：执行③操作表达式，这是第二轮，如此循环往复。

下面结合实例学习for循环的用法，用for循环实现例5-1的功能。

【例5-3】使用for循环打印100次“好好学习！”

```
package cn.minimal.chaptor05;
public class ForDemo01 {
    public static void main(String[] args) {
        // 打印 100 次“好好学习！”
        for(int i=0;i<100;i++){
            System.out.println("好好学习！ ");
        }
    }
}
```

解析：这里初始化表达式是int i=0，循环条件是i<100，操作表达式是i++，执行语句是System.out.println("好好学习！ ");。

下面结合for语句的执行步骤分析这段代码的执行过程。

第1步：执行初始化表达式int i=0，给i赋值0。

第2步：执行循环条件判断，这里的循环条件是i<100，因为0<100是成立的，所以执行语句

System.out.println("好好学习！ ");，打印“好好学习！”。

第3步：执行操作表达式i++，之后i变成1。

第4步：判断循环条件，i<100是成立的，所以继续打印“好好学习！”。

第5步：执行操作表达式i++，之后i变成2，i<100是成立的，所以继续打印“好好学习！”。

这样继续循环下去，直到操作表达式i++中的i变成101，i<100不成立，循环结束。

小技巧：

如果要打印50次“好好学习！”，只需要把i<100改成i<50就可以了。

再来看一个案例。

【例5-4】计算1~5的和并打印

程序代码如下：

```
package cn.minimal.chaptor05;
import java.util.Scanner;
public class ForDemo02 {
    public static void main(String[] args) {
        int sum = 0;                                    // 定义变量 sum 记录和
        for(int i=1;i<=5;i++){                          // 循环计算 1~5 的和
            sum+=i;                                     // 相当于 sum=sum+i
        }
        System.out.println("1~5 的和为 :"+sum);
    }
}
```

执行结果如下：

```
1~5 的和为 :15
```

解析：

下面来分析该代码块中for循环的执行过程。

第1步：执行初始化表达式int i=1，给i赋值为1。

第2步：执行循环条件判断，这里的循环条件是i<=5，条件成立，所以执行语句sum+=i（相当于sum=sum+i），计算的结果sum=1。

第3步：执行操作表达式i++，之后i变成2。

第4步：判断循环条件i<=5，2<=5是成立的，所以继续执行sum+=i（即sum=1+2），sum=3。

第5步：执行操作表达式i++，之后i变成3。

……

第1次循环时：sum = 1，i=1。

第2次循环时：sum = 3，i=2。

第3次循环时：sum = 6，i=3。

第4次循环时：sum = 10，i = 4。

第5次循环时：sum = 15，i=5 。

再来看一个案例。

【例5-5】打印加法表——输入一个整数使用for循环打印加法表

假设输入的数为5，打印以下格式的加法表：

0+5=5

1+4=5

2+3=5

3+2=5

4+1=5

5+0=5

程序代码如下：

```
 1 package cn.minimal.chaptor05;
 2 import java.util.Scanner;
 3 public class ForDemo03 {
 4     public static void main(String[] args) {
 5         Scanner input = new Scanner(System.in);
 6         System.out.println("请输入一个数：");
 7         int num = input.nextInt();
 8         for(int i=0,j=num;i<=num;i++,j--){          //初始变量定义了两个：i和j
 9             System.out.println(i+"+"+j+"="+(i+j)); //打印形如“0+5=5”
10         }
11     }
12 }
```

执行结果如下：

```
请输入一个数：
5
0+5=5
1+4=5
2+3=5
3+2=5
4+1=5
5+0=5
```

解析：第8行定义了两个初始变量i和j，i的初始值为0，j的初始值为输入的数值num，操作表达式为i++,j--，即每执行一次循环，i的值加1，j的值减1。

若输入的数为5，则：

第1次循环时：i=0，j=5，打印0+5=5。

第2次循环时：i=1，j=4，打印1+4=5。

第3次循环时：i=2，j=3，打印2+3=5。

第4次循环时：i=3，j=2，打印3+2=5。

第5次循环时：i=4，j=1，打印4+1=5。

第6次循环时：i=5，j=0，打印5+0=5。

5

5.4 循环嵌套

循环嵌套是指在一个循环中包含另外一个循环，语法格式如下：

```
for(初始化表达式; 循环条件; 操作表达式) {
   ……
   for(初始化表达式; 循环条件; 操作表达式) {
       执行语句
       ……
   }
   ……
}
```

下面来看一个案例。

【例5-6】打印直角三角形——打印*形成的直角三角形

```
 1 package cn.minimal.chaptor05;
 2 public class ForDemo05 {
 3     public static void main(String[] args) {
 4         for(int i=1;i<=5;i++){                // 外层循环控制打印的行数
 5             for(int j=1;j<=i;j++){            // 内层循环控制打印 * 的个数
 6                 System.out.print("*");        // 打印"*"
 7             }
 8             System.out.println();             // 打印换行
 9         }
10     }
11 }
```

运行结果如下：

```
*
**
***
****
*****
```

解析：本实例是用嵌套循环完成的，外层循环了5次，它控制打印的行数，内层循环用来打印"*"，每行"*"的个数逐行增加，最后打印出一个直角三角形。

下面分步骤来讲解程序的执行过程。

第1步：第4行执行int i=1，判断i<=5是成立的，所以进入内层循环。

第2步：第5行执行int j=1，判断j<=i也就是j<=1是成立的，所以执行第6行，打印1个"*"。

第3步：第5行执行j++，j变为2，判断j<=i也就是2<=1不成立，内层循环结束，继续执行外层循环的第4行的i++，i变为2。

第4步：第4行判断i<=5即2<=5成立，进入内层循环，重复前面步骤打印第2行2个“**”。

第5步：继续打印“*”，第3行打印3个“*”，第4行打印4个“*”，第5行打印5个“*”，最终打印出一个有5行的直角三角形。

拓展思考（举一反三）：

如果要打印8行的直角三角形，如何修改上述代码？如果要打印20行的直角三角形，又应该怎样修改代码？请动手试一试。

【例5-7】打印九九乘法表——使用嵌套循环打印九九乘法表

```
1*1=1
2*1=2  2*2=4
3*1=3  3*2=6   3*3=9
4*1=4  4*2=8   4*3=12  4*4=16
5*1=5  5*2=10  5*3=15  5*4=20  5*5=25
6*1=6  6*2=12  6*3=18  6*4=24  6*5=30  6*6=36
7*1=7  7*2=14  7*3=21  7*4=28  7*5=35  7*6=42  7*7=49
8*1=8  8*2=16  8*3=24  8*4=32  8*5=40  8*6=48  8*7=56  8*8=64
9*1=9  9*2=18  9*3=27  9*4=36  9*5=45  9*6=54  9*7=63  9*8=72  9*9=81
```

微信扫码

扫一扫，看视频讲解

程序代码如下：

```
package cn.minimal.chaptor05;
public class ForDemo06 {
    public static void main(String[] args) {
        for (int i = 1; i <= 9; i++){                    // 外层循环控制被乘数
            for (int j = 1; j <= i; j++){                // 内层循环控制乘数
                System.out.print(i+"*"+j+"="+(i*j)+"\t");
            }
            System.out.println();                        // 换行
        }
    }
}
```

解析：通过观察发现，一共需要打印9行，所以外层循环9次，对于有明确次数的循环可以选择for循环。

第1行是1*1，第2行是2*1，2*2，……通过观察发现每一行的第一个乘数依次为1、2、3、4、5、…、9，所以循环初始值从1开始，每次加1，直到9，完成代码为for (int i = 1; i <= 9; i++)。

每行的第2个乘数：第1行为1，第2行为1、2，第3行为1、2、3，以此类推，所以内层循环从1开始依次加1直到i，完成代码为for (int j = 1; j <= i; j++)。执行语句将i、j、i和j的乘积用字符串表示并打印。

每打印一行需要换一行，所以外层每循环一次就换行一次，最终得到想要的结果。

5.5 跳转语句 break 和 continue

跳转语句可以在循环执行的过程中改变程序执行的流程。在Java中有两个跳转语句，分别是break和continue。

5.5.1 break 语句

在4.2.6小节中学switch语句时已经接触过break语句，break语句在switch语句中表示跳出switch语句。break语句也可以用在循环中，同样表示跳出循环。下面通过案例来学习break语句的应用。

【例5-8】break语句的应用1——循环打印变量num的值，当num为4时，使用break语句跳出循环

```
 1 package cn.minimal.chaptor05;
 2 public class WhileDemo02 {
 3     public static void main(String[] args) {
 4         int num = 1;
 5         while(num<=10){                          //num 从 1 循环到 10
 6             if(num==4){                          // 如果 num=4
 7                 break;                           // 跳出循环
 8             }
 9             System.out.println(num);             // 打印 num
10             num++;
11         }
12         System.out.println("ok");
13     }
14 }
```

运行结果如下：

```
1
2
3
ok
```

解析：第4行定义num的值为1；第5行进入循环，循环条件是num<=10，第1次循环1<=10条件成立，执行第6行判断num是否为4，条件不成立，则执行第9行，打印num的值1，执行第10行num++，num变成2，继续循环执行，直到num=4。第6行判断num==4，条件成立，执行第7行的break语句，跳出循环，执行第12行代码，打印ok，程序结束。

【例5-9】break语句的应用2——用键盘循环输入5个整数并计算它们的和，如果录入的值为负数，则停止录入并提示录入错误

```
1 package cn.minimal.chaptor05;
2 import java.util.Scanner;
```

```
 3 public class WhileDemo03 {
 4     public static void main(String[] args) {
 5         Scanner input = new Scanner(System.in);
 6         int sum = 0;                              // 记录和
 7         int num;                                  // 记录每个录入的数
 8         boolean flag = false;                     // 记录是否录入错误，true 为错误
 9         for(int i=0;i<5;i++){                     // 循环 5 次录入整数
10             System.out.println("请录入一个数：");
11             num = input.nextInt();
12             if(num<0){                            // 如果录入为负数
13                 flag = true;                      // 录入错误，将 flag 设置为 true
14                 break;                            // 跳出循环
15             }
16             sum+=num;                             // 计算和
17         }
18         if(flag){                                 // 如果录入错误
19             System.out.println("录入错误！");
20         }else {
21             System.out.println("和为 :" + sum);
22         }
23     }
24 }
```

执行结果如下：

```
请录入一个数：
1
请录入一个数：
4
请录入一个数：
5
请录入一个数：
6
请录入一个数：
4
和为 :20
```

```
请录入一个数：
3
请录入一个数：
2
请录入一个数：
 4
请录入一个数：
-5
录入错误！
```

解析：在第8行定义了一个布尔型的变量flag，表示是否录入错误；第12行判断录入的数是否为负数，是负数则将flag设置为true，并且执行break跳出循环；第18行判断flag的值，如果为true，则表示录入错误，打印“录入错误!”；否则打印5个数的和。

5.5.2 continue 语句

continue语句也是跳转语句，它只能用在循环里，表示终止本次循环，继续进行下一次循环。

下面来看一个案例。

【例5-10】continue语句的应用——使用continue语句循环打印1~5，但不打印3

```
 1 package cn.minimal.chaptor05;
 2 public class WhileDemo04 {
 3     public static void main(String[] args) {
 4         int num = 0;
 5         while(num<5){
 6             num++;
 7             if(num==3){        // 如果 num 的值为 3，终止本次循环，继续下一次循环
 8                 continue;
 9             }
10             System.out.println(num);
11         }
12     }
13 }
```

运行结果如下：

```
1
2
4
5
```

解析：这里共循环了5次，num由0累加到3并打印1和2，当num为3时执行第7行，判断num==3是否成立，若成立，则执行第8行代码continue，当前这一次循环就终止了。后面的第10行代码不执行，继续执行第5行进入下一次循环。

5.6 无限循环

最简单无限循环的格式如下：

```
while(true){}
```

这里的循环条件true永远成立，所以会一直循环下去。

下面来看一个案例。

【例5-11】无限循环——循环输入一个整数，直到输入0结束循环

```
1 package cn.minimal.chaptor05;
2 import java.util.Scanner;
3 public class ForDemo04 {
4     public static void main(String[] args) {
5         Scanner input = new Scanner(System.in);
6         int num;                                  //定义一个整数num
7         while(true){
8             System.out.println("请输入一个整数:");
9             num = input.nextInt();                //输入一个整数赋值给num
10            if(num==0){                           //如果num==0，则退出循环
11              break;
12          }
13        }
14    }
15 }
```

执行结果如下：

```
请输入一个整数：
8
请输入一个整数：
9
请输入一个整数：
 0
```

解析：因为该循环条件为true，会一直循环，直到输入0时，才执行break；语句跳出循环。

> **注意：**
>
> 在编写循环语句时一定要反复检查，判断循环是否能退出，如果不能退出，就是死循环，死循环会将资源耗尽导致程序崩溃。

5.7　程序调试

编好的程序在执行过程中如果出现错误，该如何查找或定位错误呢？简单的代码直接就可以看出来，但如果代码比较复杂，就需要借助程序调试来查找错误了。

调试程序的步骤如下。

第1步：添加断点。

第2步：启动调试。

第3步：单步执行。

第4步：观察变量和执行流程，找到并解决问题。

下面通过一个例子学习如何调试程序。

【例5-12】调试程序并修正——打印1~5，通过调试程序发现并修正问题

```
package cn.minimal.chaptor05;
public class DebugDemo01 {
    public static void main(String[] args) {
        int i = 1;
        while(i<5){
            System.out.println(i);
            i++;
        }
    }
}
```

执行结果如下：

```
1
2
3
4
```

解析：期望打印的结果是1、2、3、4、5，结果却为1、2、3、4，少了5。为什么会产生这样的结果呢？下面用断点调试来查找原因。

第1步：添加断点，如图5-3所示。

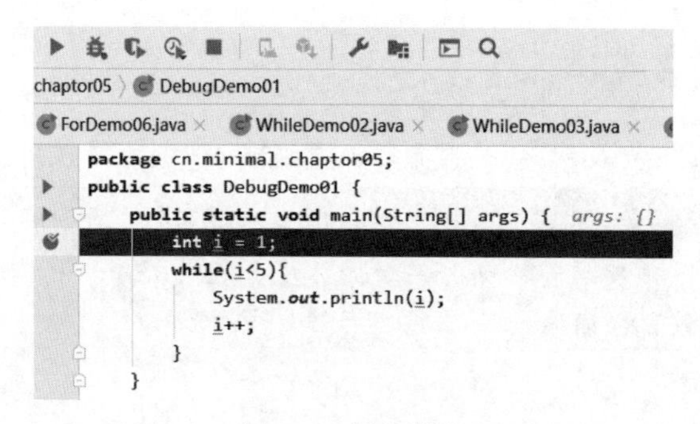

图5-3　添加断点

在int i=1这行代码的前面单击，就可以加上断点（小红点），加上断点后程序执行到这行代码时会停下来，按照指令，一行一行地执行代码。在执行的过程中，可以观察变量的变化情况和程序的执行流程，通过变量的变化和程序的执行流程可以判断到底哪里出了问题。

小技巧：

初学者往往不清楚应该在哪里加断点，其实加断点的位置是调试程序最麻烦的地方，需要有一定的经验。简单来说，就是在可能发生错误的代码的前面加断点，如果不会判断，就在程序执行的起点处加断点。

第2步：开启断点调试。单击绿色箭头旁边的小甲虫按钮（或者按快捷键Shift+F9）开始断点调试，如图5-4所示。

```
package cn.minimal.chaptor05;
public class DebugDemo01 {
    public static void main(String[] args) {
        int i = 1;
        while(i<5){
            System.out.println(i);
            i++;
        }
    }
}
```

图 5–4　开启断点调试

第3步：单步执行。按功能键F8或F7进行单步执行，所谓单步执行，就是前面提到过的让代码从断点处开始，一行一行地执行，在执行过程中可以观察变量的变化和程序的执行流程，如图5–5所示。

```
package cn.minimal.chaptor05;
public class DebugDemo01 {
    public static void main(String[] args) {  args: {}
        int i = 1;  i: 1
        while(i<5){
            System.out.println(i);  i: 1
            i++;
        }
    }
}
```

图 5–5　单步执行

第4步：通过变量的变化和程序执行流程找到问题所在并改正。如图5–6所示，当i的值为5时循环条件i<5不成立，所以不会进入循环体打印i的值，因此，如果想打印5，则循环条件就必须为i<=5。

```
package cn.minimal.chaptor05;
public class DebugDemo01 {
    public static void main(String[] args) {  args: {}
        int i = 1;  i: 5
        while(i<5){  i: 5
            System.out.println(i);
            i++;
        }
    }
}
```

图 5–6　观察变量

5.8　综合案例——猜数字游戏

随机生成一个1~10的整数，从键盘输入一个数，如果比随机数大，则打印“大了”；否则打印“小了”，循环输入，直到正确打印“恭喜您猜对了！”。

程序代码如下：

```
1 package cn.minimal.chaptor05;
2 import java.util.Random;
3 import java.util.Scanner;
4 public class GuessNumberDemo {
5     public static void main(String[] args) {
6         Random rd = new Random();
7         int rdNumber = rd.nextInt(10);       // 生成 1~10 之间的随机数
8         Scanner input = new Scanner(System.in);
9         System.out.println("请输入您猜的数字：");
10        int enterNumber = input.nextInt(); // 输入数字
11        while(enterNumber!=rdNumber){    // 判断输入的数字和生成的随机数是否相等
12            if(enterNumber>rdNumber){    // 比生成的随机数大打印“大了！”，否则打印“小了！”
13                System.out.println("大了！");
14            }else{
15                System.out.println("小了！");
16            }
17            System.out.println("继续输入数字：");
18            enterNumber = input.nextInt(); // 继续输入数字
19        }
20        System.out.println("恭喜您猜对了！");
21    }
22 }
```

解析：这个案例要比较生成的随机数和输入的数字的大小。因为要生成随机数，所以需要用到随机数类Random，用它生成1~10的随机数。第6行创建了一个随机数类的对象rd；第7行生成1~10之间的随机数；第8行创建一个Scanner扫描器；第10行从键盘输入一个所猜的整数，赋给变量enterNumber。

因为要不断猜数，直到正确，所以需要用到循环。此处循环不确定次数，可以选择while循环，第11行开始循环判断。

本案例里一个通用思路：如果要根据输入决定循环是否继续，可以设置和输入有关的循环条件，例如这里的循环条件设置为enterNumber!=rdNumber，输入数不等于随机数就循环。在循环中进行判断，第12~16行使用if... else结构判断输入的数和生成的随机数的大小，根据结果进行相应的提示；第18行继续输入猜的数字，因为要不断地猜数字，所以将其放到循环内。继续开始新一轮的循环直到打印“恭喜您猜对了!”。

练习5

5-1　计算1~40之间能被3整除的数的和。

5-2　计算100以内的奇数和。

5-3　循环输入某同学结业考试的5门课成绩，并计算平均分。

5-4　使用while、do... while以及for循环三种编程方式实现计算100以内(包括100)的偶数之和。

5-5　输入一个数，计算这个数的阶乘(如5的阶乘:5！=1*2*3*4*5)。

5-6　求1~10之间的所有偶数和。

5-7　将1~10之间的整数相加，得到累加值大于20的当前数。

5-8　循环录入Java课的学生成绩，统计分数大于等于80分的学生比例。

第 6 章

数　组

学习目标

可以通过变量记录一个数据，如果想要记录一组数据又该如何表示呢？本章介绍的数组就可以解决这个问题。通过本章的学习，读者将可以做到：

- 掌握数组的概念
- 学会如何定义数组
- 进行数组的遍历
- 判断数组中的异常
- 学会在数组中如何添加、删除、修改元素

问题提出：在开始学习本章之前先思考这样一个问题，如何计算全班（30 人）Java 课程考试的平均分？

内容浏览

6.1　什么是数组
6.2　使用数组
6.3　数组遍历
　6.3.1　普通的 for 循环
　6.3.2　增强的 for 循环
6.4　数组最大值
6.5　数组异常
　6.5.1　数组下标越界异常
　6.5.2　空指针异常
6.6　在数组中添加、删除元素
　6.6.1　数组添加元素
　6.6.2　数组删除元素
6.7　综合案例——抽奖程序的实现
练习 6

6.1　什么是数组

数组是一个变量，在这个变量中存储的是相同数据类型的一组数据。

定义一个int型的变量相当于在内存中开辟一块空间，定义一个数组类型的变量相当于在内存中开辟出一块连续的空间，数组中的数据就存储在这块连续的空间中，如图6–1所示。

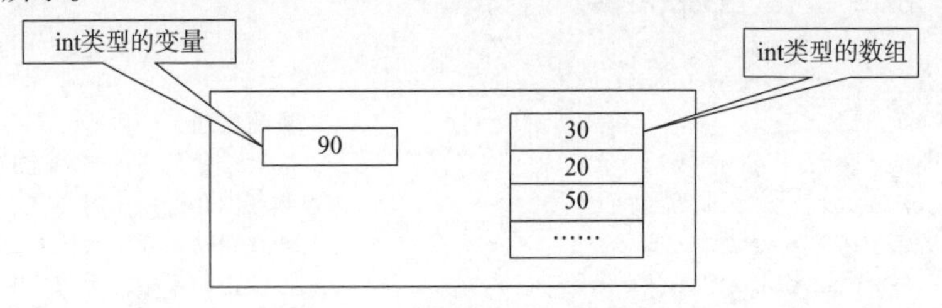

图 6–1　数组在内存中的存储

数组由4部分组成，如图6–2所示。

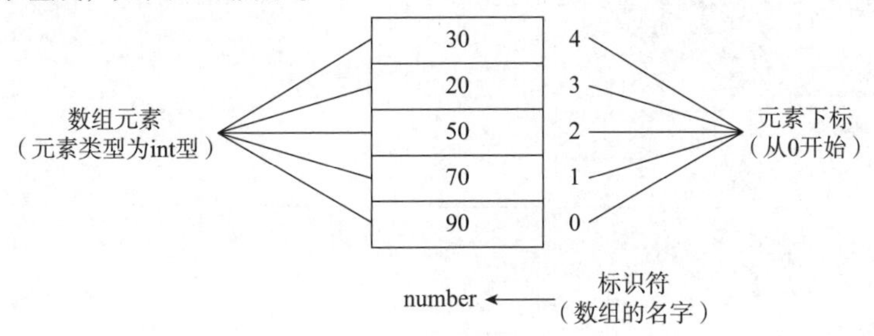

图 6–2　数组的组成部分

标识符：是数组的名字，相当于变量名。

数组元素：是数组中存储的数据。

元素下标：数组中的每个元素都有一个编号，这个编号就是元素下标，元素下标从0开始。

元素类型：数组中元素的数据类型。

数组的特点如下：

（1）数组中的元素类型都是相同的。

（2）数组的长度不能发生变化。

（3）数组中的元素存储在内存的一块连续的空间中。

思考：

下列哪组数据能存储在数组中？数组的类型是什么？

```
第一组："王峰"，"夏天"，"张米"
第二组：97.2，98.3，"c"，23
第三组：98，341，34
```

6.2 使用数组

使用数组可以分为4个步骤，下面通过一个案例来说明。

【例6-1】定义长度为5的数组——声明一个有5个元素的数组，给第1个元素赋值为8并打印前3个元素的值和数组的长度

```
 1 package cn.minimal.chaptor06;
 2 public class ArrayDemo01 {
 3     public static void main(String[] args) {
 4         int[] arr;                              // 声明数组
 5         arr = new int[5];                       // 给数组分配 5 个连续空间
 6         //int[] arr = new int[5];               // 也可以合并成一行
 7         arr[0] = 8;                             // 给数组的第 1 个元素赋值 8
 8         System.out.println(arr[0]);             // 将数组的第 1 个元素打印出来
 9         System.out.println(arr[1]);             // 将数组的第 2 个元素打印出来
10         System.out.println(arr[2]);             // 将数组的第 3 个元素打印出来
11         System.out.println(arr.length);         // 将数组的长度打印出来
12     }
13 }
```

执行结果如下：

```
8
0
0
5
```

通过这个案例来说明使用数组的步骤。

第1步：声明数组。告诉计算机该数组中数据的类型是什么，格式如下：

```
数据类型 [ ] 数组名
```

例如：第4行代码int[ ] arr;声明了一个int型的数组arr，也就是说在这个数组中只能存储int型的数据。

第2步：分配空间。告诉计算机分配几个连续的空间，格式如下：

```
数组名 =new 数据类型 [ 元素个数 ]
```

例如，第5行代码arr= new int[5];给arr这个数组分配了5个连续空间，也就是在这个数组中可以存储5个数据。

第3步：赋值。往数组中存放数据，格式如下：

```
数组名 [ 元素下标 ] = 元素值
```

例如，第7行代码arr [0] = 8;将8赋值给数组的第1个元素，arr[0]表示下标为0的元素也就是数组的第1个元素。

第4步：处理数据。例6–1中代码执行情况如下：

第8行代码System.out.println(arr[0]);将数组的第1个元素打印出来，结果为8。

第9行代码System.out.println(arr[1]);将数组的第2个元素打印出来，结果为0。

第10行代码System.out.println(arr[2]);将数组的第3个元素打印出来，结果也为0。

第11行代码System.out.println(arr.length);将数组的长度打印出来，结果为5，表示该数组可以存放5个元素。这里的arr.length表示数组的长度，也就是数组中能存放多少个元素。

小技巧：

第1步和第2步可以合并成一步，声明数组的同时分配空间，其格式如下：

```
数据类型 [ ]  数组名  =  new  数据类型 [ 元素个数 ]
```

例如：

```
int[] arr = new int[5];
```

代码并没有给数组的第2个和第3个元素赋值，为什么它们的值为0呢？因为当数组被成功创建后，数组中的元素会被自动赋予一个默认值。根据元素类型的不同，默认初始化的值也是不一样的，具体见表6–1。

表6–1 元素默认值

数据类型	默认初始值
byte、short、int、long	0
float、double	0.0
char	空字符
boolean	false
引用数据类型	null

在例6–1的代码中，第4行代码定义了一个数组，此时数组中每个元素都为默认初始值0。

其实，声明数组、给数组分配空间和给数组赋初始值这三个步骤也可以合为一个步骤，在声明数组的同时给它赋值，这称为数组的静态初始化。静态初始化有两种格式，如下所示：

```
格式 1：数据类型 [] 数组名 = new 数据类型 []{ 元素 1，元素 2，...};
格式 2：数据类型 [] 数组名 = { 元素 1，元素 2，元素 3，...};
```

这两种格式都可以做静态初始化，但是第2种方式明显更简单、方便一些，所以用得更多的也是第2种方式。下面来看一个案例。

【例6–2】声明数组并打印数组元素——声明一个数组同时给它赋初值并打印数组的每一个元素

```
1 package cn.minimal.chaptor06;
2 public class ArrayDemo02 {
3     public static void main(String[] args) {
4         int[] arr = {1,2,3,6}; //定义一个数组，有 1、2、3、6 四个元素
5         System.out.println(arr[0]);          //打印该数组的第 1 个元素
6         System.out.println(arr[1]);          //打印该数组的第 2 个元素
```

```
 7         System.out.println(arr[2]);          // 打印该数组的第 3 个元素
 8         System.out.println(arr[3]);          // 打印该数组的第 4 个元素
 9     }
10 }
```

执行结果如下：

```
1
2
3
6
```

解析：第4行在声明一个数组的同时给该数组赋了初始值1、2、3、6，表示该数组中有4个元素，第5~8行将4个元素依次打印。因为数组的下标从0开始，所以arr[0]表示第1个元素。

注意:

这里用的是第2种静态初始化的方式，如果用第1种静态初始化的方式，代码可以写为int[] arr= new int[]{1,2,3,6}，不能写成int[] arr=new int[4]{1,2,3,6}。

6.3 数组遍历

将数组中的每个元素取出并处理就是数组的遍历。数组的遍历有两种方式：普通的for循环遍历数组和增强的for循环遍历数组。

6.3.1 普通的 for 循环

使用普通的for循环遍历数组需要用到数组的索引并且可以对数组元素进行修改。

下面来看一个案例。

【例6-3】使用普通的for循环遍历数组——定义一个数组并给该数组赋初始值，使用for循环遍历该数组并打印数组中的每一个元素

程序代码如下：

```
1 package cn.minimal.chaptor06;
2 public class ArrayDemo03 {
3     public static void main(String[] args) {
4         int[] arr = {1,2,6,8};                  // 定义一个数组，有 1、2、6、8 四个元素
5         for(int i=0;i<arr.length;i++){          // 遍历数组循环，打印数组中的每一个元素
6             System.out.println(arr[i]);
7         }
8     }
9 }
```

执行结果如下：

```
1
2
6
8
```

解析：第4行定义了一个数组，初始值为1、2、6、8；第5行通过for循环访问数组中的每一个元素，arr.length表示数组的长度，arr[i]表示数组中的每一个元素，这里的i表示数组下标，i从0开始依次增加到数组的长度减1，数组的下标也是从0开始，依次增加到数组的长度减1。

6.3.2 增强的 for 循环

增强的for循环遍历数组比使用普通的for循环遍历数组简洁，它不需要用到数组的索引，但是增强的for循环只能访问数组中的元素不能修改。

下面来看一个案例。

【例6-4】使用增强的for循环遍历数组——定义一个数组并给该数组赋初始值，使用增强的for循环遍历该数组并打印数组中的每个元素

```
 1 package cn.minimal.chaptor06;
 2 public class ArrayDemo09 {
 3     public static void main(String[] args) {
 4         int[] arr = {1,2,3,4};
 5         //使用增强的 for 循环遍历数组
 6         for(int i:arr){
 7             System.out.println(i);
 8         }
 9     }
10 }
```

执行结果如下：

```
1
2
3
4
```

解析：第6行就是增强的for循环，for(int i:arr)语句中的arr指要循环的数组，i指数组中的每一个元素，int表示数组中元素的类型，可以用增强的for循环来遍历数组。

再来看一个案例。

【例6-5】求数组元素的平均值——定义一个整型数组，计算该整型数组中元素的平均值并打印

```
1 package cn.minimal.chaptor06;
2 public class ArrayDemo04 {
3     public static void main(String[] args) {
4         int[] arr = {1,2,5,7};
5         int sum = 0;                          //定义和
6         int avg = 0;                          //定义平均值
```

```
 7          for(int i=0;i<arr.length;i++){         //遍历数组求和
 8              sum+=arr[i];                       //相当于 sum=sum+arr[i]
 9          }
10          avg = sum/arr.length;                  //求平均值
11          System.out.println("平均数为:"+avg);
12      }
13 }
```

执行结果如下：

```
平均数为:3
```

解析：数组求和的思路是，在第5行定义一个变量sum；第7行循环遍历数组并将数组中的每个元素累加到sum中；第10行用sum除以数组的长度就可以得到平均数。

6.4 数组最大值

在操作数组的过程中如何获取数组中的最大元素？下面的案例演示了如何获取数组中的最大值。

【例6-6】打印数组元素的最大值——定义一个整型的数组，获取其中的最大值并打印

```
 1 package cn.minimal.chaptor06;
 2 public class ArrayDemo05 {
 3     public static void main(String[] args) {
 4         int[] arr = {1,5,6,7};       //定义一个数组，有1、5、6、7四个元素
 5         int max = arr[0];    //定义一个变量max，用来存储最大值并假设第一个元素为最大值
 6         for(int i=0;i<arr.length;i++){
 7             //将数组中的元素和max中的值进行比较，如果比max大，则将该值赋给max
 8             if(arr[i]>max){
 9                 max = arr[i];
10             }
11         }
12         System.out.println("最大值为:"+max);
13     }
14 }
```

执行结果如下：

```
最大值为:7
```

解析：求最大值的思路是，先假定一个数为最大值，第5行将数组的第1个元素赋值给max，这里就是假定数组的第1个元素为最大值；第6行循环遍历数组将数组中的每个值和max中的值进行比较，如果比max中的值大，则将该值赋值给max，从而保证max中的值始终是最大的。一轮循环下来数组中的最大值就被存入max变量。

6.5　数组异常

数组在使用的过程中如果使用不当会发生异常。所谓异常，就是在程序执行的过程中发生的错误，关于异常将会在第14章详细讲解。数组最常见的两个异常是“数组下标越界异常”和“空指针异常”。

微信扫码

扫一扫，看视频讲解

6.5.1　数组下标越界异常

当访问数组时若下标超出数组下标范围，就会发生数组下标越界异常。

下面来看一个案例。

【例6-7】数组下标越界异常的应用

```
1 package cn.minimal.chaptor06;
2 public class ArrayDemo06 {
3     public static void main(String[] args) {
4         int[] arr = {1,2,3,4};                //定义一个能存4个元素的数组
5         System.out.println(arr[4]);           //打印该数组的第5个元素
6     }
7 }
```

执行结果如下：

```
Exception in thread "main" java.lang.ArrayIndexOutOfBoundsException: Index 4 out
of bounds for length 4
at cn.minimal.chaptor06.ArrayDemo06.main(ArrayDemo06.java:5)
```

解析：第4行定义了一个有4个元素的数组；第5行打印该数组的第5个元素，所以会找不到元素，出现ArrayIndexOutOfBoundsException数组下标越界异常。

6.5.2　空指针异常

定义好一个数组变量后就可以通过变量名也就是数组名去访问这个数组，如果将该变量设置为null，再通过它去访问数组时就会发生空指针异常。

下面来看一个案例。

【例6-8】空指针异常的应用

```
1 package cn.minimal.chaptor06;
2 public class ArrayDemo07 {
3     public static void main(String[] args) {
4         int[] arr = {1,2,5,6};                //定义一个数组，有1、2、5、6四个元素
5         System.out.println(arr[0]);           //打印第1个元素的值
6         arr = null;                           //将该数组变量设置为null
```

```
 7          System.out.println(arr[0]);         // 再打印该数组第 1 个元素的值
 8      }
 9 }
```

执行结果如下：

```
1
Exception in thread "main" java.lang.NullPointerException
at cn.minimal.chaptor06.ArrayDemo07.main(ArrayDemo07.java:7)
```

解析：第4行定义了一个数组arr；第5行打印该数组的第1个元素，可以正常打印；第6行将该数组设置为null；第7行再打印第1个元素时发生了空指针异常。

6.6 在数组中添加、删除元素

6.6.1 在数组中添加元素

如何往定义好的数组中添加元素？下面看一个案例。

【例6-9】在数组中添加元素并打印——定义一个字符串型数组，往该数组中添加元素，遍历并打印添加元素后的数组

```
 1 package cn.minimal.chaptor06;
 2 import java.util.Scanner;
 3 public class ArrayDemo08 {
 4     public static void main(String[] args) {
 5         String[] arr = {"西游记","鹿鼎记","红楼梦",null,null};
 6         for(int i=0;i<arr.length;i++){
 7             if(arr[i]==null){          //如果该元素为空，将“水浒传”添加到该元素的位置
 8                 arr[i] = "水浒传";
 9                 break;
10             }
11         }
12         for(int i=0;i<arr.length;i++){                //打印添加元素后的数组
13             System.out.println(arr[i]);
14         }
15     }
16 }
```

执行结果如下：

```
西游记
鹿鼎记
红楼梦
水浒传
null
```

解析：第5行定义了一个能存放5个元素的数组，前3个元素赋了值，后2个元素为空；第6行循环遍历该数组；第7行判断元素是否为null，在第1个为null的元素处将“水浒传”赋值给它。

6.6.2　在数组中删除元素

如何在定义好的数组中删除元素？下面看一个案例。

【例6-10】在数组中删除元素并打印——定义一个字符串数组“刘德”“张友”“邓丽”“王志”“江珊”，删除“邓丽”并打印删除元素后的数组

```
1 package cn.minimal.chaptor06;
2 public class ArrayDemo11 {
3     public static void main(String[] args) {
4         //定义一个字符串数组
5         String[] names= {"刘德","张友","邓丽","王志","江珊"};
6         int index = -1;                    //定义一个变量，记录被删除元素的索引
7         for(int i=0;i<names.length;i++){
8             if(names[i].equals("邓丽")){    //判断如果该元素为要删除的元素
9                 index = i;                 //将该元素的索引记录下来
10                break;
11            }
12        }
13        for(int i=index;i< names.length-1;i++){
14            names[i] = names[i+1];         //从要删除的元素后一个元素开始挨个前移
15        }
16        names[names.length-1] = null;      //将最后一个元素置空
17        //循环打印删除元素后的数组元素
18        for(int i=0;i< names.length;i++){
19            System.out.println(names[i]);
20        }
21    }
22 }
```

执行结果如下：

```
刘德
张友
王志
江珊
null
```

解析：删除数组中的元素比较复杂，思路如图6-3所示。

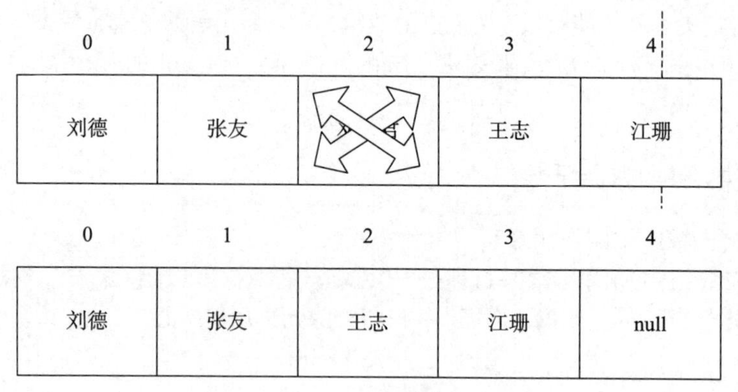

图 6-3　删除数组

第1步：找出要删除的元素的下标，代码见第6~9行，循环遍历数组中的每个元素，将其与要删除的元素进行比较，如果相同，则将该元素下标记录在index变量中。index变量中记录的是要删除的元素下标。

第2步：从要删除的元素后一个元素开始，每个元素挨个往前移一位，代码见第12~14行，names [i] = names [i+1];语句其实就是用后一位元素覆盖前一位元素，相当于往前移动一位。

第3步：将最后一个元素置空，代码见第15行。

6.7　综合案例——抽奖程序的实现

制作一个抽奖程序，可以从控制台输入三位员工的姓名，并且随机打印其中一人的名字到控制台。

程序代码如下：

```
 1 package cn.minimal.chaptor06;
 2 import java.util.Random;
 3 import java.util.Scanner;
 4 public class ArrayDemo10 {
 5     public static void main(String[] args) {
 6         String[] employees = new String[3];            //定义数组，存放员工姓名
 7         Scanner input = new Scanner(System.in);        //定义扫描器
 8         //循环输入员工姓名
 9         for(int i=0;i<employees.length;i++) {
10             System.out.println("请输入三位员工的姓名：");
11             employees[i] = input.next();               //输入员工姓名，存入数组
12         }
13         Random rd = new Random();
14         int index = rd.nextInt(3);                     //随机生成一个0~2之间的整数
15         System.out.println(employees[index]);          //打印随机抽取的员工的姓名
16     }
17 }
```

执行结果如下：

```
请输入三位员工的姓名：
张三
请输入三位员工的姓名：
李四
请输入三位员工的姓名：
王五
李四
```

解析：第9~12行是循环输入员工的姓名，并将姓名赋给数组；第14行随机生成一个0~2之间的整数；第15行将该随机生成的整数作为索引，取出数组中对应的元素并打印员工姓名。

练习6

6-1　定义整型数组，里面的元素为1、3、4、6、8，打印该数组中所有元素的和。

6-2　从键盘中录入一个整数，判断该数是否在数组中，如果在数组中，则打印yes；如果不在，则打印no。

6-3　从键盘录入三本书的价格，并打印价格最低的书的价格。

6-4　定义一个数组，里面的元素为“杨过”“小龙女”“周媚”，将“周媚”改为“林平之”。

第 7 章

方　法

学习目标

前面的代码都写在 main 方法中，程序从头到尾执行 main 方法。如果功能复杂，则 main 方法中的代码会很多、很乱。能否让代码变得更有条理呢？使用方法就可以做到。通过本章的学习，读者将可以做到：

- 掌握方法的定义
- 能够进行方法的重载
- 掌握方法的传参方式

内容浏览

7.1　方法的定义
　　7.1.1　什么是方法
　　7.1.2　方法的语法
7.2　方法的分类
　　7.2.1　无参数无返回值的方法
　　7.2.2　无参数有返回值的方法
　　7.2.3　有参数无返回值的方法
　　7.2.4　有参数有返回值的方法
7.3　方法重载
　　7.3.1　什么是方法重载
　　7.3.2　方法重载的注意事项
7.4　综合案例——抽奖程序的再实现
练习 7

7.1 方法的定义

7.1.1 什么是方法

方法就是对一段逻辑功能代码的封装，用来实现重复使用，它定义在类中。

为了解决代码重复编写的问题，可以将代码提取出来放在一个{}中，并为这段代码取个名字，这就是方法，这样在每次使用时通过这个名字来调用{}中的代码就可以了。

为什么需要方法？下面看一个案例。

【例7-1】描述到南非买钻戒的过程

```
package cn.minimal.chaptor07;
public class Demo01 {
    public static void main(String[] args) {
        //准备工作
        System.out.println("查看天气");
        System.out.println("查看行程");
        System.out.println("取钱");
        System.out.println("订购机票");
        //买钻戒
        System.out.println("找商场");
        System.out.println("比较价格质量");
        System.out.println("购买钻戒");
    }
}
```

这段代码可以分成两大步骤，一个是买钻戒前的准备工作，另一个是买钻戒的过程。所有的代码都写在main方法中显得很乱，如何用方法来简化上述代码呢？

可以将这两大步骤的代码抽取出来定义为两个方法，然后在main方法中去调用，程序代码如下：

```
package cn.minimal.chaptor07;
public class Demo02 {
    public static void main(String[] args) {
        prepare();
        buy();
    }
    //定义买前准备的方法
    public static void prepare(){
        //准备工作
        System.out.println("查看天气");
        System.out.println("查看行程");
        System.out.println("取钱");
        System.out.println("订购机票");
```

```
    }
    //定义买钻戒的方法
    public static void buy(){
        //买钻戒
        System.out.println("找商场");
        System.out.println("比较价格质量");
        System.out.println("购买钻戒");
    }
}
```

在main方法中直接写方法名就可以调用方法，相当于执行了方法里的代码。现在main方法中的代码精简了很多，只需要去调用方法就可以了。这样做的好处是，不仅简化了main方法中的代码，而且抽取出来的方法prepare和buy还可以复用，以后需要实现买钻戒的功能直接调用buy方法即可。

7.1.2 方法的语法

在Java中，声明一个方法的具体语法格式如下：

```
修饰符 返回值类型 方法名(参数类型 参数名1,参数类型 参数名2,...){
   执行语句
   ……
   return 返回值;
}
```

修饰符：方法的修饰符有多种，有访问权限修饰符、static修饰符和final修饰符等，第12章会详细介绍。

返回值类型：表示该方法执行之后返回的值的数据类型。

方法名：就是方法的名字，可以随意取，通过方法名来调用方法。

方法的参数：表示调用方法时可以给方法传递的数据。

方法体(指{}中的代码)：表示调用该方法时要执行的代码。

return返回值：表示方法执行完毕返回的结果。

7.2 方法的分类

方法的参数和返回值是方法的两个基本要素，根据这两个要素可以把方法分为4类：无参数无返回值的方法、无参数有返回值的方法、有参数无返回值的方法、有参数有返回值的方法，下面分别举例说明。

7.2.1 无参数无返回值的方法

【例7-2】定义一个方法来打印1~5的和

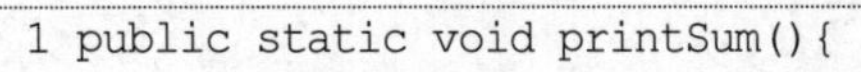
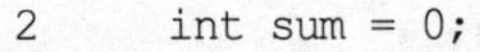
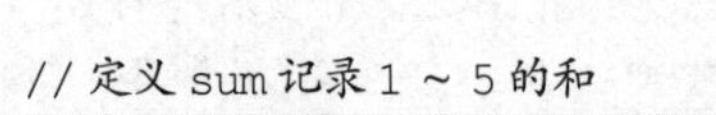

```
1 public static void printSum(){
2     int sum = 0;                    //定义sum记录1 ~ 5的和
```

```
3     for(int i=1;i<=5;i++){
4         sum+=i;                        //累加求和
5     }
6     System.out.println("1 ~ 5 的和为: "+sum);
7 }
```

调用代码如下：

```
public static void main(String[] args) {
    printSum();
}
```

执行结果如下：

```
1~5 的和为: 15
```

解析：这里定义了一个方法printSum()，该方法的功能就是打印1~5的和，第1行中的public是访问权限修饰符，表示该方法具有最大的访问权限，static是静态修饰符，这两个关键字在第12章会详细讲解，void表示该方法没有返回值，它们都是关键字，不能发生变化，printSum是方法名(可以任意取名)，在main方法中调用printSum方法后就会执行printSum方法体中的代码，即执行{}中第2~6行代码，完成打印1~5的和的操作。

7.2.2 无参数有返回值的方法

【例7-3】定义一个方法来返回1~5的和

```
1 public static int getSum(){
2     int sum = 0;                      //定义 sum 记录 1 ~ 5 的和
3     for(int i=1;i<=5;i++){
4         sum+=i;                       //累加求和
5     }
6     return sum;                       //将 1 ~ 5 的和返回
7 }
```

调用代码如下：

```
public static void main(String[] args) {
    int sum = getSum();                 //调用 getSum 方法将返回值赋给 sum
    System.out.println("1~5 的和为 :"+sum);
}
```

执行结果如下：

```
1~5 的和为 :15
```

解析：getSum方法有一个返回值，第1行中的int代表返回值的类型是整数，也就是执行完方法以后会返回一个整数，第6行return后面的sum就是方法的返回值，方法的返回值类型必须和return后的值的类型保持一致。

关于方法的返回值，很多初学者非常纠结，不明白到底什么是返回值。举个例子，拿苹果可以看成是一个方法，当执行完这个方法以后会得到一个苹果，得到的苹果就是方法的返回值。

在这个例子里，方法的功能是计算1~5的和，执行完这个功能以后会得到一个结果，也就是1~5的和，然后用return将这个结果返回，这个结果就是该方法的返回值。也可以说return后的值就是方法的返回值。

在main方法中调用有返回值的方法时，调用完方法以后会得到该方法的返回值，即执行完getSum()这个方法以后会得到一个结果（1~5的和），它就是返回值，可以对这个返回值进行任意的处理，在这里是把它赋值给了一个变量sum，然后打印。

7.2.3　有参数无返回值的方法

【例7-4】定义一个方法打印两个整数的和

```
1 public static void add(int num1,int num2){          // num1 和 num2 是形式参数
2     System.out.println(num1+num2);                  // 打印两个数的和
3 }
```

调用代码如下：

```
public static void main(String[] args) {
    add(1,3);                                          // 1 和 3 是实际参数
}
```

程序的执行结果如下：

```
4
```

解析： 第1行代码add(int num1,int num2)表示add方法有两个参数，即int 类型的num1 和int类型的num2，方法的参数可以定义一个，也可以定义多个。到底什么是方法的参数？比如豆浆机，放进去的是黄豆，出来的就是黄豆浆；如果放进去的是绿豆，出来的就是绿豆浆。这里的黄豆和绿豆就像方法的参数，根据参数值的不同，方法执行以后的结果也不同。本例中是打印两个数的和，如果参数值是1和3，打印出来的就是4，如果参数值是2和6，打印出来的就是8。

这里的num1 和num2 称为形式参数，为什么称为形式参数呢？因为num1 和num2 不是一个具体的数，相当于一个占位符，具体的数需要在调用该方法的时候才能确定。在main方法中调用该方法add(1,3)时，1和3称为实际参数，此时num1 和num2 的值才确定下来，即num1=1，num2=3，num1+num2 的和为4，所以打印出4。

> **注意：**
> 传给方法的实际参数的类型一定要和方法定义的形式参数的类型一致。

7.2.4　有参数有返回值的方法

【例7-5】定义一个方法求两个小数的和并返回

```
public static double getSum(double num1,double num2){
    return num1+num2;                       //返回两个小数的和
}
```

调用代码如下：

```
public static void main(String[] args) {
    System.out.println(getSum(1.1,1.5));
}
```

执行结果如下：

```
2.6
```

解析：这个方法中的参数num1、num2和返回值都是double类型的。所以调用方法时传递的参数也必须是double类型的值。

7.3 方法重载

7.3.1 什么是方法重载

方法重载就是方法的名称相同，参数不同(包括参数的个数和类型)。什么情况下需要方法重载呢?下面来看一个案例。

【例7-6】方法重载的应用——定义三个方法分别计算两个整数的乘积、两个小数的乘积、三个整数的乘积

```
package cn.minimal.chaptor07;
public class Demo07 {
    public static void main(String[] args) {
        System.out.println(times01(1,2));
        System.out.println(times02(1.1,2.1));
        System.out.println(times03(1,2,3));
    }

    //定义方法计算两个整数的乘积
    public static int times01(int num1,int num2){
        return num1*num2;
    }

    //定义方法计算两个小数的乘积
    public static double times02(double num1,double num2){
        return num1*num2;
    }

    //定义方法计算三个整数的乘积
    public static int times03(int num1,int num2,int num3){
        return num1*num2*num3;
    }
}
```

执行结果如下：

```
2
2.3100000000000005
6
```

解析：从这个例子可以看出，三个方法的功能都是进行相乘，但是它们的参数是不同的。第一个方法times01是两个整数相乘，第二个方法times02是两个小数相乘，第三个方法times03是三个整数相乘，我们用了三个方法名来写这三个方法，调用的时候很容易搞不清楚哪个对应的是哪个，而且要想出这三个功能相同的方法名来本身也是一件困难的事。能不能将这三个方法名取成一样的，调用的时候只需要记住这一个方法名就好？回顾一下方法重载的概念，即方法名相同，参数不同，正是对应的这种情况。

下面用方法的重载来修改一下例7-5。

【例7-7】使用方法重载重新实现例7-5

```
 1 package cn.minimal.chaptor07;
 2 public class Demo08 {
 3     public static void main(String[] args) {
 4         System.out.println(times(1,2));
 5         System.out.println(times(1.1,2.1));
 6         System.out.println(times(1,2,3));
 7     }
 8     //定义方法计算两个整数的乘积
 9     public static int times(int num1,int num2){
10         return num1*num2;
11     }
12     //定义方法计算两个小数的乘积
13     public static double times(double num1,double num2){
14         return num1*num2;
15     }
16     //定义方法计算三个整数的乘积
17     public static int times(int num1,int num2,int num3){
18        return num1*num2*num3;
19     }
20 }
```

执行的结果和上面一样。

```
2
2.3100000000000005
6
```

在这个案例中定义了三个同名方法，它们的参数不同，这就是方法的重载。在main方法中调用这三个方法时，通过传入的不同参数来区分这三个方法，比如第4行调用times方法时传进去的是两个整数1和2，所以调用的就是在第9行定义的参数为两个整数的方法times；第5行调用times方法的时候传进去的是两个小数1.1和2.1，所以调用的就是在第13行定义的times方法，第6行调用times方法的时候传进去的是三个整数1、2和3，所以调用的就是在第17行定义的times方法。

7.3.2 方法重载的注意事项

方法重载时，要注意以下事项：

(1)重载的方法名称相同。

(2)重载的方法参数不同，包括以下3种情况：

1)参数个数不同。例如，例7–7中第9行和第17行定义的两个方法，一个是两个整数相乘，一个是三个整数相乘，它们参数的个数不同，所以是重载。

2)参数类型不同。例如，例7–7中第9行和第13行定义的两个方法，一个是两个整数相乘，另一个是两个小数相乘，它们参数的类型不同，所以是重载。

3)参数的顺序不同。例如，times(int num1,double num2)和times(double num1,int num2)第一个方法参数int型在前，double型在后；第二个方法参数double型在前，int型在后。顺序不一样也称为方法重载。

(3)方法重载和方法的返回值无关。在例7–7中这3个方法的返回值类型分别为int、double和int，方法的返回值的类型不会影响方法是否为重载。

7.4 综合案例——抽奖程序的再实现

【例7–8】将6.7综合案例用方法进行封装

程序代码如下：

```
package cn.minimal.chaptor07;
import java.util.Random;
import java.util.Scanner;
public class Demo09 {
    public static void main(String[] args) {
        String[] emp = new String[3];                    //定义数组存放员工姓名
        addEmployee(emp);
        System.out.println(getEmployee(emp)+"恭喜您中奖了！ ");
    }
    //往数组中添加员工的姓名
    public static void addEmployee(String[] employees){
        Scanner input = new Scanner(System.in);          //定义扫描器
        //循环输入员工姓名
        for(int i=0;i<employees.length;i++) {
            System.out.println("请输入员工的姓名：");
            employees[i] = input.next();                 //输入员工姓名存入数组
        }
    }
    //随机获取数组中员工的姓名
```

```
    public static String getEmployee(String[] employees){
        Random rd = new Random();
        int index = rd.nextInt(3);                 //随机生成一个 0 ~ 2 之间的数
        return employees[index];                   //返回随机抽取的员工的姓名
    }
}
```

执行结果如下：

```
请输入员工的姓名：
张三
请输入员工的姓名：
李四
请输入员工的姓名：
王五
王五恭喜您中奖了!
```

解析：此处将例6-9中的功能拆分为两个方法，一个是往数组中添加员工的姓名的方法addEmployee，另一个是随机抽取员工的姓名的方法getEmployee，两个方法都有一个字符串数组作为方法的参数传入，它们操作的都是这同一个数组。

练习 7

7-1 写一个方法，计算圆的面积，该方法有一个参数(半径)，返回圆的面积，并调用这个方法。

7-2 写一个方法，计算长方形的周长，该方法有两个参数(长度和宽度)，打印周长，并调用这个方法。

7-3 写一个方法，有一个参数，计算从1加到该数的和并返回，调用这个方法。

7-4 写两个重载方法，分别计算两个整数的差和两个小数的差，并调用。

第 8 章

实战项目一：奕昊水果店管理系统

学习目标

通过前面几章的学习读者已经掌握了变量、循环、数组、分支语句等这些 Java 的基本语法，如何将这些零碎的知识串联起来形成一个完整的项目是本章要学习的重点。通过本章的学习，读者将可以做到：

- 灵活应用数组
- 灵活应用循环
- 灵活应用分支语句
- 灵活应用方法
- 能够编写一个基于控制台的项目

内容浏览

8.1 项目分析

8.2 项目实现步骤

8.2.1 步骤 1：新建项目

8.2.2 步骤 2：创建包并在该包下创建类

8.2.3 步骤 3：在 main 方法中定义 3 个数组，分别记录 3 种水果的信息

8.2.4 步骤 4：在类中编写方法 choose 打印主菜单

8.2.5 步骤 5：在类中编写方法 show 查看水果信息

8.2.6 步骤 6：在类中编写方法 updateCount 修改水果库存

8.2.7 步骤 7：在类中编写方法 updatePrices 修改水果价格

8.2.8 步骤 8：在 main 方法中编写代码实现项目整体结构的搭建

练习 8

8.1 项目分析

奕昊水果店管理系统可以对水果进行管理，可以查看水果店的水果信息、修改水果库存、修改水果价格和退出系统。本项目会综合应用前面7章所学的数组、循环、分支选择结构、方法来完成。

因为要对多种水果进行批量管理，可以考虑使用数组来存储水果信息，考虑到完成一个操作后需要回到主菜单继续进行其他操作，可以使用无限循环，直到退出系统。为了提高代码的复用性和可维护性，可以使用方法封装相应的功能。

扫一扫，看视频讲解

程序的运行效果如下：

```
-----欢迎来到奕昊水果店管理系统-----
1：查看水果信息
2：修改水果库存
3：修改水果价格
4：退出系统
请输入你要执行的操作：
```

输入1：

```
-----查看水果清单-----
水果名称          水果价格（元/斤）         水果库存（斤）
西瓜              25                       80
葡萄              35                       57
荔枝              40                       78
总库存215斤       总价格7115元
-----欢迎来到奕昊水果店管理系统-----
1：查看水果信息
2：修改水果库存
3：修改水果价格
4：退出系统
请输入你要执行的操作：
```

输入2：

```
请输入要修改库存的水果名称：
葡萄
请输入修改后的库存数量：
30
修改成功！
-----欢迎来到奕昊水果店管理系统-----
1：查看水果信息
2：修改水果库存
3：修改水果价格
```

```
4：退出系统
请输入你要执行的操作：
```

输入3：

```
请输入要修改价格的水果名称：
葡萄
请输入修改后的价格:
50
修改成功!
------ 欢迎来到奕昊水果店管理系统 ------
1：查看水果信息
2：修改水果库存
3：修改水果价格
4：退出系统
请输入你要执行的操作：
```

输入1：

```
------ 查看水果清单 ------
水果名称          水果价格（元/斤）          水果库存（斤）
西瓜              25                        80
葡萄              50                        30
荔枝              40                        78
总库存188斤       总价格6620元
------ 欢迎来到奕昊水果店管理系统 ------
1：查看水果信息
2：修改水果库存
3：修改水果价格
4：退出系统
请输入你要执行的操作：
```

输入4：

```
谢谢您的光临!
```

8.2　项目实现步骤

8.2.1　步骤1：新建项目

新建项目fruitManage-project，如图8-1所示。

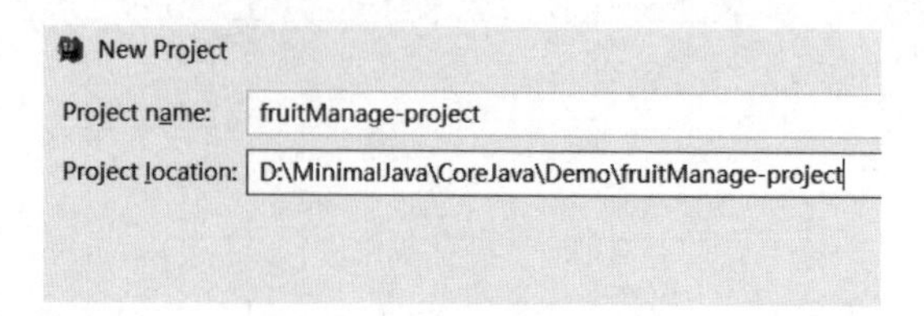

图 8-1　新建项目

8.2.2　步骤 2：创建包并在该包下创建类

创建包cn.minimal.fruitManage并在该包下创建类FruitManagement，如图8-2所示。

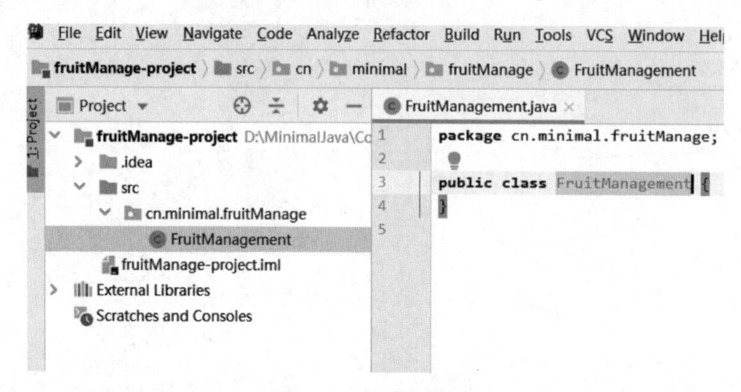

图 8-2　创建包和类

8.2.3　步骤 3：在 main 方法中定义 3 个数组，分别记录 3 种水果的信息

在main方法中定义3个数组，分别记录3种水果的名称、价格和库存。程序代码如下：

```
package cn.minimal.fruitManage;

public class FruitManagement {
    public static void main(String[] args) {
        String[] fruitNames = {"西瓜", "葡萄", "荔枝"};  // 水果名称
        int[] fruitPrices = {25, 35, 40};                // 水果价格
        int[] fruitCounts = {80, 57, 78};                // 水果库存
    }
}
```

定义数组时注意，每个数组都有3个元素，分别存储不同水果的数据，每种水果都有3个数据（水果名称、价格和库存），它们通过数组的下标对应起来，例如，fruitNames数组中的第一个元素存储水果名称“西瓜”，fruitPrices数组的第一个元素25表示西瓜的价格，fruitCounts的第一个元素80表示西瓜的库存，以此类推。

8.2.4　步骤 4：在类中编写方法 choose 打印主菜单

在FruitManagement类中编写方法choose，用来打印主菜单。程序代码如下：

```
public static int choose() {
    System.out.println("----- 欢迎来到奕昊水果店管理系统 -----");
    System.out.println("1: 查看水果信息 ");
    System.out.println("2: 修改水果库存 ");
    System.out.println("3: 修改水果价格 ");
    System.out.println("4: 退出系统 ");
    System.out.print(" 请输入你要执行的操作 :");
    Scanner input = new Scanner(System.in);
    int num = input.nextInt();
    return num;
}
```

在main方法中调用choose方法，程序代码如下：

```
public static void main(String[] args) {
    String[] fruitNames = {" 西瓜 ", " 葡萄 ", " 荔枝 "};  // 水果名称
    int[] fruitPrices = {25, 35, 40};                   // 水果价格
    int[] fruitCounts = {80, 57, 78};                   // 水果库存
    choose();
}
```

执行效果如下：

```
----- 欢迎来到奕昊水果店管理系统 -----
1: 查看水果信息
2: 修改水果库存
3: 修改水果价格
4: 退出系统
请输入你要执行的操作 :1
```

为了使项目的结构更清晰，将每个功能都封装成方法。这里的choose方法的功能就是打印主菜单，让用户输入选项，并返回所选择的序号代表的功能。

8

8.2.5　步骤 5：在类中编写方法 show 查看水果信息

微信扫码
扫一扫，看视频讲解

在FruitManagement类中编写方法show查看水果信息。程序代码如下：

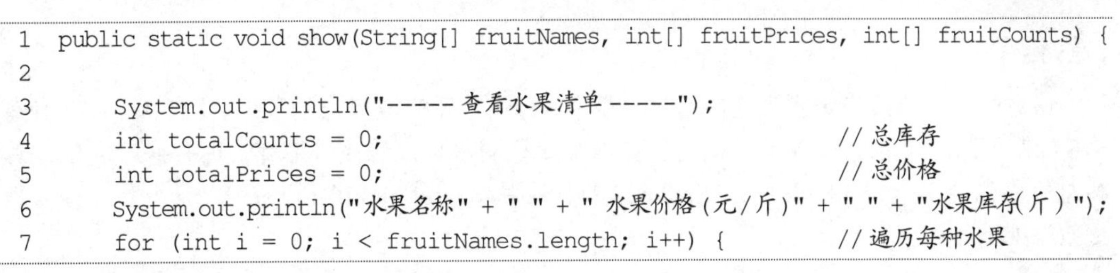

```
1  public static void show(String[] fruitNames, int[] fruitPrices, int[] fruitCounts) {
2
3      System.out.println("----- 查看水果清单 -----");
4      int totalCounts = 0;                                    // 总库存
5      int totalPrices = 0;                                    // 总价格
6      System.out.println("水果名称" + " " + " 水果价格(元/斤)" + " " + "水果库存(斤)");
7      for (int i = 0; i < fruitNames.length; i++) {           // 遍历每种水果
```

```
8           totalCounts += fruitCounts[i];                    //累加计算总库存
9           totalPrices += fruitPrices[i] * fruitCounts[i];   //累加计算总价格
10          System.out.println(fruitNames[i] + "\t\t" + fruitPrices[i] + "\t\t\t\t" + fruitCounts[i]);
11      }
12      System.out.println("总库存" + totalCounts + "斤\t" + "总价格" + totalPrices+"元");
13 }
```

show方法用来打印水果信息，该方法有3个参数，将水果名称、水果价格和水果库存这3个数组作为参数传入；代码第7行循环遍历所有水果，打印水果的相关信息，for (int i = 0; i < fruitNames.length; i++)中的fruitNames.length可以获取数组长度，因为这3个数组的长度都相等，所以获取任意一个数组的长度都可以，代码第8行计算总库存，就是把每种水果的库存相加；代码第9行计算总价格，用每种水果的价格乘以它的数量进行累加，在main方法中调用show(fruitNames, fruitPrices, fruitCounts)语句后的效果如下：

```
----- 查看水果清单 -----
水果名称          水果价格（元/斤）      水果库存（斤）
西瓜              25                     80
葡萄              35                     57
荔枝              40                     78
总库存 215 斤     总价格 7115 元
```

8.2.6 步骤6：在类中编写方法updateCount修改水果库存

在FruitManagement类中编写方法updateCount修改水果库存。程序代码如下：

```
1  public static void updateCount(String[] fruitNames, int[] fruitCounts) {
2      System.out.println("请输入要修改库存的水果名称：");
3      Scanner input = new Scanner(System.in);
4      String fruitName = input.next();                     //输入水果名称
5      System.out.println("请输入修改后的库存：");
6      int count = input.nextInt();                         //输入修改库存
7      //循环遍历水果名称数组
8      for (int i = 0; i < fruitNames.length; i++) {
9          //如果数组中的水果名称与输入的水果名称相同
10         if(fruitNames[i].equals(fruitName)){
11             fruitCounts[i] = count;                      //修改库存
12         }
13     }
14     System.out.println("修改成功!");
15 }
```

该方法可以修改指定水果的库存量，第1~6行输入要修改库存的水果名称和修改后的库存量，第8行循环遍历水果名称数组，找出需要修改库存的水果，修改其库存。库存修改完毕，总库存和总价格也会发生相应的变化，在main方法中调用updateCount(fruitNames, fruitCounts);，程序执行效果如下：

```
请输入要修改库存的水果名称：
西瓜
请输入修改后的库存：
70
修改成功!
```

8.2.7　步骤 7：在类中编写方法 updatePrices 修改水果价格

在FruitManagement类中编写方法updatePrices修改水果价格。程序代码如下：

```
public static void updatePrices(String[] fruitNames, int[] fruitPrices) {
    System.out.println("请输入要修改价格的水果名称：");
    Scanner input = new Scanner(System.in);
    String fruitName = input.next();                   // 输入水果名称
    System.out.println("请输入修改后的价格：");
    int price = input.nextInt();                       // 输入修改价格
    // 循环遍历水果名称数组
    for (int i = 0; i < fruitNames.length; i++) {
        // 如果数组中的水果名称与输入的水果名相同
        if(fruitNames[i].equals(fruitName)){
            fruitPrices[i] = price;                    // 修改价格
        }
    }
    System.out.println("修改成功！");
}
```

这个方法的功能是修改指定水果的价格，实现方式和修改水果库存类似，都是先循环遍历数组，找到要修改价格的水果，然后修改其价格，在main方法中调用该方法后的效果如下：

```
请输入要修改价格的水果名称：
葡萄
请输入修改后的价格：
40
修改成功!
```

8.2.8　步骤 8：在 main 方法中编写代码实现项目整体结构的搭建

在main方法中编写代码实现项目整体结构的搭建。主菜单对应的功能现在大部分都已经实现，并被封装成了方法，现在需要把项目整合起来，将这些单独的功能变成一个可以运行的项目。

当执行完某一个功能后需要重新打印主菜单，让用户可以继续选择其他功能，这就需要用到循环结构，具体功能的选择可以用switch选择结构实现。程序代码如下：

```
public static void main(String[] args) {
    String[] fruitNames = {"西瓜", "葡萄", "荔枝"};  // 水果名称
```

```
        int[] fruitPrices = {25, 35, 40};                    // 水果价格
        int[] fruitCounts = {80, 57, 78};                    // 水果库存
        while (true) {
            int num = choose();                              // 记录用户的选项
            switch (num) {
                case 1:
                    show(fruitNames, fruitPrices, fruitCounts);  // 显示水果清单
                    break;
                case 2:
                    updateCount(fruitNames, fruitCounts);        // 修改水果库存
                    break;
                case 3:
                    updatePrices(fruitNames, fruitPrices);       // 修改水果价格
                    break;
                case 4:
                    System.out.println("谢谢您的光临！");
                    System.exit(0);                              // 退出系统
                    break;
                default:
                    System.out.println("选择错误，请重新选择");
            }
        }
    }
```

通过循环和选择结构可以完成项目的整体结构的搭建，对应每个不同的选项去调用不同的方法，完成相应的功能。

注意:

选择4时退出系统，只需要执行System.exit(0)语句就可以完成退出系统的功能。

整个项目的程序代码如下：

```
package cn.minimal.chaptor08;
import java.util.Scanner;
public class FruitManagement {
    public static void main(String[] args) {
        String[] fruitNames = {"西瓜", "葡萄", "荔枝"};       // 水果名称
        int[] fruitPrices = {25, 35, 40};                    // 水果价格
        int[] fruitCounts = {80, 57, 78};                    // 水果库存
        while (true) {
            int num = choose();                              // 记录用户的选项
            switch (num) {
                case 1:
                    show(fruitNames, fruitPrices, fruitCounts);    // 显示水果清单
                    break;
                case 2:
                    updateCount(fruitNames, fruitCounts);          // 修改水果库存
```

```
                break;
            case 3:
                updatePrices(fruitNames, fruitPrices);          //修改水果价格
                break;
            case 4:
                System.out.println("谢谢您的光临!");
                System.exit(0);                          //退出系统
                break;
            default:
                System.out.println("选择错误，请重新选择");
        }
    }
}

/*
打印主菜单
 */
public static int choose() {
    System.out.println("-----欢迎来到奕昊水果店管理系统-----");
    System.out.println("1:查看水果信息");
    System.out.println("2:修改水果库存");
    System.out.println("3:修改水果价格");
    System.out.println("4:退出系统");
    System.out.print("请输入你要执行的操作:");
    Scanner input = new Scanner(System.in);
    int num = input.nextInt();                           //输入选项
    return num;
}

/*
显示水果清单
 */
 public static void show(String[] fruitNames, int[] fruitPrices, int[]
fruitCounts) {
    System.out.println("-----查看水果清单-----");
    int totalCounts = 0;                                 //总库存
    int totalPrices = 0;                                 //总价格
    System.out.println("水果名称" + " " + "水果价格(元/斤)" + " " + "水果库存(斤)");
    for (int i = 0; i < fruitNames.length; i++) { //遍历每种水果
        totalCounts += fruitCounts[i];                   //累加计算总库存
        totalPrices += fruitPrices[i] * fruitCounts[i];    //累加计算总价格
        System.out.println(fruitNames[i] + "\t\t" + fruitPrices[i] + "\t\t\t\t" + fruitCounts[i]);
    }
    System.out.println("总库存" + totalCounts + "斤\t" + "总价格" + totalPrices+"元");
}
```

```
    /*
    修改指定水果的库存
     */
    public static void updateCount(String[] fruitNames, int[] fruitCounts) {
        System.out.println("请输入要修改库存的水果名称：");
        Scanner input = new Scanner(System.in);
        String fruitName = input.next();              //输入水果名称
        System.out.println("请输入修改后的库存：");
        int count = input.nextInt();             //输入修改库存
        //循环遍历水果名称数组
        for (int i = 0; i < fruitNames.length; i++) {
            //如果数组中的水果名称与输入的水果名称相同
            if(fruitNames[i].equals(fruitName)){
                fruitCounts[i] = count;          //修改库存
            }
        }
        System.out.println("修改成功！");
    }

    /*
    修改指定水果的价格
     */
    public static void updatePrices(String[] fruitNames, int[] fruitPrices) {
        System.out.println("请输入要修改价格的水果名称：");
        Scanner input = new Scanner(System.in);
        String fruitName = input.next();         //输入水果名称
        System.out.println("请输入修改后的价格：");
        int price = input.nextInt();             //输入修改价格
        //循环遍历水果名数组
        for (int i = 0; i < fruitNames.length; i++) {
            //如果数组中的水果名称与输入的水果名称相同
            if(fruitNames[i].equals(fruitName)){
                fruitPrices[i] = price;          //修改价格
            }
        }
        System.out.println("修改成功！");
    }
}
```

练习 8

8-1 编写一个库存管理系统，可以对商品库存进行管理，程序的运行效果如下：

```
---- 库存管理 ----
1. 查看库存清单
```

```
2.修改库存数量
3.退出
请输入要执行的操作序号：
```

输入1：

```
----查看清单-----
品牌      尺寸    价格    库存
联想      13.3    7899.0  40
惠普      14.1    6322.0  70
总库存:110
总价格:758500.0
----库存管理----
1.查看库存清单
2.修改库存数量
3.退出
请输入要执行的操作序号：
```

输入2：

```
请输入要修改的联想库存
68
请输入要修改的惠普库存
78
----库存管理----
1.查看库存清单
2.修改库存数量
3.退出
请输入要执行的操作序号：
```

输入3：

```
谢谢您的光临!
```

2 Java 面向对象

第 9 章　面向对象入门
第 10 章　继承和抽象类
第 11 章　接口和多态
第 12 章　final、static 关键字和内部类及匿名对象
第 13 章　Lambda 表达式与面向对象的综合应用
第 14 章　异常
第 15 章　实战项目二：奕昊软件公司外派系统

第 9 章

面向对象入门

学习目标

前面写代码时读者要思考的是第一步做什么，第二步做什么，代码执行时也是从 main 方法开始从头执行到尾。从本章开始会接触到一种写代码的新思路，即采用对象的思维编写代码。通过本章的学习，读者将可以做到：

- 理解什么是类，什么是对象
- 掌握构造方法的用法
- 理解封装的概念
- 掌握成员变量和局部变量的用法

内容浏览

9.1　面向过程和面向对象
9.2　什么是对象
9.3　对象的内存图解
9.4　构造方法
　　9.4.1　什么是构造方法
　　9.4.2　默认构造方法
　　9.4.3　构造方法的重载
　　9.4.4　使用 this 调用构造方法
9.5　封装概述
9.6　成员变量和局部变量
练习 9

9.1　面向过程和面向对象

面向过程和面向对象是编写程序的两种截然不同的思维方式。本章以前讲的是面向过程的编码方式，从本章开始要过渡到面向对象的编码方式，这是一种思维方式的转变，一旦掌握了面向对象的思维方式，对Java的理解就会更深入一步。

面向过程的程序设计方式：先把要解决的任务分成几个步骤，然后按照步骤一步步去解决。

面向对象的程序设计方式：根据任务需求先提炼出对象，通过对象和对象之间的交互来完成程序。

面向过程更多的是强调过程和步骤，而面向对象更多的是强调对象之间的交互。

9.2　什么是对象

学习面向对象首先要弄清楚什么是对象。万物皆对象。假如让你向一个从来没有见过汽车的人描述一辆汽车，你会如何描述？你可能会说它是什么颜色的，什么材质的，有多大，有多重，有轮子，有喇叭，能开动，能刹车，能鸣笛等。

以上描述可以分为两个方面：一方面就是汽车的静态特点，如什么颜色，什么材质，有多大，有多重，有轮子，有喇叭等；另一方面就是汽车的功能，也就是能做什么，如能开动，能刹车，能鸣笛等。通过这两个方面就可以将一辆汽车描述出来。

在Java中也是一样，通过这两个方面就可以将一个对象描述出来。Java中用类来描述对象，定义类的语法格式如下：

```
public class 类名 {

数据类型 变量名1;
数据类型 变量名2;

   修饰符 返回值类型 方法名(参数){
       执行语句;
   }
}
```

class 后面是类名，类名可以随意定义。类中包括两个部分：一部分是成员变量，也就是“数据类型 变量名”，另一部分是方法。成员变量描述事物的静态特点，方法描述功能，也就是它能做什么。

下面用Java来定义汽车类。

【例9-1】定义汽车类

程序代码如下：

```
1  package cn.minimal.chaptor09.demo01;
2  public class Car {
3      String color;
```

9

```
4       int price;
5       public void run(){
6           System.out.println(color+" 颜色 "+" 价格为 "+price+" 元的汽车开动了！ ");
7       }
8   }
```

解析：在汽车类Car中定义了两个成员变量color、price和一个方法run，成员变量记录了汽车的静态特征(颜色和价格)，又称为汽车类的属性。run方法表明汽车可以开动。当然这种描述是不完整的，如果将汽车的全部属性和功能列出会有很多，这里仅列举一部分。通过汽车类Car就描述出了汽车这个对象。

究竟什么是类，什么是对象，类和对象之间有什么区别?

类是抽象的，对象是具体的，类是对某一类对象的抽象描述，对象是某一个具体的事物。

例如，用点心模具来做点心，点心模具就是类，用模具做出来的点心就是对象，如图9-1所示。

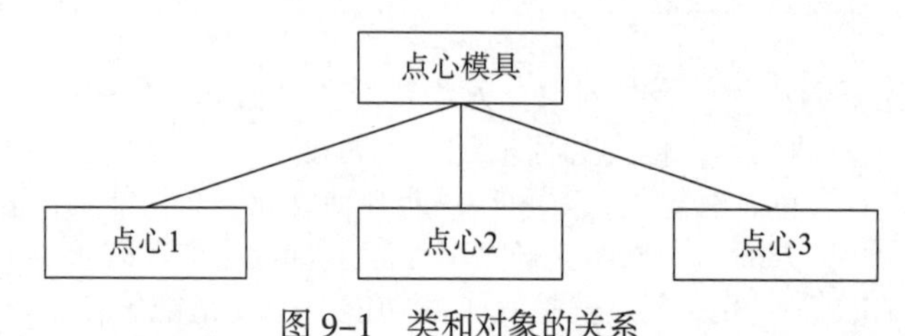

图 9-1　类和对象的关系

从这个例子可以看出类和对象之间的关系。类是抽象的，它是将某一类事物的共同特征抽象出来；对象是具体的事物。对象可以由类创建出来，并且一个类可以创建多个对象。

在用Java描述一个事物时是通过类来描述的，然后用类来创建出相应的对象，通过对象调用它的属性和方法。

创建对象的格式如下：

```
类名 对象名 = new 类名();
```

下面通过一个案例来学习对象的用法。

【例9-2】给汽车对象的属性赋值并调用其run方法

程序代码如下：

```
1  package cn.minimal.chapter09.demo01;
2  public class Test {
3      public static void main(String[] args) {
4          Car car = new Car();        // 创建一个 Car 类的对象 car，这里的 car 是对象名
5          car.color = " 红 ";          // 将 car 这个对象的 color 属性赋值为“红”
6          car.price = 180000;         // 将 car 的 price 属性赋值为 180000
7          car.run();                  // 调用 car 的 run 方法
8      }
9  }
```

执行的结果如下：

```
红颜色价格为 180000 元的汽车开动了！
```

解析：第4行创建了一个Car类的对象car，这里的car其实就是一个变量，之前接触的变量都是int型、string型，这里的car变量是Car类的变量，所以类其实也是一种数据类型，就和之前学的int、string类型一样，它描述的是汽车这种类型的对象。所以只要定义了一个类，就相当于多了一个数据类型。

第5行和第6行是给car对象的属性赋值，给对象的属性赋值的语法格式如下：

```
对象名 . 属性名 = 属性值
```

第7行是调用car对象的run方法。调用方法的语法格式如下：

```
对象名 . 方法名 ()
```

9.3　对象的内存图解

既然可以给对象的属性赋值，那么对象在内存中是如何存储的呢？

下面来看一个案例。

【例9-3】画出例9-2中的对象car在内存中的存储示意图

对象car在内存中的存储如图9-2所示。

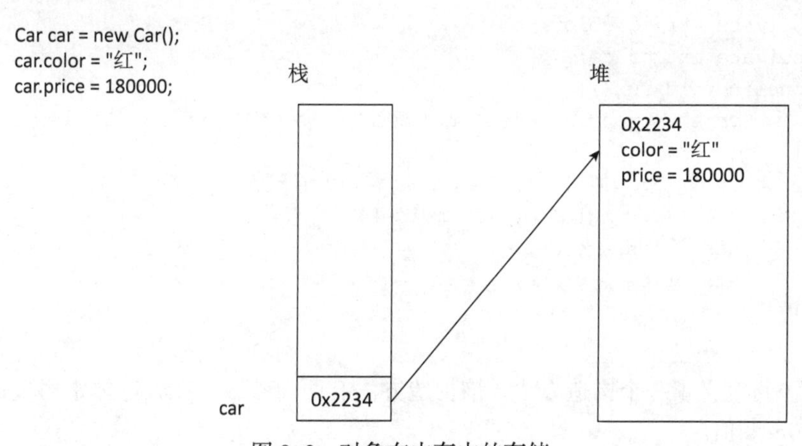

图9-2　对象在内存中的存储

可以把内存抽象地划分为两大块：堆和栈，堆中存储的是对象，栈中存储的是对象在堆中的地址。栈中的地址指向堆中存储的对象。Car car = new Car();语句中car存储的就是对象在堆中的地址，通过它可以找到对象在堆中的属性。

9

9.4 构造方法

9.4.1 什么是构造方法

使用类去创建对象时一定会调用该类的构造方法。构造方法是用来初始化数据的，每个类都有构造方法，构造方法的语法如下：

```
修饰符 构造方法名（参数列表）
{
}
```

构造方法有以下两个特点：

（1）构造方法无返回值类型。因为构造方法的作用是在创建对象时初始化数据，所以返回值没有意义。

（2）构造方法和类名相同。

满足以上两个特点的方法就称为构造方法。下面举例说明构造方法的用法。

【例9-4】在例9-2的基础上增加构造方法并测试

程序代码如下：

```
1  package cn.minimal.chaptor09.demo02;
2  public class Car {
3      private String color;
4      private int price;
5      public void run(){
6          System.out.println(color+"颜色"+"价格为"+price+"元的汽车开动了！");
7      }
8      //定义构造方法，通过构造方法给color和price赋值
9      public Car(String color,int price){
10         this.color = color;
11         this.price = price;
12     }
13 }
```

解析：第9行定义了一个构造方法，该构造方法有两个参数，在方法体中通过这两个参数给属性color和price赋值。

调用构造方法的代码如下：

```
1  package cn.minimal.chaptor09.demo02;
2  public class Test {
3      public static void main(String[] args) {
4          Car car = new Car("蓝",200000);
5          car.run();
6      }
7  }
```

执行结果如下：

```
蓝颜色价格为 200000 元的汽车开动了！
```

解析：第4行是创建对象，在创建对象时构造方法一定会被调用。所以当执行这行代码时，在Car类中定义的构造方法会被调用并且会将参数“蓝”传给对象的属性color，将200000传给对象的属性price。它的效果和car.color = "蓝"，car.price=200000是一样的。

9.4.2 默认构造方法

当创建对象时构造方法一定会被调用。读者可能会有疑问，以前没学习构造方法时不也一样可以创建对象吗？如果在类中没有定义构造方法，编译器会自动生成默认的无参数构造方法，如果在类中定义了构造方法，编译器就不会生成默认的无参数构造方法。

例如，例9–1中定义的Car类中没有构造方法，编译器就会自动生成如下的无参数构造方法，在创建对象时调用：

```
public Car(){

}
```

那么当定义一个类时究竟要不要定义带参数的构造方法呢？这需要根据具体需求决定。如果一个类中的属性比较多，一个一个赋值比较麻烦，通过定义一个带参数的构造方法，可以在创建对象时一起给属性赋值，这样就会方便很多。

9.4.3 构造方法的重载

在同一个类中可以有多个构造方法，这些构造方法的名字都和类名相同，所以它们是以重载的形式存在的。

下面来看一个案例。

【例9–5】定义一个汽车类，要求类中有多个重载的构造方法

程序代码如下：

```
1  package cn.minimal.chaptor09.demo03;
2  public class Car {
3      private String color;
4      private int price;
5      //不带参数的构造方法
6      public Car(){
7
8      }
9      //带一个参数的构造方法
10     public Car(String color){
11         this.color = color;
12     }
13    //带两个参数的构造方法
```

```
14      public Car(String color,int price){
15          this.color = color;
16          this.price = price;
17      }
18 }
```

解析：在这个例子中定义了3个构造方法，分别是第6行定义的无参数构造方法，第10行定义的带一个参数的构造方法，第14行定义的带两个参数的构造方法。这3个构造方法符合重载的定义，方法名相同，参数不同，所以它们是方法的重载，在使用时可以根据需要调用。创建对象时具体调用哪个构造方法是根据传进去的参数决定的。

例如：

Car car1 = new Car()：因为没有参数，所以会调用第6行定义的无参数构造方法。

Car car2 = new Car("白")：因为传进去一个参数，所以会调用第10行定义的带一个参数的构造方法。

Car car3 = new Car("黑",170000)：因为传进去两个参数，所以会调用第14行定义的带两个参数的构造方法。

9.4.4 使用this调用构造方法

普通方法之间的调用可以通过方法名，构造方法的方法名都相同。怎样在一个构造方法中去调用另一个构造方法呢？可以通过this关键字来调用。

构造方法的调用格式如下：

```
this(参数列表);
```

下面通过一个案例讲解构造方法之间的调用。

【例9-6】构造方法之间的调用

程序代码如下：

```
1  package cn.minimal.chaptor09.demo04;
2  public class Car {
3      private String color;
4      private int price;
5      //不带参数的构造方法
6      public Car(){
7
8      }
9      //带一个参数的构造方法
10     public Car(String color){
11         this.color = color;
12     }
13     //带两个参数的构造方法
14     public Car(String color,int price){
15         this(color);          //调用一个参数的构造方法
```

```
16          this.price = price;
17      }
18 }
```

解析：这个案例里有3个构造方法，第15行是在带两个参数的构造方法中，通过this(参数)的方式调用带一个参数的构造方法给color赋值，剩下的就只需要给price赋值了，这样给属性赋值的代码只需要写一次，可以减少给属性赋值的重复代码的编写。

9.5 封装概述

封装是面向对象中一个非常重要的概念，封装、继承和多态是面向对象的三大基石。什么是封装？所谓封装，就是把不想对外暴露的部分隐藏起来，对外暴露一个访问接口。例如，之前学习的方法就是封装的一种体现，只需要通过方法名就可以调用方法，而不需要知道方法中的代码是如何实现的。

再举一个生活中的例子，电视机中有很多的电路板和电子元器件，这些电路板和电子元器件被放在一个壳中，对外只留一个开关按钮，只要一按开关按钮，电视机就被打开了，这就是封装的体现。

通过上面的例子可以看出封装有以下两个好处：

(1)隐藏实现细节，提高复用性。把代码封装到方法中，就可以很好地复用代码。

(2)提高安全性，封装好的代码都是经过测试没有问题的，不需要去修改封装起来的部分，只需要使用它即可。

封装在Java中有一个很典型的体现就是属性。

下面来看一个案例。

【例9-7】定义一个学生类，有姓名和年龄两个属性，然后测试

程序代码如下：

```
package cn.minimal.chaptor09.demo05;

public class Student {
    String name;
    Integer age;
}
```

测试代码如下：

```
package cn.minimal.chaptor09.demo05;

public class Test {
    public static void main(String[] args) {
        Student stu = new Student();
        stu.name = "王二小";
        stu.age = -3;
```

9

```
        System.out.println("我是"+stu.name+"我今年"+stu.age+"岁");
    }
}
```

执行结果如下：

```
我是王二小我今年-3岁
```

解析：此处给age属性赋值为-3，从语法上来看并没有什么问题，但它不符合常识，怎么解决这个问题？其实之所以会发生这种情况，是因为我们可以随意给属性赋值。如何才能限制对属性的赋值呢？这就要用到封装。

将例9-7的代码用封装的思想稍微修改一下。

【例9-8】使用封装的思想修改例9-7

程序代码如下：

```
1  package cn.minimal.chaptor09.demo05;
2
3  public class NewStudent {
4      String name;
5      private Integer age;
6
7      public Integer getAge() {
8          return age;
9      }
10
11     public void setAge(Integer age) {
12         if(age<=0){
13             System.out.println("年龄不正确，请重新赋值！");
14             return;
15         }
16         this.age = age;
17     }
18 }
```

解析：第5行有一个新的关键字private，它表示私有的，用这个关键字修饰的属性和方法都只能在类的内部访问。用它来修饰age就不能从类的外部来访问age，相当于把它封装了起来，但是还需要对外提供一个访问的接口，这个接口就是第7行的getAge方法，这个方法用来获取age的值；第11行的setAge方法用来给age赋值。在setAge方法中对给age所赋的值进行判断，数据不正确会给出提示，这样就能保证数据的正确性了。由此可见，封装增强了安全性。

测试代码如下：

```
1  package cn.minimal.chaptor09.demo05;
2
3  public class NewTest {
4      public static void main(String[] args) {
```

```
5         NewStudent stu = new NewStudent();
6         stu.name = "李芳";
7         stu.setAge(-3);
8         System.out.println("我是"+stu.name+"我今年"+stu.getAge()+"岁");
9     }
10 }
```

解析：第7行当通过setAge方法给age赋值-3时，因为-3不符合条件，因此会给出提示。

注意：

以后在定义时类中的属性都会私有化（用private修饰），可以提供get方法和set方法进行访问。

小技巧：

因为对私有化的属性生成get方法和set方法十分频繁，在IDEA中提供了一个快捷方式来生成私有属性的get方法和set方法，即按快捷键Alt+Insert，然后选中Getter and Setter选项，如图9-3所示。

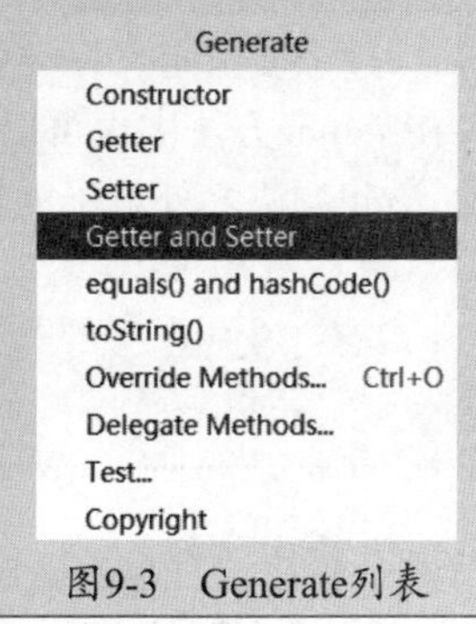

图9-3 Generate列表

9.6 成员变量和局部变量

变量既可以定义在类中，又可以定义在方法或代码块中。那么定义在类中的变量和定义在方法或代码块中的变量有什么区别呢？

定义在类中的变量称为成员变量，它的作用范围是整个类，如果访问权限允许，在类的外部也可以访问。

微信扫码 扫一扫，看视频讲解

定义在方法或代码块中的变量称为局部变量，局部变量只能在定义它的方法或代码块中访问。

另外，成员变量如果没有赋初始值，则会自动被赋初始值，基本类型为0，引用类型为null。

局部变量不会自动赋初始值，必须手动赋值。

如果一个类的成员变量和局部变量同名，该如何区分呢？可以在成员变量前面加this来区分，例如，例9-8第16行的代码this.age=age，this.age表示成员变量age，这里的this表示当前对象，也就是哪个对象调用了this所在的方法，this就代表哪个对象。

【例9-9】成员变量和局部变量的应用

程序代码如下：

```
1  package cn.minimal.chaptor09.demo06;
2
3  public class Demo {
4      int count;
5      public void add(){
6          count = count+1;
7          int num = 1;
8      }
9
10     public void reduce(){
11         count = count-1;
12         num = num - 1;                         // 此行报错
13     }
14 }
```

解析：第4行定义了一个变量count，这个变量定义在类中，所以是成员变量，作用范围是整个类，所以在add方法中可以访问它，在reduce方法中也可以访问它。第7行定义的变量num是在add方法中定义的，它是一个局部变量，add方法之外就不能访问了，所以在reduce方法中不能访问，第12行会报错。

练习9

9-1 定义一个动物类，有颜色和重量两个属性，有吃东西的方法，定义一个构造方法给属性赋值，使用构造方法创建动物对象并调用吃东西的方法。

9-2 定义长方形类，有两个属性（width和height），一个求面积的方法，定义测试类，测试调用求面积的方法。

9-3 从键盘上输入三门课的分数，计算三门课的平均分和总成绩，编写成绩计算类实现该功能。

9-4 创建一个圆类，该圆有属性（半径）和计算圆面积的方法，定义该类并测试。

第 10 章

继承和抽象类

学习目标

面向对象是一种很重要的思维方式，现实生活中对象和对象之间是有关系的。同样在 Java 的世界中对象之间也有关系，而继承就是其中最重要的一种。通过本章的学习，读者将可以做到：

- 掌握继承的概念和应用
- 掌握 super 关键字
- 掌握抽象类的概念和应用

内容浏览

10.1 什么是继承
10.2 继承的语法
10.3 继承关系中成员变量的访问
10.4 继承关系中成员方法的重写
10.4.1 父子类中成员方法的调用
10.4.2 方法重写
10.4.3 方法重写的具体应用
10.5 继承关系中构造方法的调用
10.6 抽象类
10.6.1 什么是抽象类
10.6.2 抽象类的特点
10.7 综合案例——创建师生类并建立继承关系
10.7.1 案例描述
10.7.2 代码的实现及分析
练习 10

10.1 什么是继承

继承是对象之间最基本也是最重要的关系，它和生活中的继承财产不同，在Java中，如果一个类继承了另一个类，被继承的类称为父类，继承父类的类称为子类，子类继承了父类，子类就具有了父类所有的属性和方法（private修饰的除外）。

如图10–1所示，学生类和老师类都继承了人类，所以学生类和老师类就都具有了人类的所有属性和方法。

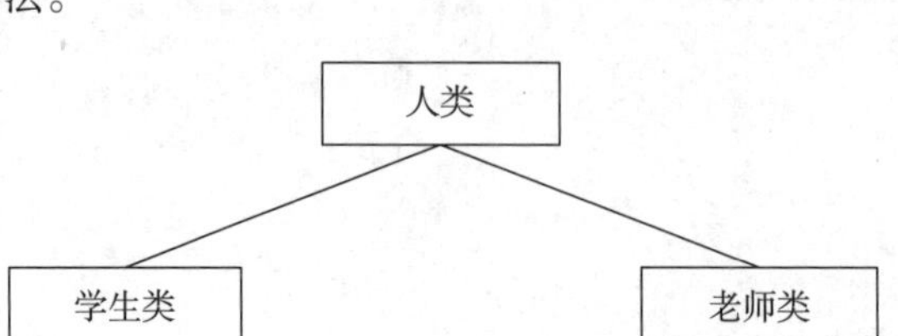

图 10–1　继承关系

10.2 继承的语法

在Java中声明一个类继承另一个类，需要用到extends关键字，继承的语法格式如下：

```
class 子类 extends 父类 {}
```

接下来通过一个案例来学习子类是如何继承父类的。

【例10–1】定义父类Person和学生类Student，让学生类继承父类并测试

先定义父类Person，程序代码如下：

```
package cn.minimal.demo01;
/*
定义父类 Person
 */
public class Person {
    private String name;
    private Integer age;

    public void show(){
        System.out.println(" 我是 "+name+", 今年 "+age+" 岁 ");
    }

    public String getName() {
        return name;
    }
```

```
    public void setName(String name) {
        this.name = name;
    }

    public Integer getAge() {
        return age;
    }

    public void setAge(Integer age) {
        this.age = age;
    }
}
```

再定义子类Student继承父类Person，程序代码如下：

```
package cn.minimal.demo01;
/*
定义子类 Student 继承 Person 类
 */
public class Student extends Person {
    public void study(){
        System.out.println("我在学习 java!");
    }
}
```

定义测试类，代码如下：

```
package cn.minimal.demo01;
/*
测试类
 */
public class MyTest {
    public static void main(String[] args) {
        Student stu = new Student();
        stu.setName("小龙女");
        stu.setAge(18);
        stu.show();
        stu.study();
    }
}
```

执行结果如下：

```
我是小龙女，今年 18 岁
我在学习 java!
```

解析：该案例中定义了父类Person，Student类继承父类，也就拥有了父类的所有属性和方法，即使没有在Student类中定义name、age属性和show方法，也可以直接使用它们。在测试类中给name和age属性赋值，调用show方法。

10

从例10-1可以看出，一旦继承了父类，就拥有了父类中所有非私有的属性和方法，不需要再去重复定义，提高了代码的复用性。另外，继承还让类与类之间产生了联系，这种联系可以很好地表达出真实世界的关系，也是面向对象高级特性的基础。

注意:

在类的继承中，需要注意的是，子类只能继承一个父类，不能继承多个。

10.3 继承关系中成员变量的访问

在继承的关系中，如果父类和子类中的成员变量名称不同，在子类中可以随意访问。

【例10-2】继承关系中的成员变量

定义父类X：

```
package cn.minimal.demo03;

public class X {
    int num1 = 4;
}
```

定义子类Y继承父类X：

```
package cn.minimal.demo03;

public class Y extends X {
    int num2 = 5;
    public void show(){
        System.out.println("num1="+num1+" num2="+num2);
    }
}
```

定义测试类：

```
package cn.minimal.demo03;
public class MyTest {
    public static void main(String[] args) {
        Y y = new Y();
        y.show();
    }
}
```

执行结果如下：

```
num1=4 num2=5
```

解析：父类中定义了非私有成员变量num1，子类中定义了成员变量num2，在子类中可以直接访问父类的非私有成员变量。

如果父类和子类中定义的成员变量名称相同，在子类中要访问父类中的成员变量则必须使用super关键字，super表示当前对象中包含的父类对象空间的引用。

【例10-3】继承关系中成员变量名称相同时的访问方法

定义父类X：

```
1  package cn.minimal.demo04;
2
3  public class X {
4      int num = 5;                                   //定义成员变量num
5  }
```

定义子类Y：

```
1  package cn.minimal.demo04;
2
3  public class Y extends X {
4      int num = 6;                                   //定义成员变量num
5      /*
6      在子类中访问父类中非私有成员变量时，如果子类中有同名的成员变量，
7      则加上super关键字来访问父类中的成员变量
8       */
9      public void show(){
10         System.out.println("父类中的num="+super.num+"子类中的num="+num);
11     }
12 }
```

定义测试类：

```
1  package cn.minimal.demo04;
2
3  public class MyTest {
4      public static void main(String[] args) {
5          Y y = new Y();                             //创建子类对象Y
6          y.show();                                  //调用show方法
7      }
8  }
```

执行结果如下：

```
父类中的num=5 子类中的num=6
```

解析：在这个案例中，父子类中定义的成员变量名字都是num，那如何区分呢？子类Y中的第10行代码，在子类中访问父类中的num时加上了super关键字，这样就和子类中的num区分开了。

小技巧：

在子类中，访问父类中的成员变量格式为：super.父类中的成员变量。

10.4 继承关系中成员方法的重写

10.4.1 父子类中成员方法的调用

在继承关系中，子类对象在调用方法时会先去子类中查找有没有该方法，如果有，则调用；如果没有，则调用父类中的该方法。

扫一扫，看视频讲解

【例10-4】类中成员方法的调用

定义父类X：

```
package cn.minimal.demo05;

public class X {
    public void show1(){
        System.out.println("父类中的方法!");
    }
}
```

定义子类Y：

```
package cn.minimal.demo05;

public class Y extends X {
    public void show2(){
        System.out.println("子类中的方法!");
    }
}
```

定义测试类：

```
1  package cn.minimal.demo05;
2
3  public class MyTest {
4      public static void main(String[] args) {
5          Y y = new Y();          //创建子类对象 y
6          y.show1();              //子类 Y 中没有 show1 方法，所以执行父类 X 中的 show1 方法
7          y.show2();              //子类中有 show2 方法，执行子类中的 show2 方法
8      }
9  }
```

解析：在测试类的代码第6行调用了子类对象y的show1方法，会先去子类Y中查找看有没有show1方法，发现没有，再执行父类X中的show1方法；第7行调用show2方法，在子类对象中就有show2方法，所以会去执行子类Y中的show2方法。

10.4.2 方法重写

当子类中出现和父类中一样的方法时(包括方法名、方法参数和返回值类型)，会出现重写操作。

扫一扫，看视频讲解

【例10-5】方法重写的应用

定义父类X：

```
package cn.minimal.demo06;

public class X {
    public void show(){
        System.out.println("父类中的方法!");
    }
}
```

定义子类Y：

```
package cn.minimal.demo06;

public class Y extends X {
    //子类中重写了父类中的show方法
    public void show(){
        System.out.println("子类中的方法");
    }
}
```

定义测试类：

```
package cn.minimal.demo06;

public class MyTest {
    public static void main(String[] args) {
        Y y = new Y();
        y.show();
    }
}
```

执行结果如下：

```
子类中的方法
```

解析：子类中的show方法和父类中的show方法的方法名、参数和返回值类型都一样，这就是方法的重写。就是说，在子类中重写了父类中的show方法，当创建子类对象去调用show方法时，会调用子类中的show方法，而不是调用父类中的show方法。

10.4.3 方法重写的具体应用

在什么场合需要用到方法重写呢？如果需要定义一个类，它的属性和方法基本和父类相同，但是对于某些功能有自己的实现时就可以使用方法重写。这样既继承了父类中的属性和方法，对于某些方法又可以有自己独特的实现。

例如电视机具有播放、换台的功能，现在生产了一种新款电视，不仅可以正常播放，而且在播放的时候还有画中画的功能，这种需求就可以用重写来实现。

【例10-6】使用方法重写实现电视类和新款电视类

定义电视类：

```
package cn.minimal.demo07;

public class TV {
//定义播放电视的方法
    public void play(){
        System.out.println("播放电视!");
    }
//定义换台的方法
    public void changeChannel(){
        System.out.println("换台!");
    }
}
```

定义新款电视类：

```
package cn.minimal.demo07;

public class NewTV extends TV {
//重写播放电视的方法，增加画中画的功能
    public void play(){
        super.play();
        System.out.println("画中画!");
    }
}
```

定义测试类：

```
package cn.minimal.demo07;

public class MyTest {
    public static void main(String[] args) {
        NewTV tv = new NewTV();                    //创建新电视类的对象
        tv.play();                                 //调用播放电视的方法
    }
}
```

执行结果如下：

```
播放电视!
画中画!
```

解析：新款电视是在原有电视的基础上对播放功能进行了加强，通过继承原有电视类能实现其基本功能，通过重写播放方法可以增加其特有的画中画功能。

> **注意：**
>
> （1）子类方法重写父类方法必须保证权限大于等于父类方法的权限（什么是权限将在第11章详细讲解）。
>
> （2）方法重写时方法名、参数和返回值类型必须都一样。

10.5　继承关系中构造方法的调用

子类对象的构造方法中必须调用父类的构造方法，如果没有显示调用，则会自动生成super()来调用父类的无参数构造方法。为什么在子类的构造方法中必须去调用父类的构造方法呢？因为子类继承了父类的属性和方法，所以创建子类对象时需要调用父类的构造方法去对父类的成员变量进行初始化。

下面来看一个案例。

【例10-7】父子类中构造方法的调用

定义父类X：

```
package cn.minimal.demo08;

public class X {
    int num;
    public X(){
        System.out.println("父构造方法");
        num = 5;
    }
}
```

定义子类Y：

```
package cn.minimal.demo08;

public class Y extends X {
   public Y(){
        //这里会自动生成super()来调用父类的无参数构造方法
        System.out.println("子构造方法："+num);
    }
}
```

定义测试类：

```
package cn.minimal.demo08;

public class MyTest  {
```

```
    public static void main(String[] args) {
        Y y = new Y();                              //创建子类对象
    }
}
```

执行结果如下：

```
父构造方法
子构造方法：5
```

解析： 通过执行结果可以看出，在测试类中创建子类对象时先调用父类的构造方法，在父类的构造方法中给num赋值为5，再调用子类的构造方法，打印num的值5。而我们在子类Y的构造方法中并没有去调用父类的构造方法，这里会自动生成super()来调用父类的无参数构造方法。

> **注意：**
>
> 父类构造函数中是否会自动生成super语句呢？答案是肯定的，因为所有类都继承于Object类，所以所有类都是Object的子类，因此所有类的构造函数第一行都是super()调用父类构造方法。如果父类没有无参数构造方法，在子类构造方法中需要手动调用父类对应的构造方法。

【例10-8】在子类构造方法中手动调用父类构造方法

定义父类X：

```
package cn.minimal.demo09;

public class X {
    int num;                                        //定义成员变量 num
    public X(int num){                              //定义构造方法
        this.num = num;
    }
}
```

定义子类Y：

```
package cn.minimal.demo09;
//定义子类 Y 继承类 X
public class Y extends X {                          //此行报错

}
```

解析： 父类X中定义了一个带一个参数的构造函数，就不会再生成无参数构造函数，子类Y继承了X，Y类自动生成的无参数构造函数会去调用父类的无参数构造函数，但是却找不到父类无参数构造函数，所以会报语法错误，如何修改呢？

可以这样定义子类Y：

```
package cn.minimal.demo09;

public class Y extends X {
    public Y(int num){                              //定义带参数构造函数
```

```
        super(num);                       //调用父类的带参数构造函数
    }
}
```

在子类Y中定义一个构造函数，在该构造函数中去调用父类X的带参数构造函数。

定义测试类：

```
package cn.minimal.demo09;

public class MyTest {
    public static void main(String[] args) {
        Y y = new Y(3);
        System.out.println(y.num);
    }
}
```

执行结果如下：

```
3
```

10.6　抽象类

10.6.1　什么是抽象类

抽象类顾名思义就是一个抽象的类，它本身不代表某一具体事务，它不能创建对象。例如，形状类中有计算面积的方法，而不同形状计算面积的方法的实现也各不相同，因此该方法需要被定义成一个抽象方法，而形状类也需要定义成一个抽象类，它不是某一个具体的形状，不能实例化。

扫一扫，看视频讲解

【例10-9】抽象类的由来

定义一个学生类（Student）：

```
package cn.minimal.demo10;

public class Student {
    private String name;                 //姓名
    private Integer age;                 //年龄
    public void sayHi(){                 //打招呼的方法
        System.out.println("我是学生，我叫"+name+"，今年"+age+"岁");
    }
get; set; ...                            //省略get方法和set方法
}
```

定义一个老师类（Teacher）：

```
package cn.minimal.demo10;

public class Teacher {
    private String name;                    // 姓名
    private Integer age;                    // 年龄
    public void sayHi(){                    // 打招呼的方法
        System.out.println("我是老师，我叫"+name+"，今年"+age+"岁");
    }
get; set; ...                               // 省略get方法和set方法
}
```

观察这两个类，都有name、age属性和sayHi方法。可以考虑将它们共同的属性和方法提取出来形成一个父类，但是它们的sayHi方法的实现是不一样的，怎么处理呢？既然sayHi方法的实现不一样，就只提取方法声明，不提取方法的实现，并且在方法声明的时候加上abstract关键字将该方法定义成一个抽象方法，形成一个抽象父类Person，用abstract关键字修饰，Student和Teacher类继承Person这个抽象父类，代码如下：

```
package cn.minimal.demo10;

public abstract class Person {
    private String name;
    private Integer age;
    public abstract void sayHi();
get; set; ...                               // 省略get方法和set方法
}
```

从这个案例中可以看出，抽象类是由多个具有相同属性和方法的类向上抽取而来的。

抽象方法定义的格式如下：

```
public abstract 返回值类型 方法名(参数);
```

抽象类定义的格式如下：

```
abstract class 类名 {
}
```

注意：

定义了抽象方法的类也必须被abstract关键字修饰，被abstract关键字修饰的类是抽象类。

10.6.2 抽象类的特点

抽象类具有以下特点：

(1)抽象类和抽象方法都需要被abstract修饰。

(2)有抽象方法的类必须是抽象类。

(3)抽象类不能实例化(创建对象)，因为抽象类中可能有抽象方法，如果抽象类能被实例化，那调用抽象方法会无意义。而且抽象类本身只是一个抽象的概念，没有必要实例化。

（4）一个类继承抽象类，必须重写抽象类中的所有抽象方法，否则该类还是一个抽象类，因为继承了抽象类就相当于把这个抽象类的所有抽象方法都继承过来了，如果有抽象方法没有被重写，则子类中也存在抽象方法，因此它也必须是抽象类。

（5）抽象类一定是父类，因为它是由多个具有共性的类将共性部分抽取而来用作继承的，所以它一定是父类。

（6）抽象类中也可以有非抽象方法，因为抽象类的目的是继承，它可以有非抽象方法，继承了该抽象类的子类也就继承了该抽象类的非抽象方法。

（7）抽象关键字abstract不可以和private共存，因为private是私有的，不能被继承，而抽象方法是要在子类中重写的，所以，abstract关键字不可以和private关键字共存。

10.7 综合案例——创建师生类并建立继承关系

10.7.1 案例描述

某学校有学生和老师，学生有的学习Java，有的学习Python；老师有的教Java，有的教Python；学生和老师都有姓名属性和打招呼的方法，具体描述如下。

（1）学生打招呼的方法如下。

- 学 Java 的学生：Hello 大家好，我叫 **，我学的 Java。
- 学 Python 的学生：Hello 大家好，我叫 **，我学的 Python。

（2）学生的学习方法如下。

- 学 Java 的学生：正在学习 Java。
- 学 Python 的学生：正在学习 Python。

（3）老师打招呼的方法如下。

- 教 Java 的老师：Hello 大家好，我是 **，我教 Java。
- 教 Python 的老师：Hello 大家好，我是 **，我教 Python。

（4）老师教学的方法如下。

- 教 Java 的老师：正在教 Java。
- 教 Python 的老师：正在教 Python。

请根据描述创建相应的类，建立继承关系，创建对象并进行方法的调用。

分析：不管是学生还是老师，都有姓名这个属性和打招呼的方法，因此，可以将这个属性和方法提取出来形成一个父类。而学生和老师打招呼的方法不同，所以提取出来的父类可以用抽象类来表示。打招呼的方法可以作为抽象方法；学生又可分为学Java和Python两个方向，老师也可分为教Java和Python两个方向，因此，又可以提取出学生类和老师类，如图10-2所示。

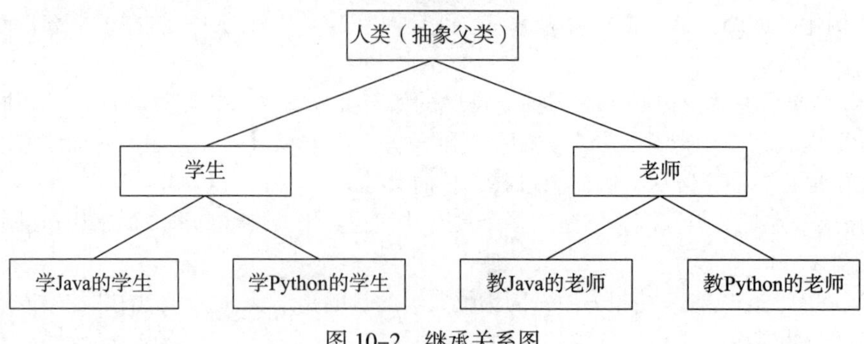

图 10-2 继承关系图

10.7.2 代码的实现及分析

定义人类(抽象类)，代码如下：

```
package cn.minimal.demo11;

public abstract class Person {
    private String name;                              // 姓名

    public String getName() {
        return name;
    }

    public void setName(String name) {
        this.name = name;
    }

    public abstract void sayHello();
}
```

定义学生类Student（抽象类），继承人类Person，代码如下：

```
package cn.minimal.demo11;

public abstract class Student extends Person {
    public abstract void study();                     // 抽象方法学习
}
```

定义老师类Teacher（抽象类），继承人类Person，代码如下：

```
package cn.minimal.demo11;

public abstract class Teacher extends Person {
    public abstract void teach();                     // 抽象方法教学
}
```

定义学习Java的学生类JavaStudent，继承学生类Student，重写学习方法，代码如下：

```
package cn.minimal.demo11;

public class JavaStudent extends Student {
    @Override
    public void study() {
        System.out.println("正在学习 Java");
    }
    @Override
    public void sayHello() {
        System.out.println("Hello 大家好，我叫 "+getName()+"，我学的 Java");
    }
}
```

定义学习Python的学生类PythonStudent，继承学生类Student，重写学习方法，代码如下：

```
package cn.minimal.demo11;

public class PythonStudent extends Student {
    @Override
    public void study() {
        System.out.println("正在学习 Python");
    }

    @Override
    public void sayHello() {
        System.out.println("Hello 大家好，我是 "+getName()+"，我学的 Python");
    }
}
```

定义教Java的老师类JavaTeacher，继承老师类Teacher，重写教学方法，代码如下：

```
package cn.minimal.demo11;

public class JavaTeacher extends Teacher {
    @Override
    public void teach() {
        System.out.println("正在教 Java");
    }

    @Override
    public void sayHello() {
        System.out.println("Hello 大家好，我是 "+getName()+"，我教 Java");
    }
}
```

定义教Python的老师类Python Teacher，继承老师类Teacher，重写教学方法，代码如下：

```
package cn.minimal.demo11;

public class PythonTeacher extends Teacher {
    @Override
    public void teach() {
        System.out.println("正在教 Python");
    }

    @Override
    public void sayHello() {
        System.out.println("Hello 大家好，我是 "+getName()+"，我教 Python");
    }
}
```

定义测试类，分别创建学生类和老师类的对象进行测试，代码如下：

```
package cn.minimal.demo11;

public class MyTest {
    public static void main(String[] args) {
        JavaStudent js = new JavaStudent();    // 创建学习 Java 的学生类
        js.setName("杨过");                     // 给姓名赋值
        js.sayHello();                          // 调用打招呼的方法
        js.study();                             // 调用学习 Java 的方法

        PythonStudent ps = new PythonStudent(); // 创建学习 Python 的学生类
        ps.setName("小龙女");                   // 给姓名赋值
        ps.sayHello();                          // 调用打招呼的方法
        ps.study();                             // 调用学习 Python 的方法

        JavaTeacher jt = new JavaTeacher();    // 创建教 Java 的老师类
        jt.setName("郭靖");                     // 给姓名赋值
        jt.sayHello();                          // 调用打招呼的方法
        jt.teach();                             // 调用教 Java 的方法

        PythonTeacher pt = new PythonTeacher(); // 创建教 Python 的老师类
        pt.setName("黄蓉");                     // 给姓名赋值
        pt.sayHello();                          // 调用打招呼的方法
        pt.teach();                             // 调用教 Python 的方法
    }
}
```

执行结果如下：

```
Hello 大家好，我叫杨过，我学的 Java
正在学习 Java
Hello 大家好，我是小龙女，我学的 Python
正在学习 Python
Hello 大家好，我是郭靖，我教 Java
正在教 Java
Hello 大家好，我是黄蓉，我教 Python
正在教 Python
```

解析：该案例中用到了前面所学的继承、重写方法和抽象类。这个案例中的属性、方法比较少，不能完全体现出继承和抽象类的优点。试想一下，如果重复的属性和方法很多，通过使用抽象类和继承方法，重复代码就不用在每个类中都写一遍，可以让代码得到最大限度的复用。

练习 10

10-1 创建一个交通工具类（Transport）作为父类，属性：类型（type）、颜色（color）、价格（price）；方法：启动（start）、停止（stop）。创建两个子类：公交车（Bus）和货车（Freight），让它们都继承自Transport类。具体需求如下。

（1）公交车（Bus）特有的属性：载客量（busload）、公交路线（line）。重写父类的启动（打印“载着×××名乘客的公交车出站了”）和停止（打印“××××路线的公交车到站了”）的方法。

（2）货车（Freight）特有的属性：载货量（boatload）、里程（mileage）。重写父类的启动（打印“货车载着×××吨东西出发了”）和停止（打印“货车行驶了××××里程之后到达了目的地开始卸货”）的方法。

（3）创建测试类，分别创建以上公交车类与货车类的对象并赋值，然后调用其启动与停止的方法。

10-2 汽车都具有启动（start）的功能，高端的奥迪车（Audi）除了具有启动的功能外，还具有自动泊车（parking）和无人驾驶（unmanned）的功能。

需求：定义汽车类，高端奥迪车类，实现描述中的功能并测试。

10-3 定义一个产品类（Product），属性：颜色（color）、价格（price）；定义一个展示该产品信息的方法（show），打印“颜色为**价格为**的产品”。定义子类手机类（Phone），继承产品类，子类中增加两个方法，打电话（call）和接电话（getPhone）。定义测试类TestCalc测试。

10-4 定义形状的抽象类（Shape），里面有计算面积的抽象方法（getArea）；定义圆形（round）继承抽象类（Shape）并有属性半径（r），重写计算面积的抽象方法并测试。

第 11 章

接口和多态

学习目标

Java 之所以能如此流行，不仅在于它的跨平台，还在于它严谨规范的语法。用 Java 可以很容易地开发大型项目，这其中少不了接口的作用，作为面向对象的三大基石之一的多态，其重要性也不言而喻。通过本章的学习，读者将可以做到：

- 理解包的概念
- 掌握访问权限修饰符
- 掌握接口的用法
- 理解多态的概念
- 灵活应用多态

内容浏览

11.1 包
11.1.1 什么是包
11.1.2 包的声明格式
11.1.3 包中类的访问
11.2 访问修饰符
11.3 接口
11.3.1 什么是接口
11.3.2 类实现接口
11.3.3 接口中的抽象方法
11.3.4 接口中的默认方法
11.3.5 接口中的静态方法
11.3.6 接口中的私有方法
11.3.7 接口中的成员变量
11.3.8 接口的实现
11.3.9 类的继承与实现
11.3.10 接口的继承
11.3.11 接口和抽象类的区别
11.4 接口案例——保险箱
11.4.1 案例描述
11.4.2 分析及实现步骤
11.5 多态
11.5.1 什么是多态
11.5.2 多态的定义格式
11.5.3 instanceof 关键字
11.5.4 转型
11.6 综合案例——软件外包公司外派管理
11.6.1 案例描述
11.6.2 代码的实现及分析
练习 11

11.1 包

11.1.1 什么是包

包的作用类似文件夹，计算机磁盘上有很多文件，这些文件可能数量庞大、种类繁多，有的是学习方面的，有的是电影，有的是游戏，所以需要建立相应的文件夹对它们进行分门别类地存放，有的文件夹中放的是学习方面的文件，有的文件夹中放的是游戏方面的文件。包的作用也是如此。Java类库中有很多类，项目当中也有很多类，这些类如果不分类存放就会很乱，查找和使用起来很不方便，于是就有了包的概念。包相当于文件夹，类相当于文件，把功能相同的的类放到一个包中，查找和使用起来就会很方便。

微信扫码

扫一扫，看视频讲解

类中声明的包必须与实际class文件所在的文件夹一致，即如果类声明在a包下，则该类所对应的class文件也必须在a文件夹下。

11.1.2 包的声明格式

Java包的名字都是由小写的英文单词组成的，为了保障每个Java包名的唯一性，通常这样来命名包：

```
公司域名倒序 + 项目名称 + 模块名称
```

因为域名是唯一的，所以这样命名可以保证包名的唯一性。

例如，新浪的域名是www.sina.com，反过来就是com.sina.www，去掉后面的.www，因此它的项目包命名可以为“com.sina.项目名.模块名”，多层包之间用“.”来连接。

在类中声明包的格式如下：

```
package 包名；
```

注意：

在类中声明包的语句必须写在第一行。

下面来看看声明包的程序代码。

【例11-1】声明包

程序代码如下：

```
package cn.minimal.chapter11.demo01;

public class demo {
}
```

解析：这样定义以后，demo这个类就是cn.minimal.chapter11.demo01包下的类了。

11.1.3 包中类的访问

在一个类中访问另一个类可以分为两种情况。

（1）两个类在同一个包下。

（2）两个类不在同一个包下。

对于第一种情况，可以直接访问类。

下面来看一个案例。

【例11-2】定义类A和类B在同一个包下，在类B中访问类A

定义类A：

```
package cn.minimal.chaptor11.demo02;

public class A {
}
```

定义类B：

```
package cn.minimal.chaptor11.demo02;

public class B {
    public static void main(String[] args) {
        A a = new A();
    }
}
```

解析：因为类A和类B都在包cn.minimal.chaptor11.demo02下，所以可以直接访问。

对于第二种情况，要想在一个类中访问另一个类，必须使用含有包名的全类名。

语法格式如下：

```
包名.类名 变量名 = new 包名.类名();
```

代码如下所示。

【例11-3】定义类A和类B不在同一个包下，在类B中访问类A

程序代码如下：

```
package cn.minimal.chaptor11.demo03;

public class B {
    public static void main(String[] args) {
        A a = new A();                          //此行报错
    }
}
```

类B定义在包cn.minimal.chaptor11.demo03下。在类B中去访问类A报告语法错误，因为类A和类B不在同一个包下，不能直接访问，怎样写才正确呢？看下面的代码。

```
package cn.minimal.chapter11.demo03;

public class B {
    public static void main(String[] args) {
        cn.minimal.chapter11.demo02.A a = new cn.minimal.chapter11.demo02.A();
    }
}
```

像这样在访问时将类A的全类名(包括包名的类名)写上就可以去访问类A了。但是每次都这样写非常麻烦，可以这样来简化。

如果两个类不在同一个包下，在一个类中要去访问另一个类时可以用“import 全类名”将另一个类导入，就可以直接用类名访问了。

语法格式如下：

```
import 包名.类名;
```

实现代码如下所示。

【例11-4】定义类A和类C不在同一个包下，在类C中访问类A

程序代码如下：

```
package cn.minimal.chapter11.demo03;
import cn.minimal.chapter11.demo02.A;
public class C {
    public static void main(String[] args) {
        A a = new A();
    }
}
```

解析：在这个案例中，类C和类A不在同一个包中，在类C中访问类A时也没有通过全类名来访问，这里是通过import将类A导入，在类C中访问类A时就不需要通过全类名了。

还有一种简化的方式，可以将类A所在包下所有的类都导入，这样类A也就被导入了。

语法格式如下：

```
import 包名.*;
```

实现代码如下所示。

【例11-5】使用“import 包名.*”导入包

程序代码如下：

```
package cn.minimal.chapter11.demo03;
import cn.minimal.chapter11.demo02.*;
public class D {
    public static void main(String[] args) {
        A a = new A();
    }
}
```

解析：案例中使用import cn.minimal.chapter11.demo02.*;将包cn.minimal.chapter11.demo02下所有的类都导入，自然也包括类A。

> **注意：**
>
> 之前学过的Random、Scanner这些类，因为是Java自带的类和我们自己定义的类不在同一个包下，所以使用之前需要先导入类，或者使用全类名去访问。

> **小技巧：**
>
> 两种方式都可以导入包，通常情况下出于对效率和命名冲突方面的考虑，一般只将需要的类导入，而不是将包下所有的类导入。

11.2 访问修饰符

Java中提供了4种访问权限修饰符:public、protected、default和private。目前我们接触到的有private和public，这些访问权限修饰符可以用来修饰类和类的成员(方法和属性)，当不写访问修饰符的时候默认就是default，访问修饰符决定了被修饰的成员具有怎样的访问权限，4种访问修饰符的访问权限如表11-1所示。

表11-1　4种访问修饰符的访问权限

权限	public	protected	default	private
同一类中	√	√	√	√
同一包不同类中	√	√	√	
不同包的父子类	√	√		
不同包中的无关类	√			

下面来看一个案例。

【例11-6】同一类中4种访问修饰符的访问权限

程序代码如下：

```
package cn.minimal.chapter11.demo04;

public class demo {
    public String str1;
    protected String str2;
    String str3;
    private String str4;
    public void show(){
        System.out.println(str1);
        System.out.println(str2);
        System.out.println(str3);
        System.out.println(str4);
```

```
    }
}
```


解析：该案例中定义了4个变量:str1、str2、str3和str4，它们分别用public、protected、default和private修饰。str3前面没有访问修饰符，默认是default。在该类的show方法中，这4个变量都可以访问，这就说明在同一个类中，4种访问修饰符修饰的成员都是可以被访问的。

【例11-7】同一个包的不同类中4种修饰符的访问权限

程序代码如下（demo类为例11-6中的类）:

```
package cn.minimal.chapter11.demo04;

public class demo1 {
    public static void main(String[] args) {
        demo d = new demo();
        System.out.println(d.str1);
        System.out.println(d.str2);
        System.out.println(d.str3);
        System.out.println(d.str4);                    // 此行报错
    }
}
```

解析：在这个案例中str1、str2和str3都可以访问，只有str4不能访问，说明在同一个包，不同类中public、protected、default都可以访问，private不能访问。

【例11-8】不同包的父子类中4种修饰符的访问权限

程序代码如下:

```
package cn.minimal.chapter11.demo05;

import cn.minimal.chapter11.demo04.demo;

public class demoSub extends demo {
    public void show(){
        System.out.println(str1);
        System.out.println(str2);
        System.out.println(str3);                      // 此行报错
        System.out.println(str4);                      // 此行报错
    }
}
```

解析：在这个案例中，str1和str2可以访问，str3和str4不能访问，说明在不同包下如果两个类有父子关系，则在子类中可以访问父类中public和protected修饰的成员，不能访问default和private修饰的成员。

【例11-9】不同包的无关类中4种修饰符的访问权限

程序代码如下（此处的demo类是例11-6中的demo类）:

```
package cn.minimal.chaptor11.demo05;

import cn.minimal.chaptor11.demo04.demo;

public class demo2 {
    public void show(){
        demo d = new demo();
        System.out.println(d.str1);
        System.out.println(str2);                    //此行报错
        System.out.println(str3);                    //此行报错
        System.out.println(str4);                    //此行报错
    }
}
```

解析：案例中只有str1能访问，其他都访问不了，说明在不同包且类之间没有父子关系的情况下，只有public修饰的成员可以被访问，其他的都不能访问。

> **小技巧：**
>
> 有这么多的访问修饰符，在开发当中究竟选用哪种呢？一般情况下成员变量使用private修饰，方便隐藏细节；构造方法使用public修饰，方便创建对象；成员方法使用public修饰，方便调用方法。

11.3 接口

接口是一种规范，它也是一种引用类型，接口不能实例化，它的成员可以是常量或方法。JDK 1.8以前的版本在接口中只能定义抽象方法，JDK 1.8以后的版本在接口中可以定义抽象方法、默认方法、静态方法和私有方法。

11.3.1 什么是接口

定义接口时用interface关键字。定义语法格式如下：

```
public interface 接口名称 {
// 常量
// 抽象方法
// 默认方法
// 静态方法
// 私有方法
}
```

> **小技巧：**
>
> 接口名通常以字母I开头。

11.3.2 类实现接口

类与接口的关系为实现关系，即类实现接口。实现的动作类似继承，只是关键字不同，实现使用implements。

一个类实现接口后就必须重写该接口中的所有抽象方法。

语法格式如下：

```
class 类 implements 接口 {
重写接口中方法
}
```

11.3.3 接口中的抽象方法

接口中的抽象方法是最常用的，抽象方法用abstract来修饰，该关键字也可以省略，一个类实现接口以后必须实现接口中的所有抽象方法。

【例11-10】接口中抽象方法的使用

定义接口IPrint：

```
package cn.minimal.chaptor11.demo06;

public interface IPrint {
   public abstract void print();
}
```

在接口IPrint中定义了抽象方法print，那么实现该接口的类就必须实现该抽象方法。

```
package cn.minimal.chaptor11.demo06;

public class Printer implements IPrint{

    @Override
    public void print() {
        System.out.println("打印！ ");
    }
}
```

注意：

抽象方法是接口中最重要、最常用的成员，一个类实现了该接口就必须实现该接口中所有的抽象方法。

11.3.4 接口中的默认方法

接口中的默认方法用default修饰，实现了有默认方法的接口的类可以继承或重写默认方法。

【例11-11】接口中默认方法的使用

定义接口IPrint，其中有默认方法print。

```
package cn.minimal.chapter11.demo07;

public interface IPrint {
    public default void print(){
        System.out.println("打印！");
    }
}
```

定义实现类Printer实现该接口，在实现类中对于默认方法的处理可以有两种方式。

（1）继承print方法。

```
package cn.minimal.chapter11.demo07;

public class Printer implements IPrint {
}
```

（2）重写print方法。

```
package cn.minimal.chapter11.demo07;

public class MyPrinter implements IPrint {
    public void print(){
        System.out.println("正在打印！");
    }
}
```

11.3.5 接口中的静态方法

接口中定义的静态方法只能通过接口名来调用，不能通过接口的实现类或实现类的对象调用。

【例11-12】接口中的静态方法

定义接口IPrint，其中有静态方法print：

```
package cn.minimal.chapter11.demo07;

public interface IPrint {
    public static void print(){
        System.out.println("打印!");
    }
}
```

定义类Printer实现该接口，实现类中不能重写接口中的静态方法：

```
package cn.minimal.chapter11.demo08;

public class Printer implements IPrint {
}
```

定义测试类：

```
package cn.minimal.chaptor11.demo08;

public class MyTest {
    public static void main(String[] args) {
        IPrint.print();                        //接口中的静态方法只能通过接口名来调用
    }
}
```

执行结果如下：

```
打印!
```

解析：接口中的静态方法只和接口这个类型相关，所以只能通过接口名来调用。

11.3.6　接口中的私有方法

如果接口中有多个默认方法或静态方法，并且有很多重复的代码，则可以将重复的代码提取出来形成私有方法，供默认方法或静态方法调用。

【例11-13】接口中私有方法的使用

程序代码如下：

```
package cn.minimal.chaptor11.demo09;

public interface IPrint {
    default void print(){
         print1();
         print2();
    }
    private void print1(){
        System.out.println("打印100份!");
    }
    private void print2(){
        System.out.println("再打印100份!");
    }
}
```

11.3.7　接口中的成员变量

接口中也可以定义“成员变量”，但是必须使用public、static和final这3个关键字进行修饰，所以接口中的成员变量实际上是常量，值不能发生变化。

语法格式如下：

```
public static final 数据类型 常量名称 = 数据值
```

【例11-14】接口中的常量

程序代码如下：

```
package cn.minimal.chaptor11.demo10;

public class IPrint {
    // 此处的 public static final 可以省略，但必须给常量赋值并且值不能发生变化
    public static final int PAGENUM = 10;
}
```

解析：在接口IPrint中定义了一个成员变量PAGENUM，该成员变量必须用public、static和final修饰，值不能发生变化。此处的public、static和final可以省略。

注意：

（1）定义接口中的常量时可以省略修饰符public、static和final。

（2）定义接口中的常量时必须进行赋值。

（3）定义接口中常量的名称时要使用完全大写的字母，如PAGENUM（推荐的命名规则）。

11.3.8 接口的实现

类实现接口和类继承类有很多相似之处，它们之间最大的不同是一个类只能继承一个类，而一个类可以实现多个接口。

【例11-15】接口的多实现

定义第一个打印接口IPrinter1：

```
package cn.minimal.chaptor11.demo11;

public interface IPrinter1 {
    void print1();
}
```

定义第二个打印接口IPrinter2：

```
package cn.minimal.chaptor11.demo11;

public interface IPrinter2 {
    void print2();
}
```

定义类Print实现这两个接口：

```
package cn.minimal.chaptor11.demo11;

public class Print implements IPrinter1,IPrinter2 {
    @Override
    public void print1() {
```

```
        System.out.println("黑白打印!");
    }

    @Override
    public void print2() {
        System.out.println("彩色打印!");
    }
}
```

解析：一个类实现多个接口时必须实现所有接口中的抽象方法。

11.3.9　类的继承与实现

一个类可以通过继承另一个类获得继承所带来的好处。但如果继承了一个类，还能再通过实现接口获得功能上的扩展吗？答案是肯定的。

微信扫码

扫一扫，看视频讲解

【例11-16】继承类的同时实现接口

定义接口IPrinter：

```
package cn.minimal.chaptor11.demo12;

public interface IPrinter  {
    void print();
}
```

定义父类电器类Appliance：

```
package cn.minimal.chaptor11.demo12;

public class Appliance {
    public void open(){
        System.out.println(" 开启! ");
    }
}
```

定义打印机类Printer，继承父类并实现接口：

```
import cn.minimal.chaptor11.demo12.IPrinter;

public class Printer extends Appliance implements IPrinter {

    @Override
    public void print() {
        System.out.println(" 打印! ");
    }
}
```

定义测试类：

```
package cn.minimal.chaptor11.demo12;

public class MyTest {
    public static void main(String[] args) {
        Printer p = new Printer();
        p.open();
        p.print();
    }
}
```

执行结果如下：

```
开启!
打印!
```

解析：该案例中类Printer继承了Appliance中所有的属性和方法，并实现了IPrinter接口中的print方法。

接口的出现避免了单继承的局限性，可以在父类中定义事物的基本功能，在接口中定义事物的扩展功能。

11.3.10 接口的继承

类之间有继承的关系，同样接口之间也有继承的关系，而且一个接口可以继承多个接口，如果父接口中有重名的默认方法，则在子接口中需要进行重写，接口间的继承也是用extends关键字。

【例 11-17】接口的多继承

定义一个接口IPrinter1：

```
package cn.minimal.chaptor11.demo13;

public interface IPrinter1 {
   default void print(){
       System.out.println("黑白打印!");
   }
}
```

再定义一个接口IPrinter2：

```
package cn.minimal.chaptor11.demo13;

public interface IPrinter2 {
   default void print(){
       System.out.println("彩色打印!");
   }
}
```

定义接口IPrinter继承IPrinter1和IPrinter2：

```
package cn.minimal.chaptor11.demo13;

public interface IPrinter extends IPrinter1,IPrinter2 {
    default void print(){
        System.out.println("打印!");
    }
}
```

解析：在接口IPrinter1和IPrinter2中都有默认方法print()，IPrinter继承了IPrinter1和IPrinter2，则在IPrinter接口中要重写print方法。

11.3.11　接口和抽象类的区别

通过前面接口的学习，细心的读者会发现接口和抽象类有很多共通之处，接口和抽象类都不能实例化，它们的成员都有抽象方法。那它们之间有什么不同之处呢?

抽象类：是将具有相同或相似特点的对象中相同的部分抽取出来形成的。它是一个抽象的概念，本质上描述的是一类事物，一个类只能继承一个抽象类。

接口：是一种规范，更多的是强调动作和行为。它是将多个对象的行为抽取出来形成的，一个类可以实现多个接口。

举个生活中的例子，计算机都有USB接口，只要符合这个接口的键盘、鼠标、移动硬盘都可以在这台计算机上使用。USB接口就是一种规范，正是因为它的存在，计算机外设和计算机之间的耦合度降低了，鼠标、键盘这些外设的接口不需要依赖计算机，它们只需要按照USB接口这个规范来生产就可以了。

11.4　接口案例——保险箱

11.4.1　案例描述

通过接口和抽象类设计一个保险箱，保险箱的功能要求如下：

(1)具有“开箱”和“关箱”的功能。

(2)具有“上锁”和“开锁”的功能。

11.4.2　代码的实现及分析

(1)定义一个抽象的箱子类，在该类中完成箱子应该具有的功能：

```
package cn.minimal.chaptor11.demo14;

public abstract class Box {
   public abstract void open();                    //开箱
   public abstract void close();                   //关箱
}
```

(2)定义一个接口，在接口中定义为保险箱增加的功能(因为是功能动作的抽象，所以定义为一个接口)：

```
package cn.minimal.chapter11.demo14;

public interface ILock {
    void lock();                                        // 上锁
    void unLock();                                      // 开锁
}
```

(3)定义保险箱类，实现上述箱子类和接口：

```
package cn.minimal.chapter11.demo14;

public class Safe extends Box implements ILock {
    @Override
    public void open() {
        System.out.println("开箱");
    }

    @Override
    public void close() {
        System.out.println("关箱");
    }

    @Override
    public void lock() {
        System.out.println("上锁");
    }

    @Override
    public void unLock() {
        System.out.println("开锁");
    }
}
```

(4)定义测试类：

```
package cn.minimal.chapter11.demo14;

public class MyTest {
    public static void main(String[] args) {
        Safe s = new Safe();                            // 创建保险箱对象
        s.unLock();                                     // 开锁
        s.open();                                       // 开箱
        s.close();                                      // 关箱
        s.lock();                                       // 上锁
    }
}
```

执行结果如下：

```
开锁
开箱
关箱
上锁
```

解析：在这个案例中，先抽取箱子作为抽象类，再提取锁作为接口。可以思考一下，为什么会把箱子定义成一个抽象类，锁定义成一个接口？如果把箱子看作是一类事物的本质，则锁就是这个本质的动作和规范，从这个例子也可以看出抽象类和接口之间的区别。

11.5　多态

11.5.1　什么是多态

封装、继承和多态是面向对象的三大特性，多态是以继承为基础的。究竟什么是多态？多态就是一个事物的多种形态。例如，波斯猫属于动物，那么波斯猫就具有了两种形态，既是动物又是猫。

回到Java中，猫类Cat如果继承了动物类Animal，则一个Cat对象就既是Animal类型又是Cat类型。

既然Cat对象既是Animal类型又是Cat类型，那么Cat对象就既可以赋给Animal类型的变量又可以赋给Cat类型的变量。

Java中多态的代码体现为一个子类对象，既可以赋给子类类型的变量引用，又可以赋给父类类型的变量引用。

最终多态体现为父类引用变量可以指向子类对象，用代码表示为Animal a = new Cat()。多态的前提是必须有父子类关系或者类实现接口关系，否则无法完成多态。

11.5.2　多态的定义格式

多态的定义格式(父类的引用变量指向子类对象)如下：

```
父类类型  变量名 = new 子类类型();
变量名.方法名();
```

使用多态后的父类引用变量在调用方法时，会调用子类重写后的方法。所以多态又可以理解为：不同对象对于同一个操作体现不同的结果。下面来看一个多态的案例。

【例11-18】多态的使用

定义抽象父类Animal：

```java
package cn.minimal.chaptor11.demo15;

public abstract class Animal {
   public abstract void eat();
}
```

定义子类Cat：

```
package cn.minimal.chaptor11.demo15;

public class Cat extends Animal {
    public void eat(){
        System.out.println("猫吃鱼!");
    }
}
```

定义子类Dog：

```
package cn.minimal.chaptor11.demo15;

public class Dog extends Animal {
    public void eat(){
        System.out.println("狗啃骨头!");
    }
}
```

定义测试类：

```
 1  package cn.minimal.chaptor11.demo15;
 2
 3  public class MyTest {
 4      public static void main(String[] args) {
 5          Animal cat = new Cat();              //父类引用指向子类对象
 6          Animal dog = new Dog();              //父类引用指向子类对象
 7          cat.eat();                           //同一个操作，对象不同产生不同结果
 8          dog.eat();                           //同一个操作，对象不同产生不同结果
 9      }
10  }
```

执行结果如下：

```
猫吃鱼!
狗啃骨头!
```

解析：在测试类中第5行和第6行将子类对象赋值给了父类类型的变量cat和dog，在第7行和第8行调用子类对象的eat方法，dog和cat两个对象对于同一个方法eat的调用产生了不同的结果，这就是多态的体现。

在调用同一个方法时为什么会产生不同的结果呢？这中间究竟发生了什么？接下来探讨一下：

程序执行可以分为两个阶段，即编译期和运行期。编译期就是程序的编译阶段，运行期就是程序的运行阶段。

例如，第5行，在编译期调用eat方法时，方法的指针会指向调用该方法的变量所属的类型，也就是赋值符号左边的Animal类。如果该类中没有eat方法，则编译失败。

在运行期方法的指针指向了赋值符号右边的子类Cat和Dog，并运行子类中的方法，所以看到的最终结果就是执行了子类的eat方法。

> 提示：
>
> 调用方法时指针的指向判断为“编译看左边，运行看右边”。

> 小技巧：
>
> 这个案例是通过继承抽象类实现多态的，实际应用中也可以通过继承普通类或实现接口来实现。

11.5.3　instanceof关键字

instanceof关键字可以用来判断某个对象是否属于某个类型。

语法格式如下：

```
boolean  b  = 对象  instanceof  数据类型；
```

【例11-19】instanceof关键字的使用（见例11-18）

程序代码如下：

```
 1  package cn.minimal.chaptor11.demo15;
 2
 3  public class InstanceOfDemo {
 4      public static void main(String[] args) {
 5          Cat cat = new Cat();
 6          boolean flag1 = cat instanceof Animal;      //判断cat是否属于Animal类型
 7          boolean flag2 = cat instanceof Cat;         //判断cat是否属于Cat类型
 8          System.out.println(flag1+" "+flag2);
 9      }
10  }
```

执行结果如下：

```
true true
```

解析：第6行使用cat instanceof Animal判断cat是否属于Animal类型，结果为true，说明cat属于Animal类型；第7行使用cat instanceof Cat判断cat是否属于Cat类型，结果为true，说明cat也属于Cat类型。

子类对象既属于父类类型又属于它本身的类型，这正是多态的体现。

11.5.4　转型

所谓转型，就是将一种类型转换为另一种类型。转型可以分为两种：向上转型和向下转型。

（1）向上转型：当把子类对象赋值给一个父类变量时，便是向上转型，多态本身就是向上转型的体现。

语法格式如下：

```
父类类型  变量名 = new 子类类型 ();
```

例如：

```
Animal a = new Cat();
```

(2)向下转型：一个已经向上转型的子类对象使用强制类型转换，将其转换为它本身的子类类型。

语法格式如下：

```
子类类型 变量名 = （子类类型） 父类类型的变量；
```

例如：

```
Cat cat = (Cat) a;                          // 变量a 实际指向Cat对象
```

将子类对象赋给父类类型的变量就发生了向上转型，向上转型可以提高代码的扩展性。但是向上转型以后对象只能使用父类的成员而不能再使用子类的成员，功能受到了限制。如果想使用子类的成员，则需要向下转型。

下面来看一个案例。

【例11-20】向上转型和向下转型

定义抽象父类Animal：

```
package cn.minimal.chapter11.demo16;

public abstract class Animal {
    public abstract void eat();
}
```

定义子类Cat和Dog：

```
package cn.minimal.chapter11.demo16;

public class Cat extends Animal {
    @Override
    public void eat() {                      // 重写父类抽象方法
        System.out.println("猫吃鱼！ ");
    }
    public void climbTree(){                 // 定义子类特有的方法
        System.out.println("猫爬树！ ");
    }
}
```

```
package cn.minimal.chapter11.demo16;

public class Dog extends Animal {
```

```
    @Override
    public void eat() {                          //重写父类抽象方法
        System.out.println("狗啃骨头！");
    }
    public void lookHome(){                      //定义子类特有的方法
        System.out.println("狗看家！");
    }
}
```

定义测试类：

```
 1 package cn.minimal.chaptor11.demo16;
 2
 3 public class MyTest {
 4     public static void main(String[] args) {
 5         Animal cat = new Cat();     //子类对象赋给父类类型（向上转型）
 6         cat.eat();                  //调用 cat 的 eat 方法会执行子类对象的 eat 方法
 7         //要调用 Cat 类型特有的爬树方法，需要向下转型，转型之前先判断一下是不是 Cat 类型
 8         if(cat instanceof Cat){
 9             Cat cat1 = (Cat)cat;
10             cat1.climbTree();       //向下转型之后就可以调用它的 climbTree 方法了
11         }else{
12             System.out.println("类型不匹配！");
13             return;
14         }
15     }
16 }
```

执行结果如下：

```
猫吃鱼！
猫爬树！
```

解析：测试类的第5行将Cat类型的对象赋值给了父类类型Animal的变量cat，这是多态的体现，也是向上转型。将Cat类型转换成了其父类类型，这样就只能调用其父类类型Animal中的eat方法，而不能再调用Cat类型特有的climbTree方法。如果想调用climbTree方法，需要向下转型将它再转换回Cat类型。向下转型有一个前提条件，就是所要转换的对象必须是要转换成的类型，所以转型之前要用instanceof进行类型判断。如果为true，则可以转换；如果为false，则不能转换。

在什么情况下要用向上转型，什么情况下要用向下转型呢?

当不需要用到子类特有的成员时，可以用向上转型以提高程序的扩展性，例如，该例中第5行的Animal cat = new Cat();和第6行的cat.eat();。当需要用到子类特有的成员时，需要向下转型。例如，第9行的Cat cat1 = (Cat)cat;和第10行的cat1.climbTree();。向下转型之前需要先判断一下类型，否则可能导致类型转换错误，例如，第8行的if(cat instanceof Cat)。

小结：

封装、继承和多态是面向对象的三大特性，这三大特性代表的含义如下。

（1）封装：将不需要对外展示的部分封装起来，对外展示出接口以提供访问，提高了代码的安全性，例如代码中的方法和属性。

（2）继承：一个类继承另一个类就具有了另一个类所有的非私有属性和方法，可以复用代码，让类和类之间产生联系，为多态提供了前提。

（3）多态：多态的前提是继承和重写，可以这样说，没有继承和重写就没有多态。多态提高了程序的可扩展性，它也是很多设计模式的基础。

11.6 综合案例——软件外包公司外派管理

11.6.1 案例描述

有一家软件外包公司，可以外派开发人员，该软件公司有两个角色：普通开发人员和项目经理，他们都有共同的属性“姓名”和“年龄”，普通开发人员有自己特有的属性“工作经验”，他的工作内容是“开发项目”，项目经理有自己特有的属性“项目管理经验”，他的工作内容是“项目管理”。对外的报价是普通开发人员每天500元，超过60天每天400元，项目经理每天800元，超过60天每天700元。有一家银行需要1名项目经理、2名开发人员，现场开发90天，计算银行需要付给软件公司的总金额。

在这个案例中涉及两个角色，一个是普通开发人员，一个是项目经理。他们都有共同的属性“姓名”和“年龄”，两者都有工作和计算价格的方法，但是他们工作的内容和价格不一样，因此可以提取出一个抽象类员工类。普通开发人员和项目经理分别继承该员工类，定义自己特有的属性，重写工作和计算价格的方法。

11.6.2 代码的实现及分析

根据上述解题分析，可以编写本案例实现的程序代码。

创建抽象的员工类Employee，代码如下：

```
package cn.minimal.chaptor11.demo17;

public abstract class Employee {
    private String name;                                    //姓名
    private Integer age;                                    //年龄

    public String getName() {
        return name;
    }
```

```
    public void setName(String name) {
        this.name = name;
    }

    public Integer getAge() {
        return age;
    }

    public void setAge(Integer age) {
        this.age = age;
    }
    public Employee(String name,int age){                    // 构造方法
        this.name = name;
        this.age = age;
    }
    public abstract void work();                             // 工作
    public abstract double calMoney(int days);               // 计算价格
}
```

创建普通开发人员类和项目经理类继承员工类，代码如下：

```
package cn.minimal.chaptor11.demo17;

public class Developer extends Employee {
    private Integer  workingExperiences;                     // 工作经验

    @Override
    public void work() {                                     // 重写工作方法
        System.out.println(" 开发项目 ");
    }

    @Override
    public double calMoney(int days) {                       // 重写计算价格方法
        if(days<60){
            return 500*days;
        }else{
            return 400*days;
        }
    }

    public Developer(String name,int age){
        super(name,age);                                     // 定义调用父类的构造函数
    }
}
```

```
package cn.minimal.chaptor11.demo17;

public class Manager extends Employee {
    private Integer manageExperience;                    // 项目管理经验

    public Manager(String name, int age) {               // 定义调用父类的构造函数
        super(name, age);
    }

    @Override
    public void work() {
        System.out.println("项目管理");
    }

    @Override
    public double calMoney(int days) {
        if(days<60){
            return 800*days;
        }else{
            return 700*days;
        }
    }
}
```

测试类代码如下：

```
 1  package cn.minimal.chaptor11.demo17;
 2
 3  public class MyTest {
 4      public static void main(String[] args) {
 5          Employee[] emps = new Employee[3]; // 定义一个数组用来记录人员
 6          Developer d1 = new Developer("小张",21);     // 创建普通开发人员
 7          Developer d2 = new Developer("小李",22);
 8          Manager m = new Manager("老王",32);          // 创建项目经理
 9          emps[0] = d1;
10          emps[1] = d2;
11          emps[2] = m;
12          double sumMoney = 0;
13          for (Employee emp : emps) {                  // 循环遍历所有的员工，计算总价格
14              double  money =  emp.calMoney(90);
15              sumMoney+=money;
16          }
17          System.out.println("总共需要支付:"+sumMoney+"元");
18      }
19  }
```

执行结果如下：

```
总共需要支付：135000.0元
```

解析：在测试类中第5行定义了一个数组，该数组是父类Employee类型，所以普通开发人员和项目经理都可以放入数组中；第13行的for循环语句循环遍历数组中的每一个元素，调用它的计算价格的方法并且累加到sumMoney中，最后可以得出总价格。这里用到了多态，在计算价格时，会根据当前数组对象的不同类型分别调用普通开发人员或者项目经理的计算价格方法。

练习11

11-1　什么是接口？它的特点是什么？

11-2　现有两个手机类：老式手机OldPhone类和新版手机NewPhone类，都有call（打电话）方法和sendMessage（发短信）方法（考虑向上抽取一个父类）；已知接口IPlay中有一个方法playGame（玩游戏）。要求：在NewPhone类添加玩游戏的功能，分别测试OldPhone类和NewPhone类的两个方法，再测试新手机的playGame方法。

11-3　创建一个工人类Worker，属性：工龄workingYears、工号id、姓名name和基本工资salary，定义一个打印所有信息的方法以及一个打印基本工资的方法。

(1) 创建一个部门经理类Manager，继承工人Worker类，增加一个属性：岗位级别level，并重写其计算工资的方法（工资=基本工资+岗位级别*500+工龄*1000）。

(2) 创建一个销售人员类Sale，继承工人Worker类，增加一个属性：销售金额saleMoney，并重写其计算工资的方法（工资=基本工资+销售金额*0.08）。

(3) 创建测试类，分别定义以上3种类的对象并赋值，调用其打印工资的方法进行测试。

第 12 章

final 、static 关键字和内部类及匿名对象

学习目标

面向对象中还有一些很重要的关键字，这些关键字让 Java 的面向对象体系更加合理。通过本章学习，读者将可以做到：

- 掌握 final 关键字的用法
- 理解并掌握 static 关键字
- 掌握匿名对象
- 掌握内部类
- 掌握匿名内部类
- 掌握枚举

内容浏览

12.1 final 关键字
　12.1.1 final 的概念
　12.1.2 final 的特点
12.2 static 关键字
　12.2.1 static 的特点
　12.2.2 静态方法
　12.2.3 静态常量
12.3 匿名对象
　12.3.1 什么是匿名对象
　12.3.2 匿名对象的用法
12.4 内部类
　12.4.1 什么是内部类
　12.4.2 成员内部类
　12.4.3 局部内部类
12.5 匿名内部类
　12.5.1 什么是匿名内部类
　12.5.2 定义匿名内部类的格式
12.6 代码块
　12.6.1 局部代码块
　12.6.2 构造代码块
　12.6.3 静态代码块
12.7 枚举
　12.7.1 什么是枚举
　12.7.2 枚举的使用
练习 12

12.1 final 关键字

12.1.1 final 的概念

final关键字代表固定不变的。

在Java中定义一个类，如果不想让它被继承，则可以给该类加上final关键字；在一个类中定义的方法，如果不想让它在子类中被重写，也可以给这个方法加上final关键字；一个变量被赋值以后，如果不想让它的值被改变，同样可以加上final关键字。所以，final关键字可以用来修饰类、方法和变量，它是最终、固定不变的意思。

12.1.2 final 的特点

（1）使用final修饰的类不可以被继承，但是它可以继承其他类。

【例 12-1】使用 final 修饰类

```
package cn.minimal.chapter12.demo01;

public class Z {
}
```

```
package cn.minimal.chapter12.demo01;

public final class X extends Z {
}
```

```
package cn.minimal.chapter12.demo01;

public class Y extends X {
}
```

解析：案例中X类被final关键字修饰，Y类继承X类结果会报错，说明被final修饰的类不能被继承;X类可以继承Z类，说明被final修饰的类可以继承其他类。

（2）使用final修饰的方法也不可以被重写，看下面的案例。

【例 12-2】使用 final 修饰方法

定义父类X有final修饰的方法代码如下：

```
package cn.minimal.chapter12.demo02;

public class X {
    public final void method(){};
}
```

子类重写父类中使用final修饰的方法，代码如下：

```
package cn.minimal.chapter12.demo02;
/*
final 修饰的方法在子类中不能被重写
 */
public class Y extends X {
    public void method(){                  //这里报错
        System.out.println("method");
    }
}
```

解析：在父类X中，method方法被final修饰，所以子类Y不能重写method方法，否则会报错。

（3）使用final修饰的变量称为常量，这些变量只能被赋值一次，所以使用final修饰的变量其实就是常量。

变量分为两种类型，即基本类型的变量和引用类型的变量。下面通过案例学习使用final修饰基本类型的变量和引用类型的变量的区别。

【例 12-3】使用 final 修饰基本类型的变量

```
package cn.minimal.chapter12.demo03;

public class X {
     final int NUMBER = 10;               // 使用 final 修饰的变量是常量，只能赋值一次
     public void method(){
         NUMBER = 20;                     //给 final 修饰的变量重新赋值会报错
     }
}
```

【例 12-4】使用 final 修饰引用类型的变量

```
package cn.minimal.chapter12.demo03;

public class Z {
    int num;
}
```

```
 1  package cn.minimal.chapter12.demo03;
 2
 3  public class Y {
 4      final Z z = new Z();           //使用 final 修饰 Z 类型的变量 z
 5      public void method(){
 6          z.num = 40;                //给 z 的属性赋值不会报错
 7          Z z1 = new Z();
 8          z = z1;                    // 给 z 赋其他的值会报错
 9      }
10 }
```

解析：第4行定义了一个使用final修饰的引用类型的变量z，z是Z类的变量，它记录对象在内存中的地址；第6行给z的属性num赋值，不会报错；而第8行想将值z1赋给z，此时z指向的内存的

地址发生了变化，就会报错。

(4)使用final修饰的成员变量必须在对象创建之前赋值。所以要么在定义时赋值，要么在构造方法中为其赋值。

【例 12-5】为使用 final 修饰的成员变量赋值

```
 1 package cn.minimal.chapter12.demo04;
 2
 3 public class X {
 4     final int NUM1 = 2;                         //定义时赋值
 5     final int NUM2;                             //在构造方法中赋值
 6     final int NUM3;                             //没有赋值，会报错
 7     public X(){
 8         NUM2 = 5;
 9     }
10 }
```

解析：第4行使用final修饰的成员变量NUM1在定义时被赋值；第5行使用final修饰的成员变量NUM2在构造方法中被赋值；第6行使用final修饰的成员变量NUM3没有被赋值，会报错。

12.2 static 关键字

12.2.1 static 的特点

定义一个类，当创建该类的对象时，内存就会存储该对象的属性值，创建多少个对象，内存就会存储多少次属性值。如果有一个属性只是和类有关系，所有对象共享同样的值，在内存中只存储一份，就可以用static关键字来修饰。

下面通过一个案例来学习。

【例 12-6】属性值在内存中的存储

定义一个教师类：

```
package cn.minimal.chapter12.demo05;

public class Teacher {
    private  String position;          //定义老师的职务
    private String name;

    public String getPosition() {
        return position;
    }

    public void setPosition(String position) {
        this.position = position;
    }
```

```
    public String getName() {
        return name;
    }

    public void setName(String name) {
        this.name = name;
    }
}
```

定义测试类：

```
public class MyTest {
    public static void main(String[] args) {
        //定义每个老师的职务都是教师
        Teacher t1 = new Teacher();
        t1.setName("老张");
        t1.setPosition("教师");
        System.out.println("我是"+t1.getName()+"我是一名"+t1.getPosition());

        Teacher t2 = new Teacher();
        t2.setName("老王");
        t2.setPosition("教师");
        System.out.println("我是"+t2.getName()+"我是一名"+t2.getPosition());
    }
}
```

解析：程序执行后属性值在内存中的存储如图12-1所示。

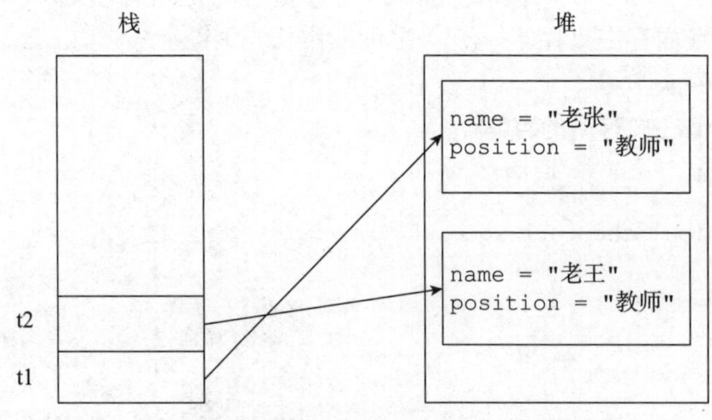

图12-1　程序执行后属性值在内存中的存储

上述代码中创建了两个Teacher对象：t1和t2，这两个对象都有name和position属性。通过观察发现，这两个老师的name属性不同，而position属性的值都被定义为“教师”，即使再创建很多个Teacher对象，position属性的值都不变。思考一下，如果每个对象的position值都相同，多个对象存储多个相同的值岂不是浪费内存空间？能不能将position的值提取出来放到一个单独的空间呢？答案是肯定的。可以给position加上静态关键字static，使用static修饰position，其值就会被存储在一个单独的空间中，无论创建多少个对象，该属性值都只存储一份。下面修改一下上面的案例。

【例 12-7】使用 static 修饰的属性值在内存中的存储

定义Teacher类：

```
package cn.minimal.chaptor12.demo06;

public class Teacher {
    public static String position;
    private String name;

    public String getName() {
        return name;
    }

    public void setName(String name) {
        this.name = name;
    }
}
```

定义测试类：

```
 1  package cn.minimal.chaptor12.demo06;
 2
 3  public class MyTest {
 4      public static void main(String[] args) {
 5          Teacher.position = "教师";   //给position赋值，使用“类名.属性名”的方式
 6          Teacher t1 = new Teacher();
 7          t1.setName("老张");
 8          //获取position的值
 9          System.out.println("我是"+t1.getName()+"我是一名"+Teacher.position);
10          Teacher t2 = new Teacher();
11          t2.setName("老王");
12          System.out.println("我是"+t2.getName()+"我是一名"+Teacher.position);
13      }
14  }
```

解析：position被static修饰后在内存中的存储如图12-2所示。

12

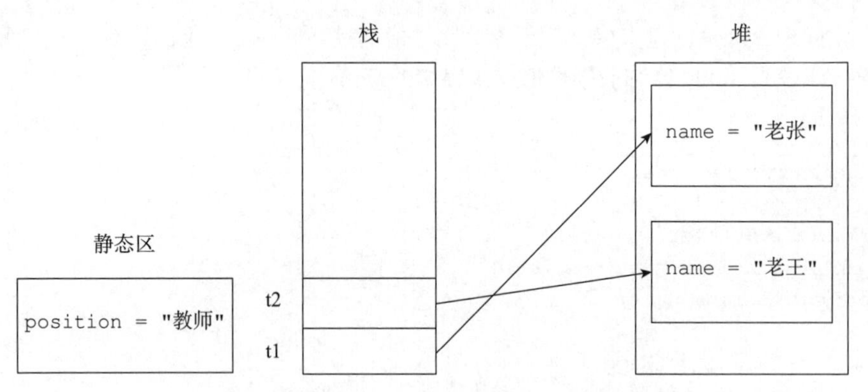

图 12-2　position 被 static 修饰后在内存中的存储

可以看到，position被static关键字修饰以后会单独存储在静态区，不会每次创建对象都要分配空间了。从案例中还可以看到，第5行在给position赋值时是用“类名.属性名”的方式进行的，在获取它的值时也是用“类名.属性名”的方式直接访问的。

注意:

访问静态成员的格式为：类名.静态成员。

12.2.2　静态方法

static关键字不仅可以修饰成员变量，还可以修饰方法。

下面将例12-7修改一下加入一个静态方法。

【例12-8】使用static修饰方法

定义Teacher类：

```
 1  package cn.minimal.chaptor12.demo07;
 2
 3  public class Teacher {
 4      public static String position;
 5      private String name;
 6
 7      public String getName() {
 8          return name;
 9      }
10
11     public void setName(String name) {
12         this.name = name;
13     }
14
15     public static void show(){
16         System.out.println(" 我叫 "+name);
17         System.out.println(" 我是 "+position);
```

```
18      }
19 }
```

定义测试类：

```
 1 package cn.minimal.chaptor12.demo07;
 2
 3 public class MyTest {
 4     public static void main(String[] args) {
 5         Teacher t = new Teacher();
 6         t.setName("老张");
 7         Teacher.position = "教师";
 8         Teacher.show();
 9     }
10 }
```

解析：案例中的Teacher类加入了一个静态方法show，调用该方法时也是通过"类名.方法名"的方式。在show方法中可以访问position，但访问name时会报错，说明在静态方法中只能访问静态成员，不能访问非静态成员。

为什么这么设计呢？该案例中每个老师的position属性都一样，所以这个属性并不和对象t相关，而是和Teacher这个类相关。当把position定义成静态以后，它是随着Teacher类的加载而加载，优先于对象t存在。同样地，show方法定义成静态也是如此，因此在show方法中只能访问和Teacher类相关的静态成员，而不能访问其他成员。

> **注意：**
> 静态方法中只能访问静态成员，静态成员是随着类的加载而加载，优先于对象存在的。

12.2.3　静态常量

可以用public static final来修饰一个静态常量，在11.3节中学习的接口，其中的变量其实都是静态常量，都要用public static final来修饰。静态常量名的字母一般全部大写，多个单词用下划线连接。

定义格式如下：

```
public static final 数据类型 变量名 = 值;
```

【例12-9】定义静态常量

```
package cn.minimal.chaptor12.demo08;

public class Company {
    public static final String COMPANY_NAME = "阿里";
    public static void show(){
        System.out.println("公司名:"+COMPANY_NAME);
    }
}
```

12.3 匿名对象

12.3.1 什么是匿名对象

通常会将创建好的一个对象赋值给一个变量，如果该对象没有被赋给变量，则该对象称为匿名对象。

【例12-10】创建Animal类和它的匿名对象

```
package cn.minimal.chaptor12.demo09;

public class Animal {
    private String color;

    public String getColor() {
        return color;
    }
    public void setColor(String color) {
        this.color = color;
    }
}
```

定义测试类：

```
1  package cn.minimal.chaptor12.demo09;
2
3  public class MyTest {
4      public static void main(String[] args) {
5          Animal animal = new Animal();      //创建Animal的对象并将它赋给一个变量
6          new Animal();                      //创建一个匿名对象
7      }
8  }
```

解析：第5行创建了一个Animal的对象并将它赋给了Animal类型的变量animal，第6行创建了一个Animal的匿名对象。

12.3.2 匿名对象的用法

既然没有引用变量指向匿名对象，那如何来使用它呢？

看下面的案例。

（1）匿名对象可以直接调用其方法。

【例12-11】创建匿名对象并调用其方法

```
package cn.minimal.chaptor12.demo10;
```

```
public class Animal {
    public void eat(){
        System.out.println("吃东西!");
    }
}
```

```
package cn.minimal.chaptor12.demo10;

public class MyTest {
    public static void main(String[] args) {
        new Animal().eat();                // 创建匿名对象并调用 eat 方法
    }
}
```


注意:

匿名对象在没有引用变量指向它时只能使用一次。

(2)匿名对象可以作为方法的参数和返回值使用。看下面的案例。

【例12-12】匿名对象作为方法的参数和返回值(这里的Animal类是例12-11中的类)

```
package cn.minimal.chaptor12.demo11;

import cn.minimal.chaptor12.demo10.Animal;

public class MyTest {
    public static void main(String[] args) {
        show(new Animal());
        getAnimal().eat();
    }

    /*
    匿名对象作为方法的参数
     */
    public static void show(Animal animal){
        animal.eat();
    }

    /*
    匿名对象作为方法的返回值
     */
    public static  Animal getAnimal(){
        return new Animal();
    }
}
```

12.4 内部类

12.4.1 什么是内部类

为了表示类和类之间的包含关系，将类A写在类B的成员位置或局部位置，类A就叫内部类，类B叫外部类。

例如，在描述计算机类时，计算机类中包含CPU类，那么CPU类就可以用内部类来描述。

内部类分为成员内部类与局部内部类。

12.4.2 成员内部类

定义在一个类成员变量的位置的类叫成员内部类，成员内部类可以通过外部类的对象进行访问。

定义格式如下：

```
class 外部类 {
   修饰符 class 内部类 {
         //其他代码
   }
}
```

访问格式如下：

```
外部类名.内部类名 变量名 = new 外部类名().new 内部类名();
```

下面看成员内部类的应用。

【例12-13】成员内部类的应用

要求：定义一个外部类Computer，在Computer中定义一个内部类Cpu。

程序代码如下：

```
package cn.minimal.chapter12.demo12;

class Computer {
    private boolean status = true;                          //开启状态
    /*
    定义内部类
     */
    public class Cpu{
        public void run(){
            System.out.println("计算机目前状态:"+status);       //访问外部类的成员变量
            System.out.println("CPU正在高速运转");
        }
    }
}
```

访问内部类：

```
package cn.minimal.chaptor12.demo12;

public class MyTest {
    public static void main(String[] args) {
        //创建内部类对象
        Computer.Cpu cpu = new Computer().new Cpu();
        //执行内部类方法
        cpu.run();
    }
}
```

执行结果如下：

```
计算机目前状态:true
CPU正在高速运转
```

解析：因为CPU是计算机的一部分，所以可以将Cpu类定义为计算机Computer类的内部类，放在成员变量的位置。

> **注意：**
>
> 在内部类中可以访问外部类的成员变量。

12.4.3　局部内部类

定义在一个类局部变量的位置的类就是局部内部类，局部内部类可以在方法中定义。

定义格式如下：

```
class 外部类 {
修饰符 返回值类型 方法名(参数) {
    class 内部类 {
            }
        }
}
```

访问方式为：在外部类方法中创建内部类对象进行访问。

下面来看局部内部类的应用。

【例12-14】局部内部类的应用

要求：定义一个计算机类Computer，在计算机类的openDisplay方法中定义一个局部内部类Display。

程序代码如下：

```
1  package cn.minimal.chaptor12.demo13;
2
3  public class Computer {
4      //打开显示器的方法
5      public void openDisplay(){
```

```
 6            //定义一个局部内部类
 7            class Display{
 8                public void open(){
 9                    System.out.println("显示器打开了！");
10                }
11            }
12            new Display().open();        //调用局部内部类的open方法
13        }
14 }
```

定义测试类：

```
1  package cn.minimal.chaptor12.demo13;
2
3  public class MyTest {
4      public static void main(String[] args) {
5          Computer computer = new Computer();
6          computer.openDisplay();      //通过调用外部类的openDisplay方法来访问内部类
7      }
8  }
```

执行结果如下：

```
显示器打开了！
```

解析：第一部分代码第7行在计算机Computer类的打开显示器方法openDisplay中定义了一个局部内部类Display，第12行在openDisplay方法中创建局部内部类的对象并调用了内部类的open方法。

测试类中的第6行通过调用外部类的对象的方法来访问局部内部类。

12.5 匿名内部类

12.5.1 什么是匿名内部类

内部类可以表示类和类之间更为复杂的关系，一般在源码中会遇到，平常的开发中用到的概率比较小。下面介绍一种比较常用的内部类：匿名内部类。

匿名内部类可以临时继承一个类型并且创建该类型的子类对象。

12.5.2 定义匿名内部类的格式

语法格式如下：

```
new 父类或接口(){
    //进行方法重写
};
```

下面来看一个匿名内部类的应用。

【例12-15】匿名内部类的应用

定义一个父类：

```
package cn.minimal.chaptor12.demo14;

public abstract class Animal {
    public abstract void eat();
}
```

定义测试类：

```
package cn.minimal.chaptor12.demo14;

public class MyTest {
    public static void main(String[] args) {
        //定义一个匿名内部类
        Animal animal = new Animal() {
            @Override
            public void eat() {
                System.out.println("吃东西!");
            }
        };
        animal.eat();                                   //调用该对象的eat方法
    }
}
```

执行结果如下：

```
吃东西!
```

解析：这里定义了一个匿名内部类，相当于定义了一个类继承了Animal类，并且创建了它的对象。从这个例子可以看出，匿名内部类将定义子类和创建子类对象一步完成了。上面的案例其实也可以写成以下方式。

定义一个Animal类的子类：

```
package cn.minimal.chaptor12.demo14;
public class Animal1 extends Animal {
    @Override
    public void eat() {
        System.out.println("吃东西! ");
    }
}
```

创建子类对象进行测试：

```
package cn.minimal.chaptor12.demo14;
```

```
public class Animal1Test {
    public static void main(String[] args) {
        Animal1 animal1 = new Animal1();
        animal1.eat();
    }
}
```

这种写法和例12-15的写法效果是一样的，从这个例子中可以看出，匿名内部类在创建一个类的子类对象时非常方便。

当然匿名内部类创建的子类对象也可以直接使用，程序代码如下：

```
package cn.minimal.chaptor12.demo14;

public class MyTest1 {
    public static void main(String[] args) {
        new Animal() {
            @Override
            public void eat() {
                System.out.println("吃东西！");
            }
        }.eat();
    }
}
```

这里创建好匿名内部类对象之后直接调用了它的eat方法。

执行结果如下：

```
吃东西！
```

12.6 代码块

代码块就是一段用{}括起来的代码，按照代码块所处位置和作用的不同，可以分为局部代码块、构造代码块和静态代码块。

12.6.1 局部代码块

局部代码块定义在方法中，以{}划定区域，方法和类都是以代码块的方式来划定边界。

在局部代码块中定义的变量，其作用域只在该代码块的内部。

【例 12-16】局部代码块的执行

```
package cn.minimal.chaptor12.demo15;

public class demo01 {
    public static void main(String[] args) {
        {
```

```
            int i = 5;
            System.out.println(i);
        }
        System.out.println(i);                    //此行报错
    }
}
```


解析：在代码块内部可以访问i的值，代码块以外就不能访问了。所以，某些变量可以定义在局部代码块中，使用完就会释放所占用的内存以节约内存空间。

12.6.2　构造代码块

构造代码块位于类的成员位置，和构造方法所处的位置相同，它的代码在构造方法执行之前执行，每创建一个对象都会执行一次构造代码块。

【例12-17】构造代码块的执行

```
package cn.minimal.chaptor12.demo15;

public class demo02 {
    private int num;
    //定义构造代码块
    {
        System.out.println("构造代码块执行了！");
    }
    public demo02(){
        System.out.println("构造方法执行了！");
    }
    public demo02(int num){
        this.num = num;
        System.out.println("带参数的构造方法执行了");
    }
}
```

测试类：

```
1  package cn.minimal.chaptor12.demo15;
2
3  public class MyTest {
4      public static void main(String[] args) {
5          demo02 d1 = new demo02();
6          demo02 d2 = new demo02(3);
7      }
8  }
```

执行结果如下：

```
构造代码块执行了!
构造方法执行了!
```

```
构造代码块执行了!
带参数的构造方法执行了
```

解析：第5行调用无参数构造函数创建了一个对象，在调用构造函数之前会先调用构造代码块，所以打印“构造代码块执行了！构造方法执行了”；第6行调用带参数的构造方法创建了一个对象，在调用构造方法之前同样调用了构造代码块，打印“构造代码块执行了！带参数的构造方法执行了！”。由此可见，可以将多个构造方法中共同的部分提取出来放到构造代码块中。

12.6.3 静态代码块

静态代码块使用static修饰，它也定义在成员位置。静态代码块在主方法和构造方法执行之前执行。当以任意方式第一次用到类的时候执行静态代码块，不管创建多少对象，静态代码块都只执行一次，它用来给静态变量赋初始值。

【例12-18】静态代码块的执行

```
package cn.minimal.chaptor12.demo16;

public class demo03 {
    private static String str;
    static{
        str = "hello!";
        System.out.println("静态代码块执行了! ");
    }
    public demo03(){
        System.out.println("构造方法执行了");
    }

    public static void main(String[] args) {
        System.out.println("主方法执行了! ");
    }
}
```

main方法的执行结果如下：

```
静态代码块执行了!
主方法执行了!
```

解析：静态代码块在main方法执行之前执行。

定义测试类：

```
package cn.minimal.chaptor12.demo16;

public class MyTest {
    public static void main(String[] args) {
        demo03 d = new demo03();
    }
}
```

执行结果如下：

```
静态代码块执行了！
构造方法执行了
```

解析：静态代码块在构造方法执行之前执行。

> **注意：**
>
> 代码块的执行顺序：静态代码块→构造代码块→构造方法。

12.7 枚举

12.7.1 什么是枚举

在某些情况下数据的取值不是任意的，而是一些特定的值。例如，性别只能是男或女，星期数只能是星期一到星期日。这样就可能造成一种困扰，例如将星期数定义为星期八就会出问题。如何保证星期数只能是星期一到星期日呢？这就需要用到枚举。

枚举是一种特殊的数据类型，它本质上是一个类，但是比类多了一些约束，正是因为这些约束让枚举具备了一些特性。

12.7.2 枚举的使用

通过枚举可以限定只能取某些特定的值中的一个，定义枚举的关键字是enum。看下面的案例。

【例12-19】枚举的使用方法

定义一个表示性别的枚举：

```java
package cn.minimal.chaptor12.demo17;

public enum  Gender {
    男，女；
}
```

定义测试类：

```java
package cn.minimal.chaptor12.demo17;

public class GenderTest {
    public static void main(String[] args) {
        Gender gender = Gender.男；                    //枚举取值为男
        System.out.println(gender);                   //打印
    }
}
```

执行结果如下：

```
男
```

解析：该案例中定义了一个表示性别的枚举类Gender，它的取值只能是“男”或者“女”，测试时将枚举值“男”赋值给一个Gender类型的变量，然后打印。

练习 12

12-1　final修饰类、方法和变量有什么特点？

12-2　静态成员变量有什么特点？

12-3　内部类有哪几种？特点是什么？

12-4　代码块有几种类型？特点是什么？

12-5　创建玩游戏的接口，并用匿名内部类的方式调用玩游戏的方法。

第 13 章

Lambda 表达式与面向对象的综合应用

学习目标

Lambda 表达式是 JDK 1.8 中出现的新特性，Java 通过 Lamda 表达式为开发者打开了函数式编程的大门。在前面的章节中学到了面向对象的很多重要的基础概念，有的概念很抽象，需要通过大量的练习才能融会贯通，本章我们会将这些知识点通过案例贯穿起来。通过本章的学习，读者将可以做到：

- 掌握 @FunctionalInterface 注解方法
- 掌握自定义函数式接口的用法
- 掌握 Lambda 表达式的用法
- 掌握何时使用成员变量和方法参数
- 掌握类、接口作为方法的参数类型和返回值类型的用法
- 灵活应用多态

内容浏览

13.1 函数式接口
13.2 Lambda 表达式
13.3 成员变量与方法参数
13.4 类和接口作为方法的参数类型与返回值类型
13.4.1 类作为方法的参数类型
13.4.2 类作为方法的返回值类型
13.4.3 抽象类作为方法的参数类型
13.4.4 抽象类作为方法的返回值类型
13.4.5 接口作为方法的参数类型和返回值类型
13.5 交通工具案例
13.5.1 案例描述
13.5.2 代码的实现及分析
练习 13

13.1 函数式接口

函数式接口是指仅有一个抽象方法的接口。

函数式接口可以用于函数式编程，定义函数式接口的格式如下：

```
修饰符 interface 接口名称 {
    public abstract 返回值类型 方法名称(可选参数信息);
     // 其他非抽象方法内容
}
```

下面的案例为定义一个函数式接口。

【例13-1】定义一个函数式接口

```
package cn.minimal.chaptor13.lambda.demo01;
/*
定义一个函数式接口
 */
public interface FunctionInterface {
    void method();                                   // 抽象方法
}
```

在函数式接口上可以使用@FunctionalInterface注解，加上这个注解后编译器会检查该接口是否有且只有一个抽象方法，如果不是，将会报错。当然该注解不是必需的，只要满足接口中只有一个抽象方法，该接口也是函数式接口。

定义好函数式接口以后如何去用呢？最典型的使用场景就是将它作为方法的参数。下面来看一个案例。

【例13-2】将函数式接口作为方法的参数

```
public class TestFunctionInterface {
    // 将函数式接口作为方法的参数
    public static void doSome(FunctionInterface inter){
        inter.method();
    }

    public static void main(String[] args) {
        // 调用 doSome 方法
        doSome(()-> System.out.println("hello!"));
    }
}
```

执行结果如下：

```
hello!
```

解析：在doSome方法中有一个参数inter，该参数就是定义的函数式接口FunctionInterface类型，在main方法中调用这个方法时传入的参数是一个Lambda表达式。

13.2　Lambda 表达式

在例13-2中调用doSome方法时传入一个Lambda表达式，这种表达式只针对有一个抽象方法的接口实现，以简洁的表达式形式实现接口功能来作为方法参数。

Lambda表达式由三部分组成：参数列表，->和表达式主体，语法格式如下：

```
([数据类型 参数名,数据类型 参数名,...]) -> {表达式主体}
```

下面对这三个部分详细说明。

([数据类型 参数名,数据类型 参数名,...])：这个部分表示传给函数式接口中抽象方法的参数，多个参数之间可以用“,”分隔，此处参数的数据类型可以省略。在表达式主体中会自动进行推断，如果只有一个参数，可以省略“()”。

->：这个部分是固定写法。

{表达式主体}：这个部分可以由一个或多个语句组成，它是函数式接口的抽象方法的具体实现，如果只有一个语句，也可以省略{}。表达式主体可以有返回值，使用return 返回，如果此表达式主体只有一条return语句，则return可以省略。

实际上Lambda表达式可以看成是匿名内部类的简化。

下面来看一个案例。

【例13-3】匿名内部类和Lambda表达式

定义一个函数式接口：

```
package cn.minimal.chaptor13.lambda.demo02;
//定义一个接口，只有一个抽象方法，用来计算两个数的和
public interface IAdd {
    int add(int num1,int num2);
}
```

使用匿名内部类和Lambda表达式传递接口类型的参数：

```
 1  package cn.minimal.chaptor13.lambda.demo02;
 2
 3  public class TestAdd {
 4      //定义一个方法，用来打印两个数的和，它有两个 int 型参数和一个 IAdd 接口参数
 5      public static void doAdd(int n1,int n2,IAdd cal){
 6          System.out.println(cal.add(n1,n2));
 7      }
 8
 9      public static void main(String[] args) {
10          //使用匿名内部类传入接口 IAdd 类型的参数
11          doAdd(2, 3, new IAdd() {
12              @Override
13              public int add(int num1, int num2) {
14                  return num1+num2;
```

```
15              }
16          });
17          //使用Lambda表达式传入接口IAdd类型的参数
18          //第一种写法，表达式主体只有一个语句可以省略return和{}
19          doAdd(2,3,(a,b)->a+b);
20          //第二种写法，表达式主体不止一个语句不能省略return和{}
21          //doAdd(2,3,(a,b)->{int sum=a+b; return sum;});
22      }
23  }
```

解析：定义的函数式接口IAdd有两个int型参数，在TestAdd类第5行doAdd方法中传入了两个int型参数和一个IAdd接口型参数，在该方法中调用了函数式接口的add方法将结果打印。

第11行在main方法中调用doAdd方法时传入的第3个参数是一个匿名内部类；第13行该匿名内部类实现了add方法，计算两个参数的和并返回。

第19行是用Lambda表达式实现相同的功能。在调用doAdd方法时传入的第3个参数是一个Lambda表达式，该Lambda表达式实现了IAdd接口的add抽象方法，（a，b）表示接口中抽象方法add的参数。此处表达式的主体部分只有一条语句{return a+b}，当只有一条语句时return和{}可以省略，如果表达式的主体有两条或两条以上的语句return和{}就不能省略，如第21行。

从这个案例可以看出，Lambda表达式可以实现和匿名内部类相同的功能，但是它比匿名内部类写法更简单。

Lambda表达式不仅可以作为方法的参数，还可以作为方法的返回值。下面来看一个案例。

【例13-4】将Lambda表达式作为方法的返回值（函数式接口IAdd同例13-3）

微信扫码

扫一扫，看视频讲解

```
1  package cn.minimal.chaptor13.lambda.demo02;
2
3  public class TestReturn {
4      //定义一个方法返回函数式接口
5      public static IAdd getIAdd(){
6          return (a,b)->a+b;   //Lambda表达式
7      }
8
9      public static void main(String[] args) {
10         IAdd add =  getIadd();
11         System.out.println(add.add(2,3));
12     }
13 }
```

解析：第5行定义了一个方法getIAdd，该方法的返回值类型是函数式接口IAdd；第6行的返回值是一个Lambda表达式，实现了该接口的抽象方法。

13.3 成员变量与方法参数

在定义一个类时，类中可以有成员变量，也可以有方法，方法可以有参数。有时候将一个变量定

义为成员变量或方法的参数都可以完成所需功能，那究竟是选择成员变量还是作为方法的参数呢?

假如有下面两个需求:

(1)定义正方形类，包含求周长的方法。

(2)定义工具类，包含求一个数的4倍的方法。

微信扫码

扫一扫,看视频讲解

正方形求周长的公式是：周长=边长*4，在正方形类和工具类中计算的方法都是相同的，都是要计算一个数的4倍，那这个数究竟是定义为成员变量还是作为方法的参数呢?

边长是正方形的属性，所以在正方形类中把边长定义为正方形的成员变量。

而工具类中要求这个数的4倍，这个数和工具类本身并没有必然的联系，所以把这个数定义为方法的参数。下面通过代码来看这个案例的实现过程。

【例13-5】成员变量和方法参数的应用

正方形类:

```
package cn.minimal.chaptor13.application.demo01;
/*
定义正方形类
 */
public class square {
    private double side;                            // 正方形的边长

    public double getSide() {
        return side;
    }

    public void setSide(double side) {
        this.side = side;
    }
    /*
    计算周长
     */
    public double getGirth(){
        return 4*side;
    }
}
```

工具类:

```
package cn.minimal.chaptor13.application.demo01;

public class MathTool {
    /*
    计算一个数的 4 倍
     */
    public double getNum(double num){
        return 4*num;
    }
}
```

总结提炼：

如果变量是该类的一部分，就定义为成员变量；如果变量仅是功能当中需要参与计算的数，则定义为方法的参数。

13.4 类和接口作为方法的参数类型与返回值类型

13.4.1 类作为方法的参数类型

之前最常遇到的是使用int、String这样的基本类型作为方法的参数类型，其实和int型、String型类似，类也是一种数据类型。既然它是数据类型，就可以用它来作为参数的类型。

下面来看一个案例。

【例 13-6】类作为方法的参数类型的应用

定义自行车类：

```
package cn.minimal.chapter13.application.demo02;

public class Bicycle {
    public void run(){
        System.out.println("自行车前进了!");
    }
}
```

定义学生类：

```
package cn.minimal.chapter13.application.demo02;

public class Student {
    /*
    定义骑自行车的方法，参数是自行车对象
     */
    public void rideBicycle(Bicycle bicycle){
        bicycle.run();
    }
}
```

定义测试类：

```
package cn.minimal.chapter13.application.demo02;

public class MyTest {
    public static void main(String[] args) {
        Bicycle bicycle = new Bicycle();
        Student stu = new Student();
        stu.rideBicycle(bicycle);                              //调用学生类的骑自行车方法
```

```
    }
}
```

执行结果如下：

```
自行车前进了!
```

解析：在学生类中有一个骑自行车的方法，该方法有一个参数，参数类型是自行车类，所以在测试类中调用该方法时需要传入一个自行车对象的参数。

13.4.2 类作为方法的返回值类型

类既然是一种数据类型，那么只要是数据类型可以出现的地方它都可以出现，所以它也可以作为方法的返回值类型。

下面来看一个案例。

【例13-7】类作为方法的返回值类型的应用

定义Student类（自行车类同例13-6）：

```
package cn.minimal.chapter13.application.demo03;

public class Student {
    /*
    定义买自行车的方法，该方法返回一个自行车对象
     */
    public Bicycle buyBicycle(){
        Bicycle bicycle = new Bicycle();
        return bicycle;
    }
}
```

定义测试类：

```
package cn.minimal.chapter13.demo03;

public class MyTest {
    public static void main(String[] args) {
        Student stu = new Student();
        Bicycle bicycle1 = stu.buyBicycle();
        bicycle1.run();
    }
}
```

解析：在学生类Student中定义了一个买自行车的方法，该方法的返回值类型是自行车类，所以在测试类中可以将调用该方法后的返回值赋值给自行车类型的变量。

13.4.3 抽象类作为方法的参数类型

抽象类也可以作为方法的参数类型，案例如下所示。

【例13-8】抽象类作为方法的参数类型的应用

定义抽象的交通工具类：

```
package cn.minimal.chapter13.application.demo04;
/*
定义交通工具类
 */
public abstract class Vehicle {
    public abstract void run();
}
```

定义自行车类继承交通工具类：

```
package cn.minimal.chapter13.application.demo04;

public class Bicycle extends Vehicle {

    @Override
    public void run() {
        System.out.println(" 自行车前进了！ ");
    }
}
```

定义学生类：

```
package cn.minimal.chapter13.application.demo04;

public class Student {
    // 定义骑自行车的方法，其参数类型为抽象的交通工具类
    public void rideBicycle(Vehicle vehicle){
        vehicle.run();
    }
}
```

学生类中有一个方法public void rideBicycle(Vehicle vehicle)，该方法有一个抽象类型的参数vehicle，在调用该方法时需要传入继承了该类的对象的参数。

定义测试类：

```
package cn.minimal.chapter13.application.demo04;

public class MyTest {
    public static void main(String[] args) {
        Bicycle bicycle = new Bicycle();
        Student stu = new Student();
        stu.rideBicycle(bicycle);
```

```
        }
    }
```

在该测试类中调用Student的rideBicycle方法时传入的参数是Bicycle类型的对象。Bicycle类继承了Vehicle类，所以它的对象可以作为方法的参数传入。

执行结果如下：

```
自行车前进了!
```

13.4.4　抽象类作为方法的返回值类型

抽象类也可以作为方法的返回值类型。案例如下所示。

【例13-9】抽象类作为方法的返回值类型的应用（Vehicle类和Bicycle类见例13-4）

定义学生类：

```
package cn.minimal.chapter13.application.demo05;

public class Student {
    //定义买自行车的方法，其返回抽象父类的对象
    public Vehicle buyBicycle(){
        Bicycle bicycle = new Bicycle();
        return bicycle;
    }
}
```

定义测试类：

```
package cn.minimal.chapter13.application.demo05;

public class MyTest {
    public static void main(String[] args) {
        Student stu = new Student();
        //将调用方法的返回值赋给抽象父类的对象
        Vehicle vehicle = stu.buyBicycle();
        vehicle.run();
    }
}
```

解析：在该例子中，学生类Student中定义了一个方法buyBicycle，该方法返回一个抽象父类的对象bicycle，所以在测试类中调用该方法后要将返回值赋值给抽象类Vehicle的对象。

13.4.5　接口作为方法的参数类型和返回值类型

和类一样，接口也是一种数据类型。既然是数据类型，那么接口也可以作为方法的参数类型和返回值类型。接口作为方法的参数类型时，需要传入一个实现了该接口的对象；接口作为方法的返回值类型时，要将该返回值赋值给一个接口

类型的变量。下面来看一个接口作为方法的参数类型和返回值类型的案例。

【例 13-10】接口作为方法的参数类型和返回值类型的应用

定义接口：

```
package cn.minimal.chaptor13.application.demo06;
/*
定义接口 IRun 的方法
 */
public interface IRun {
    void run();
}
```

定义自行车类以实现接口：

```
package cn.minimal.chaptor13.application.demo06;

public class Bicycle implements IRun {
    @Override
    public void run() {                    //重写 run 方法
        System.out.println("自行车前进了！ ");
    }
}
```

定义学生类：

```
package cn.minimal.chaptor13.application.demo06;

public class Student {
    //定义骑自行车的方法，有一个接口类型的参数
    public void rideBicycle(IRun bicycle){
        bicycle.run();
    }

    //定义一个买自行车的方法，返回一个接口类型
    public IRun buyBicycle(){
        return new Bicycle();
    }
}
```

学生类有两个方法，rideBycycle方法的参数类型为IRun接口，buyBicycle方法的返回值类型为IRun接口。

定义测试类：

```
1  package cn.minimal.chaptor13.application.demo06;
2
3  public class MyTest {
4      public static void main(String[] args) {
5          Bicycle bicycle = new Bicycle();
```

```
6          Student stu = new Student();
7          //调用骑自行车的方法，将实现了接口的Bicycle类的对象bicycle传给方法
8          stu.rideBycycle(bicycle);
9          //调用买自行车的方法，将该方法的返回值赋值给接口类型的变量bc
10         IRun bc = stu.buyBicycle();
11     }
12 }
```

解析：第8行调用了rideBicycle方法，因为是接口类型的参数，所以传入的参数是实现了该接口的Bicycle类的对象bicycle；第10行调用了buyBicycle方法后将返回值赋值给了IRun接口类型的变量bc。

13.5　交通工具案例

13.5.1　案例描述

阿里的一个工程师有姓名和年龄两个属性，还有一个乘坐交通工具上班的方法。为了出行方便，该工程师购买了一辆飞鸽自行车、一辆雅迪电动车和一辆奔驰轿车，自行车、电动车和轿车都有颜色和品牌两个属性，轿车还有特有的车牌号属性，三辆车都可以开动。电动车和轿车可以增加动力，电动车增加动力的方式是充电，轿车增加动力的方式是加油。

根据以上需求分别编写对应的类并测试。

13.5.2　代码的实现及分析

因为自行车、电动车和轿车有共同的属性：品牌和颜色，并且都可以开动，可以将这些共同的属性提取出来形成一个抽象类，即交通工具类。程序代码如下：

```
package cn.minimal.chaptor13.application.demo07;
/*
定义交通工具类
 */
public abstract class Vehicle {
    private String brand;                                    //品牌
    private String color;                                    //颜色

    public String getBrand() {
        return brand;
    }

    public void setBrand(String brand) {
        this.brand = brand;
    }

    public String getColor() {
```

```
        return color;
    }

    public void setColor(String color) {
        this.color = color;
    }

    public Vehicle(String brand,String color){
        this.brand = brand;
        this.color = color;
    }

    public abstract void run();                         // 开动
}
```

交通工具有自行车类、电动车类和轿车类，下面分别实现这些类。

定义自行车类：

```
1  package cn.minimal.chaptor13.application.demo07;
2  /*
3  定义自行车类， 继承交通工具类 Vehicle
4   */
5   public class Bycicle extends Vehicle {
6     public Bycicle(String brand, String color) {   // 构造函数
7        super(brand, color);
8     }
9
10    @Override
11    public void run() {                              // 实现父类的 run 方法
12        System.out.println(getColor()+" 颜色的 "+getBrand()+" 自行车出发了！ ");
13    }
14 }
```

解析：自行车类继承了交通工具类，第6行定义了一个构造函数，该构造函数调用了父类的有参数构造函数；第11行实现了父类的run方法。

电动车类和轿车类都需要动力，这里将提供动力定义为一个接口：

```
/*
定义提供动力的接口
 */
public interface IPower {
    void power();
}
```

定义电动车类：

```
package cn.minimal.chaptor13.application.demo07;
```

```
/*
定义电动车类，继承交通工具类 Vehicle，实现提供动力的接口 IPower
*/
public class ElectricVehicle extends Vehicle implements IPower {
    public ElectricVehicle(String brand, String color) {
        super(brand, color);
    }

    @Override
    public void run() {
        System.out.println(getColor() + "颜色的" + getBrand() + "电动车出发了！ ");
    }

    @Override
    public void power() {
        System.out.println("电动车充电！ ");
    }
}
```

解析：电动车类继承了交通工具类Vehicle，并实现了提供动力的接口IPower。

定义轿车类：

```
package cn.minimal.chapter13.application.demo07;

/*
定义轿车类，继承了交通工具类 Vehicle，并实现了提供动力的接口 IPower
*/
public class Car extends Vehicle implements IPower {
    private String carNumber;                          // 车牌号

    // 定义构造函数，调用了父类的构造函数
    public Car(String brand, String color, String carNumber) {
        super(brand, color);
        this.CarNumber = carNumber;
    }

    public String getCarNumber() {
        return CarNumber;
    }

    public void setCarNumber(String carNumber) {
        CarNumber = carNumber;
    }

    @Override
```

```
    public void run() {
        System.out.println("车牌号" + getCarNumber() + getColor() + "颜色的" +
        getBrand() + "汽车出发了！");
    }

    @Override
    public void power() {
        System.out.println("汽车加油！");
    }
}
```

解析：轿车类继承了交通工具类Vehicle，定义了自己的特有属性carNumber并实现了提供动力的接口IPower、run方法和power方法。

定义工程师类：

```
package cn.minimal.chaptor13.application.demo07;

/*
定义工程师类
*/
public class Developer {
    private String name;                        //姓名
    private int age;                            //年龄

    public String getName() {
        return name;
    }

    public void setName(String name) {
        this.name = name;
    }

    public int getAge() {
        return age;
    }

    public void setAge(int age) {
        this.age = age;
    }

    //定义乘坐交通工具的方法
    public void takingVehicle(Vehicle vehicle) {
        vehicle.run();
    }
}
```

解析：工程师类有一个乘坐交通工具的方法takingVehicle，该方法的参数类型为Vehicle类，可以在调用该方法时传入Vehicle的子类对象。

定义测试类：

```
package cn.minimal.chapter13.application.demo07;

 1 public class MyTest {
 2     public static void main(String[] args) {
 3         //创建自行车对象
 4         Bycicle bycicle = new Bycicle("飞鸽", "黑");
 5         //创建电动车对象
 6         ElectricVehicle electricVehicle = new ElectricVehicle("雅迪", "红");
 7         //创建轿车对象
 8         Car car = new Car("奔驰", "黑", "京p99z");
 9         //创建工程师对象
10         Developer developer = new Developer();
11         //将这些对象放入一个数组中
12         Vehicle[] vehicles = {bycicle, electricVehicle, car};
13         //遍历该数组，使工程师对象循环调用 takingVehicle 方法，这里是多态的应用
14         for (Vehicle vehicle : vehicles) {
15             developer.takingVehicle(vehicle);
16         }
17     }
18 }
```

解析：测试的时候分别创建了自行车、电动车和轿车3个类型的对象，将这3个对象放入数组中，遍历的同时循环调用工程师对象的takingVehicle方法，将这3个交通工具对象传入。

在第12行定义类型是Vehicle的数组，数组的元素分别是bycicle、electricVehicle和car，因为它们都是Vehicle的子类对象，所以可以直接放入数组，这是多态的体现(子类对象赋给父类类型)。

练习13

13-1　编写一个Java应用程序，定义员工类Employee（抽象类），包含姓名、工号和工资属性，包含计算奖金的方法bonus（抽象方法）。普通员工和经理计算奖金的方法为工资*奖金系数，普通员工的奖金系数为1.5（常量）、经理的为2（常量）。分别实现bonus方法，并创建对象测试。

13-2　创建抽象类乐器，有演奏的抽象方法。创建钢琴和笛子继承抽象类，实现演奏的抽象方法。创建演奏者类，在演奏者类中编写一个方法，该方法有一个参数，参数为乐器类，可以传入钢琴或笛子进行演奏。实现后在测试类中测试。

13-3　将接口作为参数类型，编写一个计算器，能完成加、减、乘、除运算。

(1)定义一个接口Compute，该接口中含有一个方法int computer(int n, int m)。

(2)设计四个类分别实现此接口，完成加、减、乘、除运算。

(3)设计一个类UseCompute，类中含有方法useCom(Compute com, int one, int two)，在此方

法中能够用传递过来的对象调用computer方法完成运算，并打印运算的结果。

(4)定义一个测试类Test，调用UseCompute类中的方法useCom来完成加、减、乘、除运算。

13-4 定义一个函数式接口ILock，有一个无参数抽象方法lock。定义一个测试类，在该类中定义一个方法，其参数的类型为函数式接口ILock，在main方法中调用该方法。要求使用Lambda表达式，在实现抽象方法时打印“上锁！”。

第 14 章

异　常

学习目标

在编写程序时发生错误是不可避免的。在 Java 中不同的错误会有不同的处理方式，这就是异常处理。通过本章的学习，读者将可以做到：

- 理解异常的概念
- 掌握异常体系
- 理解异常的分类
- 掌握异常的处理方式
- 掌握自定义异常

内容浏览

14.1　什么是异常
14.2　异常体系
14.3　异常的产生过程解析
14.4　异常处理
　14.4.1　捕获异常 try...catch
　14.4.2　finally 代码块
　14.4.3　捕获多种类型的异常
　14.4.4　抛出异常
　14.4.5　声明异常
14.5　自定义异常
练习 14

14.1 什么是异常

异常就是不正常的情况，程序在编译或执行过程中难免会发生问题，发生问题就是发生了异常。

在Java中异常其实是一个类，所有的异常都被封装到了类中。

下面来看一个异常的案例。

【例14-1】数组索引越界异常

```
package cn.minimal.chapter14.demo01;

public class ExceptionDemo {
    public static void main(String[] args) {
        int[] nums = {1,2,3};
        System.out.println(nums[4]);          //这里发生了"数组索引越界异常"
    }
}
```

执行结果如下：

```
Exception in thread "main" java.lang.ArrayIndexOutOfBoundsException: Index
4 out of bounds for length 3
at cn.minimal.chapter14.demo01.ExceptionDemo.main(ExceptionDemo.java:6)
```

解析：在该案例中定义了一个数组nums，长度为3，要打印下标为4的元素，而下标为4的元素不存在，所以会发生异常，这个异常叫“数组索引越界异常”。

从执行结果可以看出，此异常信息被封装在java.lang.ArrayIndexOutOfBoundsException类中。该异常包括以下信息：

异常类型：java.lang.ArrayIndexOutOfBoundsException。

异常产生的原因：Index 4 out of bounds for length 3。

异常产生的位置：cn.minimal.chapter14.demo01.ExceptionDemo.main(ExceptionDemo.java:6)。

这些异常信息被封装在类中。一旦发生该类型的异常，程序创建该类型的异常对象然后抛出给调用者，此处的调用者是JVM，JVM接到异常后将异常信息打印在控制台，并结束程序，这就是看到的结果。

14.2 异常体系

在程序执行的过程中可能发生很多种类的异常，这些异常都被封装成了相应的类，从而形成异常体系。异常体系有一个根类java.lang.Throwable，所有异常都直接或间接继承该类。

Throwable类中两个常用的方法的声明格式及解释如下。

public void printStackTrace()：打印异常的详细信息，详细信息包括异常的类型、异常产生的原因和异常产生的位置。

public String getMessage(): 获取异常产生的原因。

Throwable有两个子类java.lang.Error和java.lang.Exception。

Error表示严重的错误，程序员不能处理，只能尽量避免。

Exception表示异常，异常产生后，程序员需要进行处理，使程序能够继续执行。

例14-1中的数组索引越界异常就属于Exception异常，下面来看一个Error错误的案例。

【例14-2】Error错误

```
package cn.minimal.chapter14.demo01;

public class ErrorDemo {
    public static void main(String[] args) {
        int[] nums = new int[1024*1024*1024];          //这里发生了内存溢出错误
    }
}
```

执行结果如下：

```
Exception in thread "main" java.lang.OutOfMemoryError: Java heap space
at cn.minimal.chapter14.demo01.ErrorDemo.main(ErrorDemo.java:5)
```

解析：在这个案例中定义了一个过大的数组，发生了内存溢出错误，这种错误属于系统级的，无法处理，只能避免。

下面再来看看异常，根据在编译时还是在运行时检查异常，Exception可以分为两类。

(1)编译时异常。编译时异常在程序编译的时候就会去检查，如果异常没有得到处理，则编译失败。下面看一个编译时异常的案例。

【例14-3】编译时异常

```
1  package cn.minimal.chapter14.demo01;
2
3  import java.text.SimpleDateFormat;
4  import java.util.Date;
5
6  public class ExceptionDemo01 {
7      public static void main(String[] args) {
8          SimpleDateFormat format = new SimpleDateFormat("yyyy-MM-dd");
9          Date d = format.parse("1980asdf-0907-08-09"); //编译时异常
10     }
11 }
```

解析：这段代码的含义是将字符串的日期转换成日期型Date类型，后面会学到。第9行代码转换成日期型时所给的参数日期格式不正确，无法转换。例如，1980asdf-0907-08-09会出现编译时异常，程序无法编译通过，需要进行处理以后才能执行。如何处理，后面会有详细介绍。

(2)运行时异常。在程序运行时才会产生的异常，运行时异常由JVM自动捕获处理，编译期间不会报错，所以程序可以正常运行，直到遇到运行时异常报错停止运行。例14-1的数组下标越界异常就属于运行时异常。

常见的运行时异常如表14-1所示。

表14-1　常见运行时异常

异常类	说　明
ArithmeticException	算术异常
IndexOutOfBoundsException	下标越界异常
ClassCastException	类型转换异常
NullPointerException	空指针异常
NumberFormatException	数字格式化异常

异常的体系结构如图14-1所示。

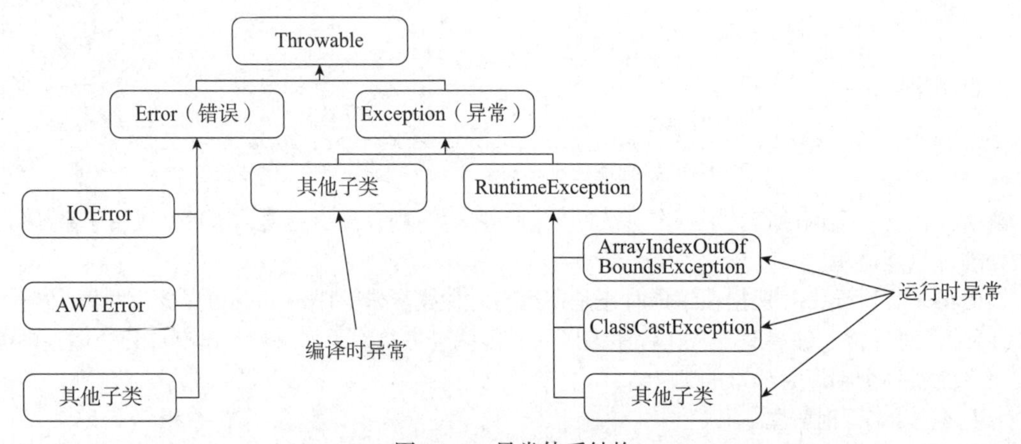

图14-1　异常体系结构

图14-1所示中Exception异常的子类RuntimeException以及它的子类都属于运行时异常，Exception其他的子类都属于编译时异常。

14.3　异常的产生过程解析

下面通过一个案例来分析一下异常产生的过程。

【例14-4】数组索引越界异常

定义一个工具类Tools：

```
1  package cn.minimal.chapter14.demo02;
2
3  public class Tools {
4      public static int getNum(int[] nums,int index){
5          return nums[index];
```

```
6       }
7   }
```

解析：该工具类有一个静态方法getNum，这个方法有两个参数，第一个参数是一个整型数组，第二个参数是一个int型的变量index，方法的功能就是返回nums数组在index索引处的值。

定义测试类MyTest：

```
1   package cn.minimal.chaptor14.demo02;
2
3   public class MyTest {
4       public static void main(String[] args) {
5           int[] nums = {1,2,3};
6           int num = Tools.getNum(nums,4);
7           System.out.println(num);
8       }
9   }
```

解析：在测试类中调用getNum方法时传入的数组下标是4，而该数组只有三个元素，所以会发生"数组索引越界异常"。

程序执行结果如下：

```
Exception in thread "main" java.lang.ArrayIndexOutOfBoundsException: Index 4 out
of bounds for length 3
   at cn.minimal.chaptor14.demo01.Tools.getNum(Tools.java:5)
   at cn.minimal.chaptor14.demo01.MyTest.main(MyTest.java:6)
```

这是Java中一个典型的异常。

下面分析这个异常产生的过程。

（1）在测试类第6行调用getNum这个方法。

（2）Tools类中第4行getNum(int[] nums,int index)开始执行，执行第5行return nums[index]时，因为传入的数组nums长度为3，此处要返回数组下标为4的元素，于是产生了运行时异常"数组索引越界异常"，这种类型的异常信息（异常的名称、内容、产生的位置）被封装在类ArrayIndexOutOfBoundsException中，此时会生成一个 ArrayIndexOutOfBoundsException类型的异常对象，将当前产生的异常信息封装在该对象中。

（3）JVM会将该 ArrayIndexOutOfBoundsException类型的异常对象抛给方法的调用者，也就是测试类中的main方法。

（4）main方法接收到该异常对象以后，如果没有对该异常进行处理，就会把异常继续抛给调用者JVM，JVM接收到后将异常信息打印出来，同时终止程序。

14.4　异常处理

在程序中如果出现了异常，会终止程序的执行，所以必须对异常进行处理。如何处理呢？有主动处理和被动处理两种方式。主动处理可以通过try...catch捕获异常并处理，被动处理可以通过

throw关键字抛出异常或者通过throws关键字声明异常。先来看一下捕获异常。

14.4.1 捕获异常 try...catch

捕获异常就是对出现异常或者可能出现异常的代码进行异常捕获，然后对捕获到的异常进行针对性处理。

语法格式如下：

```
try{
    编写可能会出现异常的代码
}catch( 异常类型  e){
    处理异常的代码
}
```

try后的代码块是出现异常或者可能出现异常的代码。

catch(异常类型　e)：这里的e是捕获到的异常，一旦try代码块中的代码发生异常，就会创建一个异常对象，并且将该异常对象传给catch代码块中的参数e。

catch代码块中是对该异常进行处理的代码，在代码中可以设置打印日志，或者将该异常抛出。

下面来看一个捕获异常的案例。

【例14-5】捕获异常的应用

定义Tools类：

```
 1 package cn.minimal.chapter14.demo03;
 2
 3 public class Tools {
 4     public static int getNum(int[] nums,int index){
 5         // try 块中是可能发生异常的代码
 6         try {
 7             int num = nums[index];
 8             return nums[index];
 9         }catch (ArrayIndexOutOfBoundsException e){  // catch 块中是对异常的处理
10             System.out.println(e.getMessage());   // 打印异常的原因
11             return -1;
12         }
13     }
14 }
```

定义测试类：

```
package cn.minimal.chapter14.demo03;

public class MyTest {
    public static void main(String[] args) {
        int[] nums = {1,2,3};
        int num = Tools.getNum(nums,4);
```

```
            System.out.println(num);
        }
    }
```

执行结果如下：

```
Index 4 out of bounds for length 3
-1
```

解析：在Tools类中第6~8行的try代码块中是可能会发生异常的代码；第9行的catch代码块中是对try代码块中发生异常的处理。在try代码块中有可能发生数组索引越界异常，所以catch(ArrayIndexOutOfBoundsException e)里面的参数类型为ArrayIndexOutOfBoundsException数组索引越界异常类，当然这里的类型也可以为Exception类型，因为ArrayIndexOutOfBounds Exception类型是Exception类型的子类。

第10行和第11行是catch代码块对异常的处理；第10行打印捕获到的异常信息，这里的e就是在try代码块中产生的异常对象。

代码的执行顺序如下：先执行try代码块中的代码，如果没有发生异常，则不执行catch代码块中的代码；如果发生异常，则在发生异常处停止，接着进入catch代码块，执行catch代码块中的代码。

14.4.2 finally 代码块

try代码块中的代码一旦发生异常，之后的代码就不会再执行。但是有一些代码，例如关闭打开的I/O流和数据库连接等操作的代码，无论异常有没有发生都必须要被执行，这样的代码就可以放在finally代码块中。finally代码块中的代码无论是否发生异常都会被执行。

加上finally代码块的异常捕获代码格式如下：

```
try{
    可能会出现异常的代码
}catch(异常类型   e){
    处理异常的代码
}finally{
    无论是否发生异常，都要执行的代码
}
```

把前面的案例修改一下，加上finally代码块。

【例14-6】try...catch...finally结构

定义Tools类：

```
package cn.minimal.chaptor14.demo04;

public class Tools {
    public static int getNum(int[] nums,int index){
        //try 块中是可能发生异常的代码
        try {
```

```
            int num = nums[index];
            return num;
        }catch (ArrayIndexOutOfBoundsException e){     // catch 块中是对异常的处理
            System.out.println(e.getMessage());        // 打印异常产生的原因
            return -1;
        }finally {                                     // 无论是否发生异常，都要执行的代码
            System.out.println(" 最终要执行的代码！ ");
        }
    }
}
```

定义测试类：

```
package cn.minimal.chaptor14.demo04;

public class MyTest {
    public static void main(String[] args) {
        int[] nums = {1,2,3};
        int num = Tools.getNum(nums,4);                // 调用 getNum 方法
        System.out.println(num);
    }
}
```

执行结果如下：

```
Index 4 out of bounds for length 3
最终要执行的代码！
 -1
```

解析：try...catch...finally结构的执行顺序为：先执行try代码块，如果发生异常，则停止，转而执行catch代码块，进行异常处理，最后执行finally代码块；如果try代码块没有发生异常，则执行完try代码块后再执行finally代码块，不会执行catch代码块。

14.4.3 捕获多种类型的异常

try...catch...finally结构中的catch可以出现多个，语法结构如下：

```
try{
    可能会出现异常的代码
}catch(异常类型 A e){                 // 当 try 中出现 A 类型异常，就用该 catch 来捕获
    处理异常的代码
}catch(异常类型 B e){                 // 当 try 中出现 B 类型异常，就用该 catch 来捕获
    处理异常的代码
}finally{
    无论是否出现异常，最终都要执行的代码
}
```

有多个catch代码块的程序执行流程如下：

先执行try代码块，如果发生异常，则停止执行，然后转到第一个catch代码块判断产生的异常类型和catch中的异常类型是否匹配，如果匹配，则执行该catch代码块；如果不匹配，继续转到第二个catch代码块判断是否匹配，以此类推，直到找到和当前异常匹配的异常类型，执行该代码块，最后执行finally代码块。

如果try代码块中没有发生异常，则不执行catch代码块，直接执行finally代码块。

将案例14-6修改为多个catch块捕获异常。

【例14-7】使用多个catch块捕获异常

```
package cn.minimal.chapter14.demo05;

import java.io.FileNotFoundException;

public class Tools {
    public static int getNum(int[] nums,int index){
        //try 块中是可能发生异常的代码
        try {
            int num = nums[index];
            return nums[index];
        }catch (ArithmeticException e){          // 判断是否属于算术异常，如果是，则执行
            System.out.println(e.getMessage());
            return -1;
        }
        catch (ArrayIndexOutOfBoundsException e){  // 判断是否属于下标越界异常，如果是，则执行
            System.out.println(e.getMessage());
            return -1;
        // 如果前面的异常都不匹配，则和此处的 Exception 匹配。Exception 是所有异常的父类
        }catch (Exception e){
            System.out.println(e.getMessage());
            return -1;
        }finally {                               // 无论是否发生异常都要执行的代码
            System.out.println("最终要执行的代码！ ");
        }
    }
}
```

解析：在这个案例中定义了3个catch代码块，执行try代码块时产生了数组下标越界异常，先跳转到第1个catch代码块，将该异常类型和catch中的算术异常类型进行匹配，匹配失败；继续和第2个catch块的异常类型匹配，匹配成功，则执行该catch代码块，打印异常信息并返回-1，然后执行finally代码块。

注意:

如果有多个catch代码块，则这些catch代码中的异常类型不能相同；如果它们之间有继承关系，则子类类型的异常要放在父类类型异常的前面，想想为什么？

小技巧:

如果finally后面有return语句，那么会返回finally中return的结果，要避免这种情况出现。

14.4.4 抛出异常

抛出异常是一种被动处理异常的方式，有时不能确定某方法是否会产生异常，或者该异常不需要在方法中处理，则可以将该异常抛出，交给方法的调用者去处理。例如，在例14-4中给getNum方法传递数组索引参数index时，可以先判断该索引是否合法。如果不合法，则告诉调用者需传递合法的参数，此时就可以用抛出异常的方式来告诉调用者。在Java中可以用throw关键字抛出异常，案例如下所示。

【例 14-8】抛出异常的应用

定义Tools类：

```
 1  package cn.minimal.chaptor14.demo06;
 2
 3  public class Tools {
 4      public static int getNum(int[] nums,int index) throws Exception {
 5          // 判断，索引如果小于 0 或者大于数组的长度 -1，则抛出异常
 6          if(index<0||index>nums.length-1){
 7              throw new Exception(" 下标越界了！ ");   // 抛出异常对象
 8          }
 9          return nums[index];                       // 返回该索引的元素
10      }
11  }
```

定义测试类：

```
package cn.minimal.chaptor14.demo06;

public class MyTest {
    public static void main(String[] args) {
        int[] nums = {1, 2, 3};                         // 定义一个数组
        int num = 0;
        // 捕获异常
        try {
            num = Tools.getNum(nums, 4);                // 调用 getNum 方法
            System.out.println(num);
        } catch (Exception e) {                         // 处理异常
            System.out.println(e.getMessage());         // 打印异常原因
        }
    }
}
```

执行结果如下：

```
Exception in thread "main" java.lang.ArrayIndexOutOfBoundsException: 下标越界了！
    at cn.minimal.chapter14.demo03.Tools.getNum(Tools.java:7)
    at cn.minimal.chapter14.demo03.MyTest.main(MyTest.java:6)
```

解析：Tools类的第6行判断传入的数组索引是否合法，如果不合法，则执行第7行，用throw关键字抛出异常对象。使用throw关键字抛出异常对象的格式如下：

```
throw new 异常类名（参数）
```

例如第7行的“throw new Exception("下标越界了！");”就抛出了一个异常对象。一旦抛出该异常对象，则当前的方法停止执行，并且该异常对象被传递至方法的调用者处，即测试类的main方法，由main方法对该异常进行处理，此时main方法可以用14.4.1小节捕获异常的方式来处理异常。

在Tools类的第4行public static int getNum(int[] nums,int index) throws Exception语句中的方法名后面有一个throws Exception，它表示声明异常，当要抛出一个编译时异常时需要先声明。什么是声明异常呢？声明异常也是一种被动处理异常的方式。

14.4.5 声明异常

声明异常就是将可能发生的异常标识出来，告诉调用者，让调用者去处理异常。声明异常使用throws关键字，该关键字用在方法声明之后，表示当前方法不处理异常，提醒方法的调用者来处理。

声明异常的格式如下：

```
修饰符  返回值类型  方法名（参数）throws 异常类名1,异常类名2...{ }
```

声明异常的案例如下所示。

【例14-9】声明异常的应用

定义Tools类：

```
1  package cn.minimal.chapter14.demo07;
2
3  public class Tools {
4      public static int getNum(int[] nums,int index) throws Exception{
5          return nums[index];                     //返回该索引的元素
6      }
7  }
```

定义测试类：

```
package cn.minimal.chapter14.demo07;

public class MyTest {
    public static void main(String[] args) {
        int[] nums = {1,2,3};                   //定义数组
        int num = 0;
        try {                                   //可能发生异常的代码
            num = Tools.getNum(nums,4);         //调用getNum方法
```

```
            System.out.println(num);
        } catch (Exception e) {
            System.out.println(e.getMessage());
        }
    }
}
```

解析：在Tools类中第4行public static int getNum(int[] nums,int index) throws Exception语句中getNum方法后面的throws Exception就是声明异常，表示该方法有可能发生异常，需要调用者来处理。

如果声明的异常是编译时异常，则在测试类中调用该方法时需要对异常进行处理，否则无法通过编译，这里使用try...catch的方式捕获异常。

注意：

无论是抛出异常还是声明异常，如果该异常是编译时异常，则需要在方法的调用者中进行处理，要么捕获，要么声明；如果该异常是运行时异常，则可以不进行处理，由JVM进行处理。

小技巧：

如果方法中出现多种类型的异常，则可以声明多个异常，中间用“,”进行分隔，例如public static int getNum(int[] nums,int index) throws ArrayIndexOutOfBoundsException, Exception。

14.5 自定义异常

前面案例中碰到的异常都是JDK已经定义好的，在某些情况下如果想让异常信息更符合业务要求，就可以定义自己的异常类，这就是自定义异常。

自定义异常类一般继承于Exception类，在自定义异常类中只要调用父类的构造函数就可以了。

微信扫码

扫一扫，看视频讲解

下面来看一个自定义异常的案例。

【例14-10】自定义异常的应用——两个整数相除，被除数如果为0，将会出现异常，自定义该异常类

定义一个被除数为0的异常类：

```
package cn.minimal.chaptor14.demo08;

public class DivideException extends Exception {
    //定义一个无参数构造函数，调用父类的无参数构造函数
    public DivideException(){
        super();
    }
    //定义一个单参数的构造函数，可以传入异常信息
    public DivideException(String message){
```

```
        super(message);
    }
}
```

定义一个类，其中有一个整数相除的方法。

```
 1 package cn.minimal.chaptor14.demo08;
 2 
 3 public class DivideDemo {
 4     public static int divide(int num1,int num2) throws DivideException {
 5         if(num2==0){
           //如果被除数为0，则抛出自定义异常
 6             throw new DivideException("被除数不能为0！");
 7         }
 8        int num =  num1/num2;
 9        return num;
10     }
11 }
```


定义测试类：

```
package cn.minimal.chaptor14.demo08;

public class MyTest {
    public static void main(String[] args)  {
        //捕获异常信息
        try {
            System.out.println(DivideDemo.divide(3,0));
        } catch (DivideException e) {
            System.out.println(e.getMessage());
        }
    }
}
```

执行结果如下：

```
被除数不能为0！
```

解析：从这个案例可以看出，定义一个自定义异常类DivideException，只需要继承Exception类，并且需要在自己的构造函数中调用父类Exception的构造函数。在自定义异常类DivideException中定义了两个构造函数，一个无参数构造函数和一个有参数构造函数，有参数构造函数中的参数表示异常信息。

DivideDemo类第4行定义的divide方法中可以判断被除数是否为0，如果为0，则抛出自定义的异常对象。这里创建自定义异常对象时调用的带参数构造函数，传入的参数是“被除数不能为0！”这个异常信息，从执行结果可以看出，该异常信息被打印在了控制台。

练习 14

14–1 简述什么是异常以及异常的继承体系。

14–2 简述异常的处理方式。

14–3 简述throw和throws关键字的使用位置和格式。

14–4 简述多个catch处理的注意事项。

14–5 简述finally关键字的特点和作用。

14–6 如果学生的年龄大于16岁，则可以进入泳池。定义一个学生类，该类有一个进入泳池的方法，方法的参数为年龄。在测试类中输入学生的年龄然后调用该方法，如果输入的年龄为负数，则发生异常。根据以上场景创建一个自定义异常并测试。

```
    public class Student {
    public void enterPool(int age){
        if(age>16) {
            System.out.println(" 进入泳池 ");
        }
    }
}
```

第 15 章

实战项目二：奕昊软件公司外派系统

学习目标

在前面的章节中学习了面向对象的概念，面向对象的三大基石：封装、继承和多态，还学习了面向对象的一些核心概念，如抽象类、接口等。本章通过完成“奕昊软件公司外派系统”项目把这些知识串联起来。通过本章的学习，读者将可以做到：

- 灵活应用继承
- 灵活应用多态
- 灵活应用抽象类
- 掌握使用面向对象的思想编写程序的方法

内容浏览

15.1 项目描述及运行结果
    15.1.1 项目描述
    15.1.2 项目运行结果
15.2 项目实现步骤
    15.2.1 步骤 1：根据需求构建类
    15.2.2 步骤 2：新建项目
    15.2.3 步骤 3：创建包并在该包下创建员工类
    15.2.4 步骤 4：创建开发人员类，继承于员工类
    15.2.5 步骤 5：创建项目经理类，继承于员工类
    15.2.6 步骤 6：创建业务逻辑类
    15.2.7 步骤 7：创建程序执行入口类
练习 15

15.1 项目描述及运行结果

15.1.1 项目描述

奕昊软件公司可以外派开发人员，该软件公司有两个角色：开发人员和项目经理，他们都有共同的属性:“姓名”“年龄”“外包价”。开发人员有自己特有的属性“工作经验”，项目经理有自己特有的属性“项目管理经验”。人员外派价格超过一定时间会有一定折扣。编写程序完成对人员的外派。

软件公司人员具体信息如表15-1所示。

表15-1 软件公司人员具体信息

职 级	个人信息	外包报价（天）	折扣价
开发人员	姓名“王明”，年龄23，工作年限1年	300	30~60天9折，超过60天8折
	姓名“李松”，年龄24，工作年限2年	400	
	姓名“贾岗”，年龄25，工作年限3年	500	
	姓名“赵林”，年龄26，工作年限4年	600	
项目经理	姓名“王东”，年龄29，管理年限6年	800	30~60天8折，超过60天7折
	姓名“肖用”，年龄31，管理年限8年	1000	

15.1.2 项目运行结果

该项目完成(程序运行)后的结果如下：

```
************ 欢迎光临奕昊软件公司 ************
1. 开发人员                  2. 项目经理
请选择您需要的员工类型：
1
请选择您需要的开发人员工作年限：1.1年 2.2年 3.3年 4.4年
2
请输入您要开发的天数 ：
45
外派工程师姓名为：李松
您需要支付的费用是：16200.0
```

```
************ 欢迎光临奕昊软件公司 ************
1. 开发人员                  2. 项目经理
请选择您需要的员工类型：
2
请选择您需要的项目经理的管理年限：1.6年 2.8年
1
```

```
请输入您要开发的天数：
87
外派工程师姓名为：王东
您需要支付的费用是：48720.0
```

15.2 项目实现步骤

15.2.1 步骤1：根据需求构建类

该项目要使用面向对象方式来进行开发，首先根据需求构建类。

(1)开发人员类：属性为姓名、年龄、外包价和工作经验，方法为计算外包价格。

(2)项目经理类：属性为姓名、年龄、外包价和项目管理经验，方法为计算外包价格。

(3)业务类：可以实现人员外包业务。

(4)外包管理类：程序入口。

因为开发人员和项目经理有很多共同的属性和方法，所以可以构建一个抽象父类：员工类，下面用代码来实现项目。

15.2.2 步骤2：新建项目

新建项目softwareHouse-project，如图15-1所示。

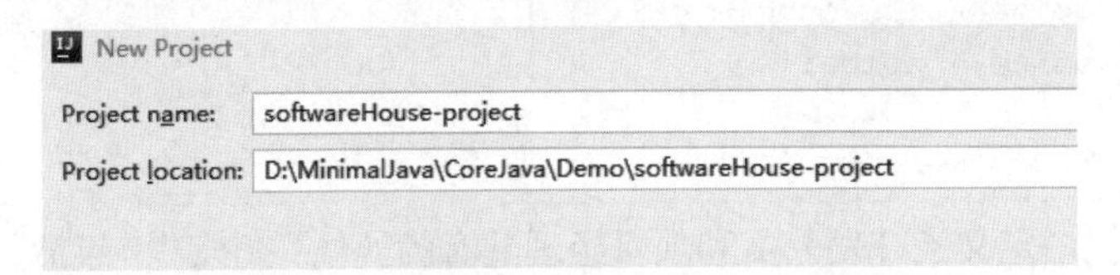

图15-1　新建项目softwareHouse-project

15.2.3 步骤3：创建包并在该包下创建员工类

创建包cn.minimal.softwareHouse，并在该包下创建员工类Employee。程序代码如下：

```java
package cn.minimal.softwareHouse;
/*
定义抽象父类 - 员工类
 */
public abstract class Employee {
    private String name;                              //姓名
    private int age;                                  //年龄
    private double price;                             //外包报价
    public abstract double calPrice(int days);        //计算外包报价
```

```
    public Employee(String name,int age,double price){
        this.name = name;
        this.age = age;
        this.price = price;
    }
    public String getName() {
        return name;
    }

    public void setName(String name) {
        this.name = name;
    }

    public int getAge() {
        return age;
    }

    public void setAge(int age) {
        this.age = age;
    }

    public double getPrice() {
        return price;
    }

    public void setPrice(double price) {
        this.price = price;
    }
}
```

分析：在员工类中定义了开发人员和项目经理共有的属性:“姓名”“年龄”“外包报价”，并且定义了一个方法用来计算外包报价。因为开发人员和项目经理计算外包报价的实现方法不一样，所以该方法定义为抽象方法，该类也定义为抽象类。在类中还定义了一个构造函数，在子类中需要调用该构造函数给属性赋值。

15.2.4 步骤4：创建开发人员类，继承于员工类

在cn.minimal.softwareHouse包下创建开发人员类Developer，使其继承于员工类Employee。程序代码如下：

```
package cn.minimal.softwareHouse;
/*
定义开发人员类
 */
public class Developer extends Employee {
    private int workExperience;                    // 工作经验（年）
```

```
    public int getWorkExperience() {
        return workExperience;
    }

    public void setWorkExperience(int workExperience) {
        this.workExperience = workExperience;
    }
    //定义构造函数
    public Developer(String name, int age,double price,int workExperience){
        super(name,age,price);
        this.workExperience = workExperience;
    }
    //计算外包报价的方法
    @Override
    public double calPrice(int days) {
        double price = this.getPrice();             //获取每日报价
        if(days>=60){                               //如果大于60天，则打8折
           price = price*0.8*days;
        }else if(days>=30){                         //如果大于30天小于60天，则打9折
            price = price*0.9*days;
        }else{                                      //否则不打折
            price = price*days;
        }
        return price;
    }
}
```

分析：开发人员类继承了员工类，定义了其特有的属性“工作经验”，并且定义了一个构造函数，还实现了父类的抽象方法(计算外包价格)。

15.2.5　步骤5：创建项目经理类，继承于员工类

在cn.minimal.softwareHouse包下创建项目经理类ProjectManager，使其继承于员工类Employee。程序代码如下：

```
package cn.minimal.softwareHouse;

public class ProjectManager extends Employee {
    private int managementExperience;           //项目管理经验

    public int getManagementExperience() {
        return managementExperience;
    }

    public void setManagementExperience(int managementExperience) {
```

```
        this.managementExperience = managementExperience;
    }

    public ProjectManager(String name, int age, double price, int managementExperience){
        super(name,age,price);                  //调用父类构造函数
        this.managementExperience = managementExperience;
    }
    //重写父类计算外包报价的方法
    @Override
    public double calPrice(int days) {
        double price = this.getPrice();
        if(days>=60){                           //如果大于60天，则打7折
            price = price*0.7*days;
        }else if(days>=30){                     //如果大于30天小于60天，则打8折
            price = price*0.8*days;
        }else{
            price = price*days;
        }
        return price;
    }
}
```

分析：项目经理类继承了员工类，定义了其特有的属性“项目管理经验”，并且定义了一个构造函数，还实现了父类的抽象方法（计算外包价格）。

15.2.6 步骤6：创建业务逻辑类

在cn.minimal.softwareHouse包下创建业务逻辑类EmployeeOperation。程序代码如下：

```
package cn.minimal.softwareHouse;

public class EmployeeOperation {
    public Employee[] employees = new Employee[6];    //定义数组，存储所有的员工对象
    //给数组赋值
    public void init(){
        employees[0] = new Developer("王明",23,300,1);
        employees[1] = new Developer("李松",24,400,2);
        employees[2] = new Developer("贾岗",25,500,3);
        employees[3] = new Developer("赵林",26,600,4);
        employees[4] = new ProjectManager("王东",29,800,6);
        employees[5] = new ProjectManager("肖用",31,1000,8);
    }

    /*
```

```
    外派人员
    workExperience：工作经验
    managementExperience：管理经验
     */
    public Employee Expatriate(int workExperience,int managementExperience){
        Employee employee = null;
        //循环遍历所有员工，查找符合条件的外派员工
        for(Employee emp:employees){
            //如果当前员工是开发人员
            if(emp instanceof Developer){
                Developer developer = (Developer)emp;
                //判断该开发人员的工作经验是否满足需要
                if(developer.getWorkExperience()==workExperience){
                    employee = developer;
                    break;
                }
            }else{              //如果是项目经理，则判断该项目经理的管理经验是否满足需要
                ProjectManager projectManager = (ProjectManager)emp;
                if(projectManager.getManagementExperience()==managementExperience){
                    employee = projectManager;
                    break;
                }
            }
        }
        return employee;        //返回找到的员工
    }
}
```

分析：在业务逻辑类中定义了一个数组，该数组可以存放6个元素，init是初始化数组数据并给数组赋值的方法；该类的Expatriate是外派员工的方法，该方法有两个参数，第一个参数workExperience表示工作经验，第二个参数managementExperience表示管理经验，该方法通过循环，遍历数组去查找符合条件的员工，如果找到，则退出循环，返回找到的员工对象。

15.2.7　步骤 7：创建程序执行入口类

在cn.minimal.softwareHouse包下创建程序执行入口类OperationMgr。程序代码如下：

```
public class OperationMgr {
    public static void main(String[] args) {
        int workExperience=0;                           //定义工作经验
        int managementExperience=0;                     //定义项目管理经验
```

```
        Scanner input = new Scanner(System.in);
        System.out.println("*********** 欢迎光临奕昊软件公司 ***********");
        System.out.println("1. 开发人员 \t2. 项目经理 ");
        System.out.println(" 请选择您需要的员工类型：");
        int choose = input.nextInt();
        if(choose==1){
            System.out.println("请选择您需要的开发人员工作年限：1. 1年  2. 2年  3. 3年  4. 4年");
            workExperience = input.nextInt();
        }else{
            System.out.println(" 请选择您需要的项目经理的管理年限：1. 6年  2. 8年 ");
            managementExperience = input.nextInt()==1?6:8;
        }
        System.out.println(" 请输入您要开发的天数 :");
        int days = input.nextInt();

        EmployeeOperation employeeOperation = new EmployeeOperation();
        employeeOperation.init();
        Employee emp = employeeOperation.Expatriate(workExperience,manageme
                      ntExperience);  //得到要外派的开发人员
        System.out.println(" 外派工程师姓名为："+ emp.getName());
        System.out.println(" 您需要支付的费用是："+emp.calPrice(days));
    }
}
```

分析：入口类中创建EmployeeOperation类的对象，根据输入的工作经验或项目管理经验调用其Expatriate方法来选择符合条件的开发人员或项目经理，并通过输入的外派时间计算需要支付的费用。

练习 15

奕昊玩具公司可以提供玩具租赁的服务，出租玩具的信息如表15–2所示。

表15–2　出租玩具的信息

玩具类型	具体信息	日租金（元）	折　扣
布艺类	洋娃娃（2kg，1岁以上）	10	8~60天9折，大于60天8折
	毛绒狗（3kg，2岁以上）	15	
	玩具沙发（5kg，4岁以上）	20	
电动类	电动车（7kg，八成新）	50	30~60天8折，大于60天7折
	电动船（9kg，六成新）	60	

编写程序完成玩具租赁，程序执行效果如下：

```
*********** 欢迎光临奕昊玩具公司 ***********
```

```
1. 布艺类              2. 电动类
请选择您需要的玩具类型：
1
请选择您的孩子年龄：1. 1岁   2. 2岁   3. 3岁   4. 4岁以上
2
请输入您要租赁的天数：
20
适合您孩子的玩具为：毛绒狗
您需要支付的费用是：***
```

```
*********** 欢迎光临奕昊玩具公司 ***********
1. 布艺类              2. 电动类
请选择您需要的玩具类型：
2
请选择您需要的玩具的新旧程度：1. 六成新  2. 八成新
1
请输入您要租赁的天数：
15
适合您孩子的玩具为：电动船
您需要支付的费用是：***
```

15

3 Java 高级特性

第 16 章　常用类

第 17 章　集合框架

第 18 章　I/O 流

第 19 章　I/O 流进阶

第 20 章　反射

第 21 章　多线程

第 22 章　实战项目三：奕昊超市会员管理系统

第 16 章

常用类

学习目标

为了让程序编写更加方便，Java 提供了一些常用类。例如，Object 类（所有类的父类）、System 类（系统类）、Date 类（日期类）、String 类（字符串类）等。通过本章的学习，读者将可以做到：

- 掌握 Object 类的常用方法
- 掌握日期时间类 Date、Calendar
- 掌握日期的格式化
- 掌握 System 类
- 掌握字符串类 String 和 StringBuilder
- 掌握包装类
- 掌握装箱和拆箱

内容浏览

16.1 Object 类
  16.1.1 什么是 Object 类
  16.1.2 toString 方法
  16.1.3 equals 方法
16.2 日期时间类
  16.2.1 Date 类
  16.2.2 DateFormat 类
  16.2.3 Calendar 类
16.3 System 类
16.4 String、StringBuilder 和 StringBuffer 类
  16.4.1 String 类
  16.4.2 字符串拼接
  16.4.3 StringBuilder 类
16.5 包装类
  16.5.1 什么是包装类
  16.5.2 装箱与拆箱
  16.5.3 自动装箱与自动拆箱
  16.5.4 为什么要有包装类
练习 16

16.1 Object 类

16.1.1 什么是 Object 类

Java.lang.Object类是Java类的根类，是所有类的父类。如果一个类没有继承父类，那么默认情况下它继承Object类。Object类中所有的方法都会被它的子类继承，也就是说所有的类都具有Object类的方法。

Object类中共有11个方法，常用的有两个:toString方法和equals方法，下面来学习这两个方法。

16.1.2 toString 方法

在Object类中，toString方法的功能是返回字符串形式，该字符串的内容就是“对象的类型+@+内存地址值”。

因为toString方法返回的是内存地址，在开发中通常更需要由对象的属性值组合而成的字符串，所以在定义类时一般会重写toString方法。

下面来看一个案例。

【例16-1】toString方法的应用——定义Student类并重写toString方法，返回该类所有属性的字符串形式

程序代码如下：

```
package cn.minimal.chaptor16.demo01;

public class Student {
    private String name;
    private int age;

    ...     // 此处省略 get 方法和 set 方法
 // 重写 Object 类的 toString 方法
@Override
    public String toString() {
        return "Student{" +
                "name=' " + name + '\' ' +
                ", age=" + age +
                '}';
    }
}
```

解析：因为Object类是所有类的父类，所以这里定义的Student类虽然没有直接继承Object类，但是隐式继承了该类，也就继承了Object类的toString方法。Object类的toString方法用于返回该对象的内存地址，所以需要在Student类中重写toString方法，以字符串的形式返回Student类中所有属性的值。

提示：

当用System.out.print()打印对象时，实际上自动调用了该对象的toString方法，打印的也是该方法的返回值。

小技巧：

因为重写Object类的toString方法非常常用，所以在IDEA中可以通过快捷键Alt+Insert自动生成重写的toString方法，如图16-1所示。

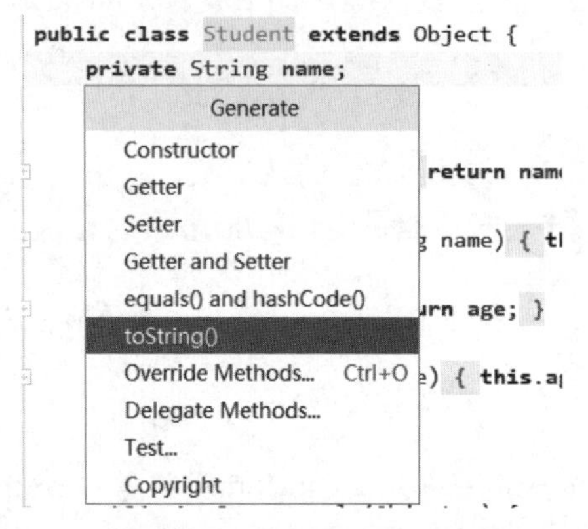

图 16-1　使用快捷键 Alt+Insert 后选择 toString()

16.1.3　equals 方法

equals方法的功能是判断方法的调用者是否和参数“相等”，Object类中equals方法的源代码如下所示。

```
public boolean equals (Object obj) {
    return (this == obj);
}
```

从源代码可以看到，此处采用==来比较，所以其实比较的是这两个对象在内存中的地址，也就是说，只有它们是同一个对象的时候才会“相等”。

小技巧：

查看源代码的方式为按住Ctrl键然后单击Object类。

在程序开发中，判断两个对象是否“相等”，通常比较的是它们的全部或部分属性值，如果属性值相等，则表示“相等”；否则就不“相等”，那么就需要重写Object类的equals方法。案例如下所示。

【例16-2】equals方法的应用——在Student类中重写Object类的equals方法

程序代码如下：

```
1  package cn.minimal.chaptor16.demo01;
2
3  public class Student extends Object {
4      private String name;
5      private int age;
6      ...// 省略 get 方法和 set 方法
7      @Override
8      public boolean equals(Object o) {
9          // 如果当前对象和 o 的地址相同，即它们是同一个对象，返回 true
10         if (this == o)
11          return true;
12         // 如果 o 为 null 或者当前对象的类型与 o 的类型不同，返回 false
13         if (o == null || getClass() != o.getClass())
14             return false;
15         Student student = (Student) o;            // 将 o 转换为 Student 类型
16         // 如果当前对象的年龄不等于 o 的年龄，返回 false
17         if (age != student.age) return false;
18         // 如果 name 不为空，判断 name 和 student 的 name 是否相同，否则判断 student
19         // 的 name 是否为空
20         return name != null ? name.equals(student.name) : student.name == null;
21     }
22 }
```

解析：第10行先判断当前对象和传入的参数对象o是否为同一个对象，==表示判断这两个对象的内存地址是否相等，如果内存地址相等，那必然是同一个对象；如果为同一个对象，则返回true；第13行判断如果参数对象o为null或者参数对象的类型和当前对象的类型不一致，则返回false；第15行将参数对象o强制转换为Student类型，并由Student表示被转换后的参数；第17行判断当前对象的age属性和Student的age属性是否相等，如果不等则返回false；第20行判断如果当前对象的name属性不为null，则返回name.equals(student.name)的结果，否则返回student.name==null的结果。

这么多代码无非就是在比较两个对象的属性值是否相等，如果属性值相等，则返回true；如果不相等，则返回false。

小技巧：

因为重写equals方法非常常用，所以在IDEA中可以通过快捷键Alt+Insert自动生成重写的equals方法，如图16-2所示。

16

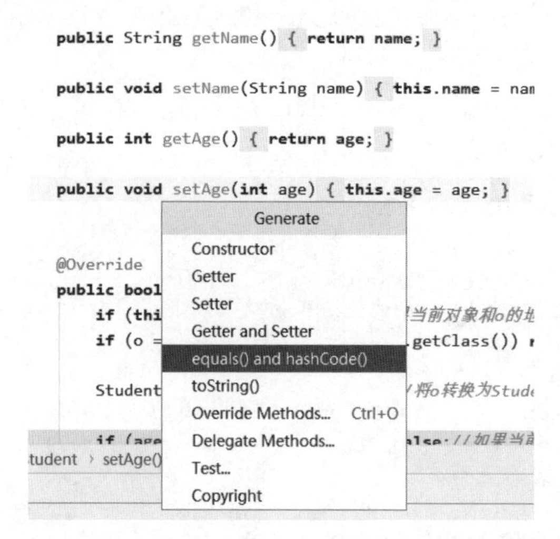

图 16-2　使用快捷键 Alt+Insert 后选择 equals() and hashCode()

16.2　日期时间类

16.2.1　Date 类

java.util包中的Date类表示时间，精确到毫秒。Date类有多个构造函数，其中的两个如下所示。

public Date()：无参数构造函数，通过无参数构造函数创建的对象表示当前时间，精确到毫秒。

public Date(long date)：带参数构造函数，参数为长整型，该参数表示从基准时间也就是1970年1月1日00:00:00 GMT到指定时刻的毫秒数，通过该构造函数创建的对象表示基准时间经过指定毫秒数的时间。

注意：

中国处于东八区，所以基准时间为：1970年1月1日8时0分0秒。

下面来看一个案例。

【例16-3】打印当前时间和基准时间后两秒的时间

程序代码如下：

```
1  package cn.minimal.chapter16.demo02;
2
3  import java.util.Date;
4  public class DateDemo {
5      public static void main(String[] args) {
6          Date d1 = new Date();                        //创建日期对象
```

```
 7          System.out.println("当前时间为: "+d1);          //打印当前时间
 8          Date d2 = new Date(2000);                      //创建日期对象从基准时间往后两秒
 9          System.out.println("基准时间后两秒为 :"+d2);
10      }
11 }
```

执行结果如下:

```
当前时间为: Wed Aug 26 10:31:59 CST 2020
基准时间后两秒为 :Thu Jan 01 08:00:02 CST 1970
```

解析：第6行使用Date的无参数构造函数创建的日期对象表示当前时间；第8行使用Date的带参数构造函数，参数为2000，单位为毫秒，表示两秒，这里是指从基准时间1970年1月1日8时0分0秒开始往后两秒的时间。

注意:

第7行会自动调用Date的toString方法，Date类中重写了toString方法，所以打印出的是当前时间的字符串。

对于Date类，只需要了解其构造函数即可，从JDK 1.1开始，Date类的功能被Calendar类取代了。

16.2.2 DateFormat类

java.text包下的DateFormat类是一个抽象类，用它的子类可以完成日期格式化。例16-3打印Date对象的时候显示的是英文的日期时间格式，我们习惯的是中文的日期时间，所以需要对日期进行格式化，因为DateFormat为抽象类，所以需要用它的子类java.text包下的SimpleDateFormat进行日期的格式化。

下面来看一个案例。

【例16-4】格式化日期

程序代码如下:

```
 1  package cn.minimal.chaptor16.demo02;
 2
 3  import java.text.DateFormat;
 4  import java.text.SimpleDateFormat;
 5  import java.util.Date;
 6
 7  public class SimpleDateDemo {
 8      public static void main(String[] args) {
 9          //创建SimpleDateFormat对象，指定日期的格式
10          DateFormat format = new SimpleDateFormat("yyyy-MM-dd HH:mm:ss");
11          //创建Date对象
12          Date d = new Date();
13          //按照指定的格式格式化日期
```

```
14          String date = format.format(d);
15          System.out.println(date);
16      }
17 }
```

执行结果如下：

```
2020-08-26 11:28:43
```

解析：第10行创建了一个SimpleDateFormat对象，它的构造函数有一个参数，该参数代表日期时间的自定义格式，yyyy-MM-dd HH:mm:ss中，yyyy代表年，MM代表月，dd代表日，HH代表小时，mm代表分钟，ss代表秒，注意大小写格式；第12行创建了一个日期对象d；第14行调用SimpleDateFormat的format方法对日期对象d进行格式化，将它格式化为一个字符串，打印出来的结果是2020-08-26 11:28:43，符合前面定义的格式yyyy-MM-dd HH:mm:ss。

在这个案例中用到了SimpleDateFormat的format方法，该方法用来格式化日期，这个方法其实是它的父类DateFormat的一个方法，DateFormat类有两个常用方法，其声明格式及解释如下所示。

public String format(Date date)：将Date对象格式化为字符串。

public Date parse(String source)：将字符串解析为Date类型。

下面来看一下它的第二个方法，将字符串解析为Date类型。

【例16-5】将字符串格式的日期解析为Date类型

```
 1 package cn.minimal.chapter16.demo02;
 2 
 3 import java.text.DateFormat;
 4 import java.text.ParseException;
 5 import java.text.SimpleDateFormat;
 6 import java.util.Date;
 7 
 8 public class SimpleDateDemo02 {
 9     public static void main(String[] args) throws ParseException {
10         //创建 SimpleDateFormat 对象
11         DateFormat format = new SimpleDateFormat("yyyy 年 MM 月 dd 日 ");
12         //定义日期字符串
13         String dateStr = "1982 年 02 月 09 日 ";
14         //将日期字符串转换成 Date 类型的日期
15         Date d = format.parse(dateStr);
16         System.out.println(d);
17     }
18 }
```

执行结果如下：

```
Tue Feb 09 00:00:00 CST 1982
```

解析：第11行创建了一个SimpleDateFormat的对象，它的参数为“yyyy年MM月dd日”；第13行定义了一个日期字符串“1982年02月09日”，注意，此处字符串的格式必须和参数定义的格式相匹配，否则不能转换成功；第15行调用SimpleDateFormat对象的parse方法，将字符串日期作为参数传入，将字符串日期转换为Date型日期，打印出来的结果为Date型的日期。

16.2.3 Calendar类

java.util包下的Calendar类是日历类，它取代了Date类，使用它可以方便地获取或设置日期和时间的特定部分，如年、月、日、时、分、秒。

Calendar是一个抽象类，不能直接实例化，可以通过它的静态方法来创建和返回其子类对象。

Calendar创建子类对象的静态方法如下：

```
public static Calendar getInstance():
```

它可以获得一个日历对象。

Calendar类的常用方法如表16-1所示。

表16-1　Calendar类的常用方法

方　法	功　能
int get(int field)	返回指定格式时间的值
void add(int field,int amount)	在指定格式时间值的基础上增加或减少
void set(int field,int value)	设置指定格式的时间值
void set(int year,int month,int date)	设置年、月、日
void set(int year,int month,int date,int hourOfDay,int minute,int second)	设置年、月、日、时、分、秒

下面来看一个案例。

【例16-6】使用Calendar日历对象来获取日期

程序代码如下：

```
1   package cn.minimal.chaptor16.demo03;
2
3   import java.util.Calendar;
4
5   public class CalendarDemo {
6       public static void main(String[] args) {
7           Calendar cal = Calendar.getInstance();          //创建Calendar对象
8           int year = cal.get(Calendar.YEAR);              //获取当前日期的年
9           //获取当前日期的月，因为比实际的月份小1，所以加1
10          int month = cal.get(Calendar.MONTH)+1;
11          int day = cal.get(Calendar.DAY_OF_MONTH);       //获取日
12          int hour = cal.get(Calendar.HOUR);              //获取时
13          int minute = cal.get(Calendar.MINUTE);          //获取分
14          int second = cal.get(Calendar.SECOND);          //获取秒
15          System.out.println(year+"年"+month+"月"+day+"日"+hour+"时"+minute+"分
16          "+second+"秒");
```

```
17     }
18 }
```

执行结果如下：

```
2020年10月5日10时4分12秒
```

解析：第7行通过Calendar.getInstance()方法创建了一个Calendar对象；第8~14行调用Calendar对象的get方法分别获取年、月、日、时、分、秒。

Calendar对象的get方法有两个参数，第一个参数对应一些常量。

- Calendar.YEAR：表示年。
- Calendar.MONTH：表示月（从0开始，1月为0，2月为1……所以获取到月份后需要加1）。
- Calendar.DAY_OF_MONTH：表示月中的天。
- Calendar.DAY_OF_WEEK：表示星期几（星期天为1，星期一为2……所以获取到星期几后需要减1）。
- Calendar.HOUR：表示小时。
- Calendar.MINUTE：表示分钟。
- Calendar.SECOND：表示秒。

注意：

通过get(Calendar.MONTH)获取的月份是从0开始的，所以实际的月份要加1。

再来看一个案例。

【例16-7】Calendar的常用方法

程序代码如下：

```
1  package cn.minimal.chaptor16.demo03;
2
3  import java.util.Calendar;
4  import java.util.Date;
5
6  public class CalendarDemo01 {
7      public static void main(String[] args) {
8          Calendar cal = Calendar.getInstance();      //创建Calendar对象
9          cal.set(Calendar.YEAR,2022);                //设置年份为2022
10         cal.add(Calendar.MONTH,2);                  //在当前月份的基础上加2
11         cal.add(Calendar.DAY_OF_MONTH,-1);          //在当前日的基础上减1
12         Date date = cal.getTime();                  //获得对应的Date对象
13         System.out.println(date);
14     }
15 }
```

执行结果如下：

```
Tue Oct 25 21:13:12 CST 2022
```

解析：第9行通过set(Calendar.YEAR,2022)可以设置年份为2022；第10行通过add(Calendar.MONTH,2)可以将当前月份加2；第11行通过add(Calendar.DAY_OF_MONTH,-1)可以将当前日期减1；第12行获得对应的Date对象。

> **注意：**
>
> add方法的第二个参数如果为正数，则为加；如果为负数，则为减。日期是有大小关系的，越靠后，时间越大。

> **小技巧：**
>
> 也可以通过cal.set(2022,2,23)直接设置日期为2022年2月23日。

16.3 System类

java.lang包下的System类非常常用，前面章节的案例代码在打印时就用System.out.print。System是系统类，它有很多常用方法，这些方法都是静态的，可以获取和系统相关的信息或进行系统级操作。System的常用方法如表16-2所示。

表16-2 System的常用方法

方法	功能
static void exit(int status)	终止当前运行的Java虚拟机
static void gc()	执行垃圾回收器，进行垃圾回收
static native long currentTimeMillis()	返回当前时间（以毫秒为单位）
static void arraycopy(Object src,int srcPos,Object dest,int destPos,int length)	将src指向的数组复制到dest指向的数组，从srcPos开始复制，复制到目标数组的destPos，复制的个数为length

下面举例说明常用的两种System类的方法。

1. currentTimeMillis()方法

该方法的功能是返回当前时间，它的返回值是一个长整型，它返回的实际是从1970-01-01 00:00到当前时间的毫秒值，下面来看一个案例。

【例16-8】获取计算1~1000000累加和所耗时间（毫秒）

程序代码如下：

```
package cn.minimal.chapter16.demo04;

public class SystemDemo {
    public static void main(String[] args) {
        long start = System.currentTimeMillis(); //获取从1970-01-01 00:00到现在的毫秒值
        //1~1000000累加求和
        int sum=0;
```

```
        for(int i=1;i<=1000000;i++){
            sum+=i;
        }
        long end = System.currentTimeMillis();    //获取从1970-01-01 00:00到现在的毫秒值
        long time = end - start;                  //计算1~1000000累加总共耗时(毫秒数)
        System.out.println("1~1000000累加总共耗时: "+time+"毫秒");
    }
}
```

执行结果如下：

```
1~1000000累加总共耗时: 5毫秒
```

解析：这个案例在求和之前首先通过System.currentTimeMillis()获取从1970-01-01 00:00到当前时间的毫秒值，累加求和完成后，再通过System.currentTimeMillis()获取从1970-01-01 00:00到当前时间的毫秒值，将后一次的值减去前一次的值就可以得到总共耗时的毫秒数。

2. arraycopy(Object src,int srcPos,Object dest,int destPos,int length) 方法

该方法用来将数组中的指定数据复制到另一个数组中，这个方法有5个参数，它们的含义如表16-3所示。

表16-3 arraycopy 中参数的含义

名 称	类 型	含 义
src	Object	源数组（被复制的数组）
srcPos	int	源数组索引起始位置（从这个位置开始复制）
dest	Object	目标数组（复制到的数组）
destPos	int	目标数组索引起始位置（复制到这个位置）
length	int	复制元素个数

下面来看一个案例。

【例16-9】数组元素的复制——将nums1数组中的第2~4个元素复制到nums2数组的第3~5个元素位置上

程序代码如下：

```
package cn.minimal.chapter16.demo04;

public class SystemDemo02 {
    public static void main(String[] args) {
        int[] nums1 = {1,2,3,4,5};
        int[] nums2 = {4,5,6,7,8};
        //将nums1数组中的第2~4个元素复制到nums2数组的第3~5个元素位置上
        System.arraycopy(nums1,1,nums2,2,3);
        //打印nums2中的元素，结果为45234
        for (int i : nums2) {
```

```
            System.out.print(i);
        }
    }
}
```

执行结果如下：

```
45234
```

解析：System.arraycopy(nums1,1,nums2,2,3);语句中arraycopy方法的第1个参数为nums1数组，表示从nums1数组中复制元素，第2个参数表示从nums1数组的第2个元素开始复制，第3个参数nums2表示要将元素复制到nums2数组中去，第4个参数表示复制到nums2数组的第3个元素开始的位置，第5个参数表示复制3个元素，所以最终将nums1的2、3、4三个元素复制到了nums2的6、7、8的位置，最终结果为45234。

16.4 String、StringBuilder和StringBuffer类

在Java中字符串可以用3个类来表示，即:String、StringBuilder和StringBuffer。下面就来详细讲解这3个字符串类。

16.4.1 String类

String类表示字符串，它非常常用，对一个String进行初始化有两种方式：

(1)直接给String型的变量赋值，例如：

```
String str = " abc " ;
```

(2)使用字符串的构造方法初始化字符串对象，例如：

```
String str = new String( " abc " );
```

String类的常用方法如表16-4所示。

表16-4 String类的常用方法

方法声明	方法描述
int indexOf(String str)	返回指定字符串str在此字符串中第一次出现处的索引
int lastIndexOf(String str)	返回指定字符串str在此字符串中最后一次出现处的索引
char charAt(int index)	返回字符串中index位置上的字符，其中index的取值范围是:0~（字符串长度 -1）
int length()	返回此字符串的长度
boolean equals(Object anObject)	将此字符串与指定的字符串比较
boolean isEmpty()	判断字符串是否为空(字符串长度为0)
boolean startsWith(String prefix)	判断此字符串是否以指定的字符串prefix开始

续表

方法声明	方法描述
String toLowerCase()	将此字符串中的所有字符都转换为小写
String toUpperCase()	将此字符串中的所有字符都转换为大写
String replace(CharSequence oldstr, CharSequence newstr)	将此字符串中的字符串 oldstr 用字符串 newstr 代替
String[] split(String regex)	根据参数 regex 将字符串分割为若干个子字符串组成的数组
String substring(int beginIndex)	从索引 beginIndex 处开始截取字符串
String substring(int beginIndex, int endIndex)	截取字符串，从索引 beginIndex 处开始到索引 endIndex-1 为止
String trim()	去除字符串首尾空格

下面来看一个案例。

【例 16-10】字符串的操作

程序代码如下：

```
package cn.minimal.chaptor16.demo05;

public class StringDemo01 {
    public static void main(String[] args) {
        String str = "abcdefg";
        //打印字符串“cd”在 str 字符串中第一次出现的位置
        System.out.println(str.indexOf("cd"));
        //打印字符串“ef”在 str 字符串中最后一次出现的位置
        System.out.println(str.lastIndexOf( “ef” ));
        //打印字符串 str 在索引 3 处的字符
        System.out.println(str.charAt(3));
        //打印字符串 str 的长度
        System.out.println(str.length());
        //判断字符串 str 和“abce”是否相等
        System.out.println(str.equals("abce"));
        //判断字符串 str 是否为空
        System.out.println(str.isEmpty());
        //判断字符串 str 是否是以字符串 ab 开始
        System.out.println(str.startsWith("ab"));
        //判断字符串 str 中是否包含字符串“bcd”
        System.out.println(str.contains("bcd"));
        //打印字符串 str 的小写形式
        System.out.println(str.toLowerCase());
        //打印字符串 str 的大写形式
        System.out.println(str.toUpperCase());
        //将字符串 str 的“ab”替换成“xy”
        System.out.println(str.replace("ab","xy"));
        //从索引为 2 处开始截取字符串 str 直到结束
```

```
        System.out.println(str.substring(2));
        //截取 str 字符串，从索引为 3 处开始到索引为 4 处结束
        System.out.println(str.substring(3,5));
    }
}
```

执行结果如下：

```
2
4
d
7
false
false
true
true
abcdefg
ABCDEFG
xycdefg
cdefg
de
```

解析：这些是字符串的常用操作。str.equals("abce")语句中的equals方法在String类中进行了重写，比较的是字符串的值是否相等。

关于字符串还有一个常用方法比较复杂，String[] split(String regex)方法是根据regex将字符串拆分为数组，来看一个案例。

【例16-11】字符串的拆分

要求：将字符串“锄禾日当午，汗滴禾下土，谁知盘中餐，粒粒皆辛苦”用“,”拆分成一个字符串数组并打印。

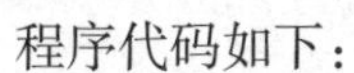

程序代码如下：

```
 1 package cn.minimal.chapter16.demo05;
 2
 3 public class StringDemo02 {
 4     public static void main(String[] args) {
 5         String str = "锄禾日当午,汗滴禾下土,谁知盘中餐,粒粒皆辛苦";
 6         String[] strs = str.split(",");    //将字符串 str 用“,”拆分成字符串数组
 7         //循环遍历并打印
 8         for (String s : strs) {
 9             System.out.println(s);
10         }
11     }
12 }
```

执行结果如下：

```
锄禾日当午
汗滴禾下土
谁知盘中餐
粒粒皆辛苦
```

解析：第6行str.split(",")表示用“,”来拆分字符串，拆分的结果是一个字符串数组，数组的第一个元素为：锄禾日当午，第二个元素为：汗滴禾下土，……

16.4.2 字符串拼接

拼接字符串是经常会遇到的需求。String类型定义的是不可变的字符串，它的底层是一个用final修饰的字符数组，所以每次进行字符串拼接时会在内存中创建一个新的对象，看下面的案例。

【例16-12】字符串的拼接

程序代码如下：

```
package cn.minimal.chapter16.demo05;

public class StringDemo03 {
    public static void main(String[] args) {
        String str1 = "abc";
        str1 = str1+"xyz";
        System.out.println(str1);
    }
}
```

解析：由于字符串是不可变的，所以这个案例中总共生成了3个字符串，即abc、xyz和abcxyz。刚开始str1指向字符串abc，最后又指向了abcxyz。

拼接字符串时会产生大量不必要的内存消耗，java.lang包下的StringBuilder和StringBuffer类就是用来解决这个问题的。

16.4.3 StringBuilder类

StringBuilder类可以操作字符串，它的长度和内容是可变的，可以将StringBuilder想象成一个字符容器，对字符串的操作都在这个容器中进行。

StringBuilder类提供了一系列的方法来操作字符串，常用的有两个，其声明格式及解释如下。

public StringBuilder append(...)：此处的参数可以是任意类型，表示将任意类型的字符串添加在StringBuilder的末尾。

public String toString()：表示将当前的StringBuilder对象转换为String对象。

下面来看一个案例。

【例16-13】StringBuilder类的应用

程序代码如下：

```
1  package cn.minimal.chaptor16.demo05;
2
3  public class StringBuilderDemo {
4     public static void main(String[] args) {
5          //创建一个空的 StringBuilder 对象 sb1
6          StringBuilder sb1 = new StringBuilder();
7          //将字符串“abc”插入 sb1
8          sb1.append("abc");
9          //将布尔型变量的字符串插入 sb1 的末尾
10         sb1.append(true);
11         //将 123 插入 sb1 的末尾
12         sb1.append(123);
13         //将 sb1 转换成 String 型
14         String str = sb1.toString();
15         System.out.println(str);
16         //创建一个 StringBuilder 对象 sb2，并添加字符串“xyz”
17         StringBuilder sb2 = new StringBuilder("xyz");
18         //将整型的 456 和字符串“hello”依次添加到 sb2 的末尾
19         sb2.append(456).append("hello");
20         //打印 sb2
21         System.out.println(sb2);
22     }
23 }
```


执行结果如下：

```
abctrue123
xyz456hello
```

解析：第6行创建了一个空的StringBuilder对象sb1；第8~12行分别将字符串、布尔型、整型的字符串插入sb1的末尾；第14行将sb1转换成了String型。在StringBuilder中对toString方法进行了重写，所以此处打印的结果为sb1里的字符串；第17行创建了一个非空的StringBuilder对象sb2，并将字符串xyz放入sb2。第19行将整型的456和字符串型的hello追加至sb2；第21行打印sb2，这里会自动调用sb2的toString方法转换成字符串形式。

注意：

因为使用StringBuilder定义的字符串是可变的，所以对它进行添加、修改、删除都不会重新生成新的StringBuilder对象，因此对于要经常进行修改操作的字符串用StringBuilder类比用String类效率高。

小技巧：

StringBuilder是线程不安全的，还有一个类StringBuffer。StringBuffer和StringBuilder的方法一样，用它可以完全替换StringBuilder，它是线程安全的，所以在要求线程安全的情况下，需要使用StringBuffer类，因为是线程安全，所以效率相对较低。因此StringBuilder虽然线程不安全，但比较常用。

提示:

对于不需要经常修改的字符串，建议用String类；对于需要经常修改的字符串，如果对线程安全有要求，可以选择StringBuffer类；如果对线程安全没有要求，可以选择StringBuilder类。

16.5 包装类

16.5.1 什么是包装类

为了方便数据的处理，Java有8种基本数据类型，但是基本数据类型没有属性和方法，在某些情况下，基本数据类型不能满足要求，所以对应每种基本类型都有一个包装类，包装类位于java.lang包中，具体对应关系如表16-5所示。

表16-5 基本数据类型和包装类对应表

基本数据类型	对应的包装类
byte	Byte
short	Short
int	Integer
long	Long
float	Float
double	Double
char	Character
boolean	Boolean

从表中可以看出，基本数据类型对应的包装类除了int对应的包装类是Integer，char对应的包装类是Character以外，其他的都是将其基本数据类型的首字母大写。

16.5.2 装箱与拆箱

基本数据类型和它的包装类之间可以相互转化，基本数据类型转化为包装类称为装箱，包装类转化为基本数据类型称为拆箱，下面以int和Integer为例来加以说明。

【例16-14】装箱与拆箱的应用

程序代码如下：

```
1  package cn.minimal.chaptor16.demo06;
2
3  public class BoxDemo01 {
4      public static void main(String[] args) {
5          Integer num1 = new Integer(3);      //装箱，将基本数据类型转换为包装类
6          Integer num2 = Integer.valueOf(3); //装箱，将基本数据类型转换为包装类
```

```
7            int num3 = num2.intValue();          // 拆箱，将包装类型转换为基本数据类型
8        }
9    }
```

解析：装箱有两种方式，第5行代码使用构造方法的方式将3从基本数据类型转换为其包装类Integer；第6行代码是装箱的第二种方式，调用Integer.valueOf()方法；第7行调用Integer的intValue()方法可以完成拆箱的操作。

16.5.3 自动装箱与自动拆箱

由于装箱和拆箱的操作非常常用，因此从JDK 1.5开始基本数据类型和包装类之间的互相转换可以自动进行，也就是可以完成自动装箱和自动拆箱的操作，案例如下所示。

【例16-15】自动装箱与自动拆箱的应用

程序代码如下：

```
1  package cn.minimal.chaptor16.demo06;
2
3  public class BoxDemo02 {
4      public static void main(String[] args) {
5          Integer num = 3;      // 自动装箱
6          num = num+1;          // 自动拆箱 num 转换为基本数据类型，计算出结果后又自动装箱
7      }
8  }
```

解析：第5行将3从基本数据类型转换为其包装类，这里是自动装箱，相当于调用了Integer.valueOf(3)；第6行num=num+1，先发生自动拆箱，将num转换为基本数据类型int后加1，然后自动装箱将结果转换成其包装类型Integer。

16.5.4 为什么要有包装类

在程序设计中之所以要有包装类，主要是因为：

(1)在某些场合不能使用基本数据类型而必须使用包装类。例如第17章会学到的集合，能接收的类型为Object，基本数据类型是无法添加进去的。

(2)包装类可以为null，基本数据类型不能。

假设要定义一个变量表示分数，如果用基本数据类型可以定义为int score；如果分数为0，可以给score赋值为0；但是如果缺考，分数就没法表示了，因为该类型的值不能赋值为空。如果使用包装类Integer，就可以表示这种情况，因为Integer类型的值可以为空也可以为0。

(3)包装类是引用数据类型，里面有一些有用的属性和方法。

包装类里有哪些属性和方法呢？除了Character类之外，其他所有包装类都具有parseXxx静态方法，可以将字符串转换为对应的基本数据类型，案例如下所示。

【例16-16】parseXxx方法

程序代码如下：

```
1  package cn.minimal.chaptor16.demo06;
2
3  public class BoxDemo03 {
4      public static void main(String[] args) {
5          String num1 = "123";
6          int num2 = Integer.parseInt(num1);         //将字符串转换成 int 型
7          String num3 = "3.14";
8          double num4 = Double.parseDouble(num3);   //将字符串转换成 double 型
9          String flag1 = "true";
10         boolean flag2 = Boolean.parseBoolean(flag1); //将字符串转换成 Boolean 型
11     }
12 }
```

解析：第5行定义了一个字符串“123”；第6行通过调用包装类Integer的parseInt方法将该字符串转换为基本数据类型int型；第7行的字符串“3.14”通过第8行的包装类Double的parseDouble方法转换为基本数据类型double；第9行的字符串true通过第10行的包装类Boolean的parseBoolean方法转换为基本数据类型boolean型。

注意：

只有匹配的字符串才能转换成相应的基本数据类型，例如true这个字符串本身就代表布尔型的true，所以可以转换。

练习 16

16-1　请用代码实现：获取当前的日期，并把这个日期转换为指定格式的字符串，如2088-08-08 08:08:08。

16-2　使用SimpleDateFormat类，把2018-03-04转换为2018年03月04日。

16-3　张三生于1961年9月27日，计算张三出生了多少天。

16-4　打印for循环打印数字1~9999所需要使用的时间（毫秒）。

16-5　用程序判断2018年2月14日是星期几。

16-6　简述StringBuilder类与String类的区别。

16-7　将字符串“false”“145”“12.8”转换为基本数据类型。

第 17 章

集合框架

学习目标

集合框架是 Java 非常重要的知识。在第 6 章学习了数组，数组有很大的局限性，例如长度不可变、只能存储同种类型等。集合打破了这些限制，让批量的数据处理变得更加灵活。通过本章的学习，读者将可以做到：

- 理解集合的框架体系
- 掌握 Collection 单列集合接口
- 掌握 ArrayList、LinkedList 和 HashSet 集合的用法
- 掌握 Map 双列集合接口
- 掌握 HashMap 集合的用法
- 掌握泛型集合
- 掌握泛型的用法

内容浏览

17.1 什么是集合
17.1.1 List 接口
17.1.2 ArrayList 集合
17.1.3 LinkedList 集合
17.2 Set 接口
17.3 集合遍历
17.3.1 Iterator 接口
17.3.2 foreach 循环
17.4 Map 集合
17.4.1 什么是 Map 接口
17.4.2 Map 接口中的常用方法
17.4.3 遍历 Map 集合 1
17.4.4 遍历 Map 集合 2
17.5 Collections 集合工具类
17.6 泛型
17.6.1 泛型集合
17.6.2 泛型类、泛型方法和泛型接口
练习 17

17.1 什么是集合

在第6章学习过数组，数组中可以存放一组相同类型的数据，集合中也可以存放一组数据，与数组不同的是集合中存储的是对象，准确地说是对象的引用，而且集合的长度是可以发生变化的。

集合中有一系列相关的接口和类，这些接口和类位于java.util包中，它们组成了集合体系。

集合体系如图17-1所示。

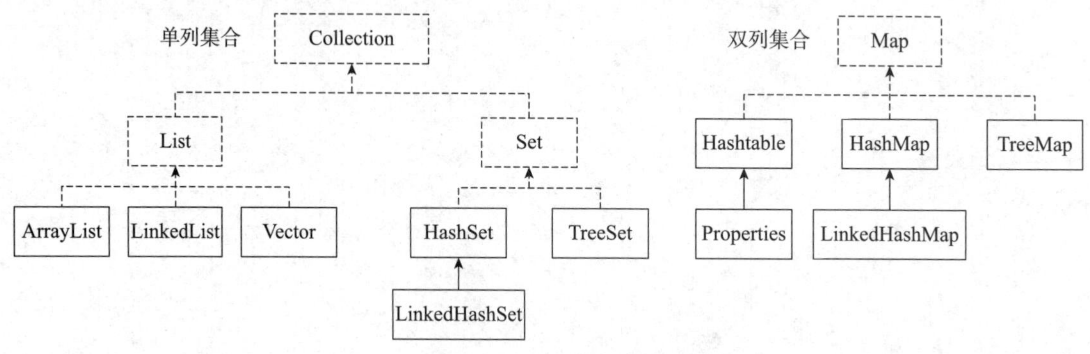

图17-1　集合体系图

集合的接口定义了集合的本质特性，集合框架有两个顶层接口，一个是Collection，它定义的是单列集合；另一个是Map，它定义了双列集合，其他的接口和类都继承和实现了这两个接口。

先看一下Collection接口，表17-1所示列出了Collection接口的方法。

表17-1　Collection 接口的方法

方　法	描　述
boolean add(E obj)	将 obj 添加到集合
boolean addAll(Collection<? extends E> c)	将 c 中的所有元素添加到集合中
boolean remove(Object obj)	从集合中删除 obj
boolean removeAll(Collection<?> c)	从集合中删除 c 的所有元素
void clear()	删除集合中的所有元素
boolean contains(Object obj)	如果 obj 是集合的元素，则返回 true
boolean isEmpty()	如果集合为空，则返回 true
int size()	返回集合中元素的数量
Iterator<E> iterator()	返回集合的一个迭代器
containAll(Collection c)	如果 c 中所有元素都在集合中，则返回 true

Collection接口有两个子接口List和Set。

17.1.1 List 接口

实现List接口的集合类存储的是一组有序、可以重复的数据，有序是指元素进出的顺序一致，可以重复是指元素是可以重复的。List接口继承了Collection接口，所以具有Collection接口的所有方法，同时它还有自己特有的方法，List接口的方法如表17-2所示。

表17-2 List 接口的方法

方 法	描 述
void add(int index, E obj)	将 obj 插入 index 索引所指定的位置
boolean addAll(int index, Collection<?extends E> c)	将 c 的所有元素插入到 index 索引所指定的位置
E remove(int index)	删除 index 索引位置的元素，返回删除的元素
E set(int index, E obj)	将 index 索引指定位置的元素设置为 obj
E get(int index)	返回指定索引 index 处存储的对象
int indexOf(Object obj)	返回第一个 obj 对象的索引
int lastIndexOf(Object obj)	返回列表中最后一个 obj 对象的索引
ListIterator<E> listIterator()	返回一个迭代器
List<E> subList(int start,int end)	返回一个 start 开始 ,end-1 结束的子列表

从上表可以看出，List接口中特有的方法大部分都带有index参数，index表示索引位置。

List接口有3个实现类：ArrayList、LinkedList和Vector。Vector不太常用，主要介绍ArrayList和LinkedList两个实现类。

17.1.2 ArrayList 集合

17

ArrayList集合实现了List接口，它非常常用，它的数据结构是一个长度可变的数组，数组中存储的是对象的引用。

下面来看ArrayList集合的案例。

【例17-1】ArrayList集合的应用

```
1  package cn.minimal.chapter17.demo01;
2
3  import java.util.ArrayList;
4
5  public class ArrayListDemo01 {
6      public static void main(String[] args) {
7          ArrayList arrayList = new ArrayList();      //创建ArrayList集合对象
8          arrayList.add("杨过");                      //添加“杨过”到集合
9          arrayList.add("小龙女");                    //添加“小龙女”到集合
10         arrayList.add(1,"郭靖");                    //将“郭靖”插入到集合的第一个位置
11         arrayList.remove(2);                        //删除arrayList集合中索引为2的值
12         arrayList.set(1,"黄蓉");                    //修改索引为1处的数据为“黄蓉”
```

```
13          for (int i = 0; i < arrayList.size(); i++) {  //遍历集合打印每一个元素
14              String arr =  (String)arrayList.get(i);
15              System.out.println(arr);
16          }
17      }
18 }
```

执行结果如下：

```
杨过
黄蓉
```

解析：ArrayList是最常用的集合，集合中元素的类型是Object类型，Object类型是所有类型的父类，所以ArrayList中可以存储任意类型的数据，它的常用方法就是往集合中添加数据，遍历集合。该案例第7~10行都是往集合中添加数据，添加数据可以用Collection接口的方法直接添加到集合的末尾，也可以用List接口的方法，按照索引位置添加元素；第11行是删除元素；第12行是修改索引为1的元素值；第13~15行是循环遍历元素，打印每一个元素。arrayList.size()可以获取到该集合有多少个元素，arrayList.get(i)可以根据索引获取集合中的元素。

例17-1中ArrayList集合中存储的是字符串，ArrayList集合中也可以存储对象。下面来看ArrayList集合存储对象的案例。

【例17-2】使用ArrayList集合存储对象

先定义一个Animal类：

```
package cn.minimal.chaptor17.demo01;

public class Animal {
    private String color;
    private int age;

    public Animal(String color, int age) {
        this.color = color;
        this.age = age;
    }
get; set; ...
}
```

定义测试类：

```
package cn.minimal.chaptor17.demo01;

import java.util.ArrayList;

public class ArrayListDemo02 {
    public static void main(String[] args) {
```

```
        ArrayList arr = new ArrayList();                    // 创建 ArrayList 对象
        Animal a1 = new Animal(" 白色 ",7);                  // 创建动物对象
        Animal a2 = new Animal(" 黑色 ",3);                  // 创建动物对象
        arr.add(a1);                                        // 将动物添加到 arr 集合中
        arr.add(a2);                                        // 将动物添加到 arr 集合中
        System.out.println(" 动物个数为: "+arr.size());      // 打印集合中元素的个数
        for (int i = 0; i < arr.size(); i++) {              // 循环遍历集合
            Animal an = (Animal)arr.get(i);                 // 获取集合中的元素并转换为动物类
            System.out.println(" 动物的颜色为 "+an.getColor()); // 打印动物的颜色
        }
    }
}
```

执行结果如下：

```
动物个数为: 2
动物的颜色为白色
动物的颜色为黑色
```

ArrayList集合有什么特点呢？ ArrayList底层是一个数组，数组的长度是不可变的，ArrayList在添加或删除元素时如果容量不够，会重新生成一个新的数组，因此ArrayList增、删元素的效率是很低的。但是数组每个元素都有索引，根据索引来查找元素非常快速方便，因此，ArrayList集合的特点是查找效率高，增、删效率低。

17.1.3 LinkedList 集合

ArrayList集合的增、删效率低，而LinkedList集合恰好可以和它互补，LinkedList类也实现了List接口。下面来看一个案例。

【例17-3】LinkedList集合的应用

```
package cn.minimal.chaptor17.demo01;

import java.util.LinkedList;

public class LinkedListDemo {
    public static void main(String[] args) {
        LinkedList list = new LinkedList();     // 创建 LinkedList 集合对象
        list.addFirst(" 宋江 ");                 // 在第一个元素添加“宋江”
        list.addFirst(" 林冲 ");                 // 在第一个元素处添加“林冲”
        list.add(" 晁盖 ");                      // 在最后添加“晁盖”
        System.out.println(list.getFirst());    // 打印第一个元素
        System.out.println(list.getLast());     // 打印最后一个元素
        System.out.println(list);               // 打印 list 集合
        System.out.println(list.removeFirst()); // 删除第一个元素
        System.out.println(list);               // 打印 list 集合
    }
}
```

执行结果如下：

```
林冲
晁盖
[林冲, 宋江, 晁盖]
林冲
[宋江, 晁盖]
```

解析：从该案例可以看出，LinkedList集合中主要增加了一些针对首尾元素的一些方法。LinkedList集合的底层是一个双向链表结构，在该链表中每一个节点存储的数据有3部分，除了存储本身的数据之外，还存储指向前一个节点的指针和指向后一个节点的指针，形成一个链表，如图17–2所示。

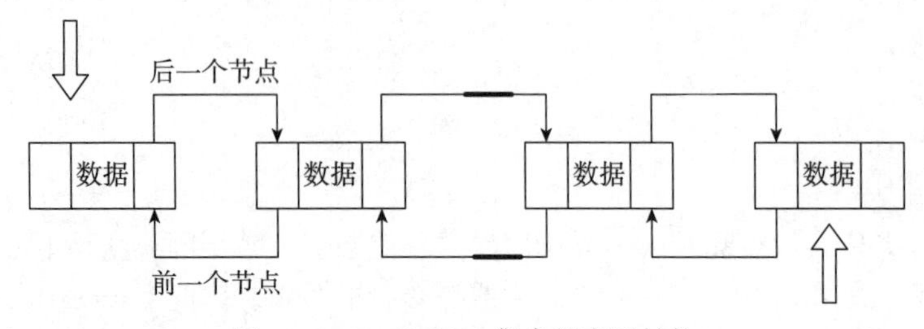

图17–2　LinkedList集合的底层结构

双向链表查询效率较低，因为查询一个元素需要从第一个节点开始查询，遍历每一个节点直到找到所需节点，插入、删除效率高。例如，删掉一个节点，只需调整一下指针的指向。删除倒数第二个结点的方法，如图17–3所示。

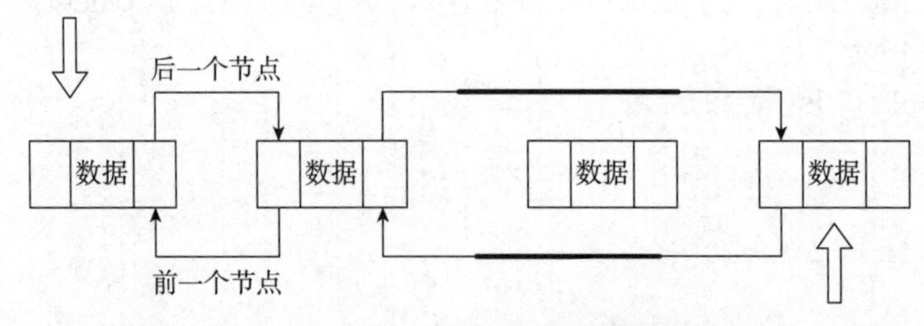

图17–3　使用LinkedList集合删除元素

小技巧：

ArrayList集合的底层是可变数组——查询快，增、删慢，所以查询多或增、删少的场合适用；LinkedList集合的底层是双向链表——查询慢，增、删快，所以增、删多或查询少的场合适用。

17.2 Set接口

Set接口也继承了Collection接口，Set接口没有索引的概念，它没有对Collection进行功能上的扩充。实现Set接口的集合中的元素是无序不可重复的，无序表示存入和取出的顺序不一定一致，不可重复表示集合中的元素必须唯一。

Set接口的实现类有HashSet类和TreeSet类，常用的是HashSet类。HashSet类中的元素是无序不重复的，当遍历HashSet类中的元素时，HashSet的打印顺序可能和输入顺序不同。

下面来看一个HashSet类的案例。

【例17-4】HashSet类的应用

```
package cn.minimal.chaptor17.demo01;

import java.util.HashSet;

public class HashSetDemo {
    public static void main(String[] args) {
        HashSet hs = new HashSet();                  //创建HashSet对象
        hs.add("孙悟空");                             //添加元素
        hs.add("唐僧");
        hs.add("猪八戒");
        hs.add("唐僧");
        System.out.println(hs.size());               //打印HashSet对象中有多少个元素
        System.out.println(hs);                      //打印HashSet对象中的所有元素
    }
}
```

执行结果如下：

```
3
[孙悟空，猪八戒，唐僧]
```

解析：该案例HashSet类中的元素共有4个，最后打印集合中的元素个数时只有3个，原因是有2个“唐僧”重复了，所以只能存入一个。另外，从执行结果也可以看出，存入的元素和取出的元素顺序是不一致的。

> **注意：**
>
> 实现了List接口的集合表示有序、有索引、元素可重复，实现了Set接口的集合表示无序、无索引、元素不可重复。

17.3 集合遍历

17.3.1 Iterator接口

Iterator接口用来循环遍历Collection集合(也就是访问集合中的每一个元素)，它被称为迭代器。

该接口有以下方法。

boolean hasNext()：如果下一个元素不为空，则返回true。

T next(): 返回下一个元素。

void remove(): 删除迭代器返回的元素。

下面来看一个迭代器的案例。

【例17-5】使用迭代器遍历集合

```
 1 package cn.minimal.chaptor17.demo01;
 2
 3 import java.util.ArrayList;
 4 import java.util.Iterator;
 5
 6 public class IteratorDemo {
 7     public static void main(String[] args) {
 8         ArrayList arr = new ArrayList();   // 创建一个 ArrayList 集合
 9         arr.add("张三丰");                  // 往集合中添加元素
10         arr.add("张翠山");
11         arr.add("张无忌");
12         Iterator it = arr.iterator();      // 调用 iterator 方法返回迭代器
13         while(it.hasNext()){                       // 判断是否还有下一个元素
14             String str = (String)it.next();  //如果有，则获取下一个元素，同时指针向后移动一位
15             if(str.equals("张翠山")){       // 如果当前元素为"张翠山"
16                 it.remove();                       // 则删除张翠山
17             }
18         }
19         System.out.println(arr);           // 打印集合
20     }
21 }
```

执行结果如下：

```
[张三丰, 张无忌]
```

解析：第8行创建了一个ArrayList集合，该集合实现了Collection接口，可以使用迭代器进行遍历；第12行调用iterator方法返回迭代器对象；第13行在while循环中调用hasNext方法判断是否还有下一个元素，如果有，则调用next方法获取下一个元素，同时指针向后移动一位；第15行判断当前元素是否为“张翠山”，如果是，则删除。

迭代器中有一个指针的概念，迭代器的工作原理如图17-4所示。

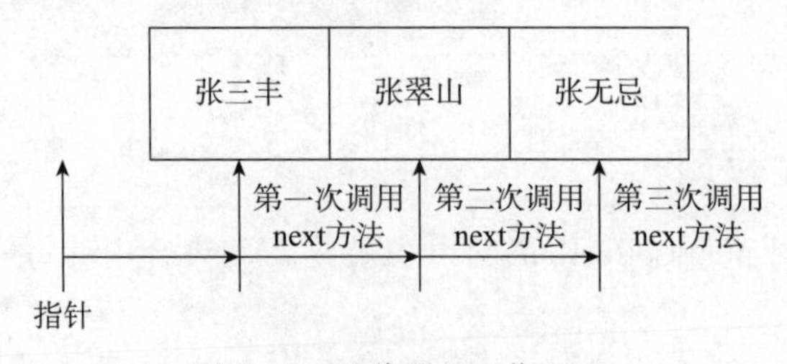

图17-4 迭代器的工作原理

通过上图可以发现，指针刚开始是指向第一个元素的前面，第一次循环的时候调用hasNext方法判断有下一个元素，进入循环调用next方法获取下一个元素，指针向后移动一位指向了第一个元素，继续循环，直到指针指向最后一个元素，再次调用hasNext方法，返回false，循环结束。

17.3.2 foreach 循环

使用迭代器遍历集合比较麻烦，为了简化写法，可以使用foreach循环来遍历数组或集合，语法结构如下：

```
for(集合或数组中元素类型 变量名 : 集合或数组) {
    // 执行语句
}
```

foreach循环也叫增强for循环，它有一个缺点是，只能读取集合或数组中的元素，不能修改。下面来看一个案例。

【例17-6】foreach循环的应用

```java
package cn.minimal.chaptor17.demo01;

import java.util.ArrayList;

public class foreachDemo {
    public static void main(String[] args) {
        ArrayList arr = new ArrayList();        // 创建 ArrayList 集合对象
        arr.add("a1");                          // 往集合中添加元素
        arr.add("a2");
        arr.add("a3");
        for (Object o : arr) {                  // 循环遍历集合中的元素并打印
            System.out.println(o);
        }
    }
}
```

执行结果如下：

```
a1
a2
a3
```

解析：案例中使用了foreach循环打印ArrayList集合中的元素，for (Object o : arr)语句中的arr代表该ArrayList集合对象，Object是集合中元素的类型，o表示集合中的每个元素。该结构会将arr中的每个元素打印。

注意：

使用迭代器遍历和使用foreach循环遍历的不同之处如下：

（1）迭代器遍历不能增、改元素，可以删除元素，foreach循环只能读取元素。

（2）迭代器只能操作实现了Collection接口的集合，foreach可以操作集合和数组。

（3）迭代器的使用比foreach要复杂。

17.4 Map 集合

17.4.1 什么是Map 接口

实现了Map接口的集合存储的数据是键值对，键和值是一一对应的关系，通过键可以找到值。例如，中国人说汉语，美国人说英语，那么中国人和汉语对应，美国人和英语对应。中国人和汉语就是一个键值对，美国人和英语也是一个键值对，这也是它和实现Collection接口的集合的最大不同之处。实现Collection接口的集合存储的是单个元素，因此又叫单列集合；实现Map接口的集合存储的是键值对，因此又叫双列集合，如图17-5所示。

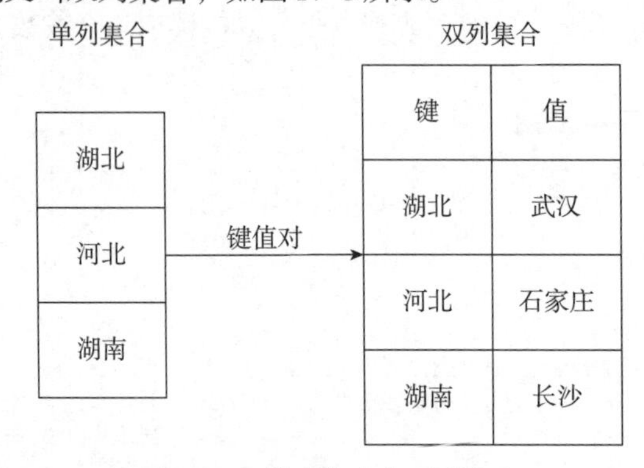

图 17-5 单列集合和双列集合

17.4.2 Map 接口中的常用方法

Map接口中有一些常用方法，如表17-3所示。

表17-3 Map 接口中的常用方法及功能

方 法	功 能
void put(Object key, Object value)	向 Map 集合中添加键值对元素
int size()	返回 Map 集合键值对元素的个数
Object get(Object key)	返回 Map 集合中键 key 所对应的值
boolean containsKey(Object key)	如果 Map 集合中包含键 key，则返回 true
boolean containsValue(Object value)	如果 Map 集合中包含值 value，则返回 true
Object remove(Object key)	删除并返回 Map 集合中键 key 所对应的键值对
void clear()	清空 Map 集合中的键值对元素
Set keySet()	返回 Map 集合中所有的键
Collection values()	返回 Map 集合中所有的值
Set<Map.Entry<Key,Value>> entrySet()	将 Map 集合转换为元素类型为 Entry 的 Set 集合

Map接口有多个子类，现重点讲解常用的HashMap集合。

下面来看一个案例。

【例17-7】HashMap集合的应用

```
package cn.minimal.chaptor17.demo02;

import java.util.HashMap;

public class MapDemo1 {
    public static void main(String[] args) {
        HashMap map = new HashMap();                  // 创建 HashMap 集合
        map.put("中国人","汉语");                      // 添加键值对
        map.put("美国人","英语");
        map.put("法国人","法语");
        map.put("美国人","俄语");
        System.out.println(map);                      // 打印 map 集合
        // 判断并打印集合中是否包含“中国人”
        System.out.println(map.containsKey("中国人"));
        System.out.println(map.get("法国人")); // 获取键名为“法国人”对应的值
        System.out.println(map.keySet());       // 打印 map 集合中的键的集合
        System.out.println(map.values());       // 打印 map 集合中值的集合
        map.replace("法国人","汉语");           // 将键“法国人”对应的值替换为“汉语”
        System.out.println(map);
        map.remove("美国人");                   // 删除键“美国人”对应的键值对
        System.out.println(map);
    }
}
```

17

执行结果如下：

```
{法国人=法语, 美国人=俄语, 中国人=汉语}
true
法语
[法国人, 美国人, 中国人]
[法语, 俄语, 汉语]
{法国人=汉语, 美国人=俄语, 中国人=汉语}
{法国人=汉语, 中国人=汉语}
```

解析：因为Map集合中的键不能重复，此处有重复的键“美国人”，因此后面的键值对会覆盖前面的键值对，结果就为“美国人=俄语”。

17.4.3 遍历Map集合1

因为Map集合中存储的是键值对，它是一个双列集合，无法直接通过迭代器遍历。遍历Map集合有两种方式。

第一种方式是键找值，也就是先获取Map集合中所有的键的集合，然后通过遍历键的集合找到每个键对应的值。

下面看一个案例。

【例17-8】通过键找值的方式遍历集合

```
1  package cn.minimal.chaptor17.demo02;
2
3  import java.util.HashMap;
4  import java.util.Iterator;
5  import java.util.Set;
6
7  public class MapDemo2 {
8      public static void main(String[] args) {
9          HashMap map = new HashMap();                    //创建HashMap集合
10         map.put("湖北","武汉");                          //添加键值对
11         map.put("河北","石家庄");
12         map.put("湖南","长沙");
13         Set keys = map.keySet();                        //获取集合中所有的键
14         Iterator it = keys.iterator();                  //获取迭代器对象
15         while(it.hasNext()){                            //循环遍历所有的键
16             String key = (String)it.next();             //获取键
17             String value = (String)map.get(key);        //根据键获取值
18             System.out.println(key+"="+value);          //打印键值对
19         }
20     }
21 }
```

执行结果如下：

```
河北=石家庄
湖北=武汉
湖南=长沙
```

解析： 从该案例可以看出，通过键找值的方式遍历Map集合的步骤如下。

第1步：获取该Map集合所有的键的集合（是一个Set集合），如第13行代码所示。

第2步：循环遍历该Set集合得到每一个键，如第15行代码。

第3步：通过键获取对应的值，如第17行代码。

调用KeySet()方法获取集合中所有的键，如图17-6所示。

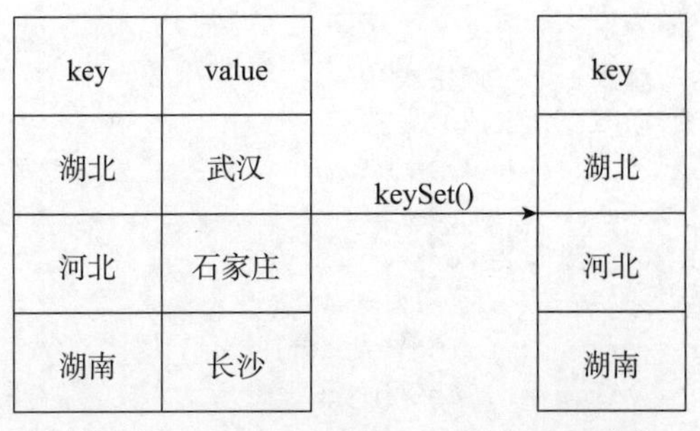

图 17-6 获取集合中所有的键

17.4.4 遍历 Map 集合 2

第二种方式是通过键值对遍历Map集合，在Map中有一个内部类Entry，该类封装了键值对，如图17-7所示。

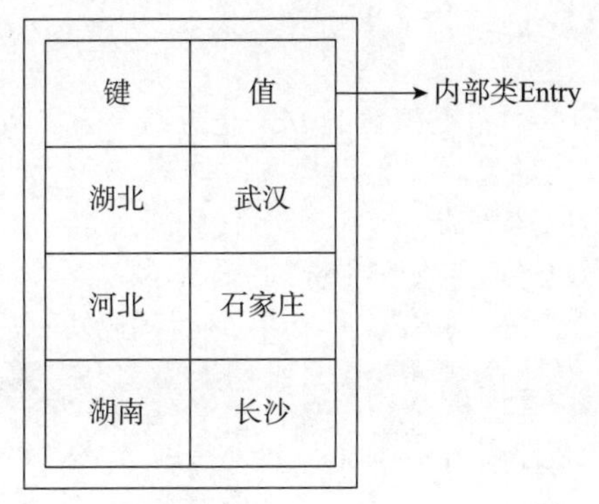

图 17-7 键值对

可以先获取所有键值对的集合，该集合是一个Set集合，它的每一个元素都是一个键值对，然后循环遍历该键值对的集合获取键和值。

下面来看一个案例。

【例 17-9】通过键值对的方式遍历集合

```
1  package cn.minimal.chaptor17.demo02;
2
3  import java.util.HashMap;
4  import java.util.Iterator;
5  import java.util.Map;
6  import java.util.Set;
7  public class MapDemo3 {
8      public static void main(String[] args) {
9          HashMap map = new HashMap();              //创建 HashMap 集合
```

```
10          map.put("湖北","武汉");                          //添加键值对
11          map.put("河北","石家庄");
12          map.put("湖南","长沙");
13          Set entry = map.entrySet();                      //获取集合的Entry键值对集合
14          Iterator it = entry.iterator();                  //获取迭代器
15          while(it.hasNext()){                             //循环遍历集合
16              Map.Entry en = (Map.Entry)it.next();         //获取键值对
17              String key = (String)en.getKey();            //获取键
18              String value = (String)en.getValue();        //获取值
19              System.out.println(key+":"+value);
20          }
21      }
22 }
```

执行结果如下:

```
河北：石家庄
湖北：武汉
湖南：长沙
```

解析: 通过这个案例总结出的通过键值对的方式遍历集合的步骤如下。

第1步: 调用map.entrySet()方法获取键值对集合，如第13行代码所示。

第2步: 获取该键值对集合的迭代器，如第14行代码所示。

第3步: 循环遍历集合获取键值对，如第15行代码所示。

第4步: 通过键值对获取键和值，如第17行和第18行代码所示。

注意:

Map集合不能直接使用迭代器或者foreach循环进行遍历，需要先获取其键的Set集合或键值对的Set集合才能使用。

17.5 Collections 集合工具类

Collections类位于java.util包中，它是集合工具类，用来对集合进行操作，它的一些常用的静态方法如表17-4所示。

表17-4 Collections 集合工具类中常用的静态方法

方　法	功　能
static <T> boolean addAll(Collection<? super T> c, T... elements)	将所有元素 elements 添加到集合 c 中
static void reverse(List list)	反转 list 集合中元素的顺序
static void shuffle(List list)	对 list 集合中的元素进行随机排序
static void sort(List list)	按照自然顺序对 list 集合中的元素进行排序
static Object max(Collection col)	返回 col 集合中最大的元素
static Object min(Collection col)	返回 col 集合中最小的元素

下面来看一个案例。

【例17-10】Collections集合工具类的应用

```
package cn.minimal.chapter17.demo02;

import java.util.ArrayList;
import java.util.Collections;

public class CollectionsDemo {
    public static void main(String[] args) {
        ArrayList list = new ArrayList();                //创建一个ArrayList集合对象
        Collections.addAll(list,"a","c","b","m");        //向集合中添加元素
        System.out.println("集合元素为: "+list);          //打印集合中的元素
        Collections.reverse(list);                       //将元素反转
        System.out.println("反转后 :"+list);
        Collections.shuffle(list);                       //将元素随机排列
        System.out.println("随机排序后: "+list);
        Collections.sort(list);                          //将元素排序
        System.out.println("排序后: "+list);
        System.out.println("最大为 :"+Collections.max(list)); //获取集合中元素的最大值
        System.out.println("最小为 :"+Collections.min(list)); //获取集合中元素的最小值
    }
}
```

执行结果如下：

```
集合元素为: [a, c, b, m]
反转后 :[m, b, c, a]
随机排序后: [b, m, a, c]
排序后: [a, b, c, m]
最大为 :m
最小为 :a
```

17.6　泛型

Java泛型是JDK 1.5的新特性，其本质是参数化类型，也就是说，所操作的数据类型被指定为一个参数，这种参数类型可以用在类、接口和方法的创建中，分别称为泛型类、泛型接口、泛型方法。泛型类中最常用的是泛型集合。

17.6.1　泛型集合

在17.1~17.5节所学的集合中，其存储的元素都是Object类的，Object类是所有类型的父类，所有类型的数据都可以存入集合，存入集合的元素被强制转换类型时有可能会报错，具体看以下案例。

【例17-11】普通集合的问题

```
package cn.minimal.chaptor17.demo03;

import java.util.ArrayList;

public class GenericDemo01 {
    public static void main(String[] args) {
        ArrayList arr = new ArrayList();        //创建ArrayList集合对象
        arr.add("1");                           //往集合中添加字符串
        arr.add("2");
        arr.add(3);                             //往集合中添加整数
        for (Object o : arr) {                  //循环遍历集合
            String str = (String)o;             //将集合中的元素转换为String型
            System.out.println(str);
        }
    }
}
```

执行结果如下：

```
1
2
Exception in thread "main" java.lang.ClassCastException: class java.lang.Integer
cannot be cast to class java.lang.String (java.lang.Integer and java.lang.String
are in module java.base of loader 'bootstrap')
at cn.minimal.chaptor17.demo03.GenericDemo01.main(GenericDemo01.java:12)
```

解析：该案例中给ArrayList集合的对象添加了两个字符串，又添加了一个整数。在循环遍历时将集合中的元素强制转换成字符串，结果出现了类型转换错误。这是因为有一个是整数，无法强制转换为字符串。

这样的错误只有到运行时才能暴露出来，有没有办法让它在编译的时候就暴露出来呢？答案是有的，那就是用泛型集合。

泛型集合规定集合中的元素必须是某种类型，其他类型的元素无法放入集合中。

典型泛型集合有ArrayList<E>和HashMap<K,V>。<E>、<K,V>表示该泛型集合中的元素类型，例如ArrayList<Integer>表示该ArrayList集合中只能存储Integer类型的数据。

【例17-12】List泛型集合的应用

定义Animal类：

```
package cn.minimal.chaptor17.demo03;

public class Animal {
    private String color;
    private int age;

    public Animal(String color, int age) {
```

```
        this.color = color;
        this.age = age;
    }
get; set; ...
    }
```

定义测试类:

```
 1 package cn.minimal.chaptor17.demo03;
 2
 3 import java.util.ArrayList;
 4
 5 public class GenericDemo02 {
 6     public static void main(String[] args) {
 7         //创建一个ArrayList的泛型集合
 8         ArrayList<Animal> arr = new ArrayList<Animal>();
 9         Animal a1 = new Animal("红色",6);
10         Animal a2 = new Animal("黑色",5);
11         arr.add(a1);                          //将Animal对象放入集合
12         arr.add(a2);
13         arr.add(3);
14         for (Animal animal : arr) {           //循环,遍历打印对象的颜色属性
15             System.out.println(animal.getColor());
16         }
17     }
18 }
```

执行结果如下:

```
红色
黑色
```

解析:第7行创建了一个ArrayList<Animal>的泛型集合,表示该集合中只能存放Animal类型的对象,第12行存入一个整型的3,编译时会报错。也就是说,错误从运行时出现转为编译时出现,这样便于及时发现和改正错误。

再来看一个Map泛型集合的案例。

【例17-13】Map泛型集合的应用

```
 1 package cn.minimal.chaptor17.demo03;
 2
 3 import java.util.HashMap;
 4 import java.util.Iterator;
 5 import java.util.Map;
 6 import java.util.Set;
 7
 8 public class GenericDemo03 {
 9     public static void main(String[] args) {
10         HashMap<Animal,String> hm = new HashMap<Animal,String>(); //创建HashMap泛型集合
```

17

```
11          Animal a1 = new Animal("红色",4);                    //创建Animal对象
12          Animal a2 = new Animal("黑色",6);
13          hm.put(a1,"小狗");                                    //将Animal对象放入集合
14          hm.put(a2,"小猫");
15          //调用entrySet方法获取键值对集合
16          Set<Map.Entry<Animal,String>> entry = hm.entrySet();
17          Iterator it = entry.iterator();                      //获取迭代器
18          while(it.hasNext()){                                 //循环遍历
19             //获取键值对
20             Map.Entry<Animal,String> en = (Map.Entry<Animal,String>)it.next();
21             Animal key = en.getKey();                          //获取键
22             String value = en.getValue();                      //获取值
23             System.out.println(key.getColor()+value);
24          }
25      }
26 }
```

执行结果如下：

```
红色小狗
黑色小猫
```

解析：第10行创建了一个HashMap的泛型集合，它的键是Animal类型的，值是String类型的。所以在存放数据时键只能为Animal类型的对象，值只能为String 类型。

17.6.2 泛型类、泛型方法和泛型接口

除了使用已经定义好的泛型集合，还可以自定义泛型类、泛型方法和泛型接口。

1. 泛型类

下面看一个自定义泛型类的案例。

【例17-14】自定义泛型类

定义泛型类：

```
package cn.minimal.chaptor17.demo03;
/*
定义泛型类:
 */
public class GenericClass<T> {
    public T getResult(T t){
        return  t;
    }
}
```

解析：这里定义了一个泛型类GenericClass，类名后面有一个<T>，T表示类型，但是并没有指定具体类型，它相当于一个参数，在实例化类时可以将具体的类型传入。该类中所有出现T的位置都代表这一类型。

定义测试类：

```
package cn.minimal.chaptor17.demo03;

public class GenericClassTest {
    public static void main(String[] args) {
        GenericClass<String> a = new GenericClass<String>();
        System.out.println(a.getResult("hello"));
    }
}
```

解析：当实例化该泛型类的对象时，new GenericClass <String>()语句给<T>这个类型参数传入一个具体的类型String，于是所有T都表示String类型（假如传入的是Integer型，那T就表示Integer）。

2. 泛型方法

泛型类定义的泛型在整个类中有效。如果想让泛型只是对某个方法有效，就可以定义泛型方法。下面来看一个泛型方法的案例。

【例17-15】泛型方法

定义泛型方法：

```
package cn.minimal.chaptor17.demo03;

public class GenericMethod {
    //定义泛型方法 T 为类型参数
    public <T> T get(T t){
        return t;
    }
    //定义泛型方法 M 为类型参数
    public <M> void print(M m){
        System.out.println(m);
    }
}
```

解析：这里定义了两个泛型方法:get(T t)和print(M m)。这两个泛型方法的方法参数都可以传入任意类型的数据。

定义测试类：

```
package cn.minimal.chaptor17.demo03;

public class GenericMethodTest {
    public static void main(String[] args) {
        GenericMethod gm = new GenericMethod();
        int num = gm.get(123);  //此处传入的参数 123 是 int 类型的，所以 T 代表 Integer 类型
        gm.print("xyz");        //此处传入的参数“xyz”是字符串型的，所以 M 代表 String 类型
    }
}
```

17

解析：在调用get方法时传入的是123，于是T为Integer型。调用print方法时传入的是“xyz”，于是M为String型。

在传入不同类型的对象时，泛型方法会根据所传入的对象自动调整为不同的类型。从这点看，泛型方法貌似比泛型类方便一些，但是这也需要具体问题具体分析。如果类中传入的对象类型会影响其类中方法的类型，那么泛型定义在类上是比较方便的。集合也是如此，如ArrayList集合，只要传入的对象一明确，其添加、删除操作也都明确了。

3. 泛型接口

泛型也可以定义在接口上，来看一个案例。

【例17-16】泛型接口

定义泛型接口：

```
package cn.minimal.chaptor17.demo03;

public interface GenericInter<T> {
    T get(T t);
}
```

实现该泛型接口的方式有两种。

第1种：在实现接口时能确定具体的类型。

```
package cn.minimal.chaptor17.demo03;

public class GenericInterImpl implements GenericInter<Integer> {
    @Override
    public Integer get(Integer integer) {
        return integer;
    }
}
```

该类实现了接口，同时将类型Integer的参数传入，所以该泛型接口的T就表示Integer类型。

第2种：在实现接口时不能确定具体类型。

```
package cn.minimal.chaptor17.demo03;

public class GenericInterImpl2<T> implements GenericInter<T> {
    @Override
    public T get(T t) {
        return t;
    }
}
```

该类在实现泛型接口时不能确定参数类型，因此继续用T类，当实例化类时再确定T为何种类型。

```
package cn.minimal.chaptor17.demo03;

public class GenericInterImpl2Test {
```

```
    public static void main(String[] args) {
        //创建类的对象时确定泛型类型为 String
        GenericInterImpl2<String> gen = new GenericInterImpl2<String>();
        String str = gen.get("hello");
        System.out.println(str);
    }
}
```

创建GenericInterImpl2对象时确定其类型为String型。

练习17

17-1 简述集合框架。

17-2 创建一个Student类，它有姓名和分数属性；创建ArrayList集合，存入三个学生对象，用迭代器遍历集合并打印姓名和分数。

17-3 调用上题的Student类，遍历学生对象，为每个学生加5分，打印每个学生的信息。

17-4 学生应聘至外企工作，每个学生都会有一个英文名称，对应该学员对象，请实现通过英文名称获得该学员对象的详细信息并打印(学生属性包括姓名和性别)。

17-5 定义一个方法，要求：把int型数组转换为存有相同元素的集合(集合里面的元素是Integer型)并返回。

17-6 Map接口中有哪些常用方法?

17-7 使用map集合存储，自定义数据类型Car，有属性颜色(color)和品牌(brand)作为键，对应的价格作为值，并使用keySet和entrySet两种方式遍历Map集合。

17-8 现在有一个map集合如下：

```
Map<Integer,String> map = new HashMap<Integer, String>();
map.put(1, "张三丰");
map.put(2, "周芷若");
map.put(3, "汪峰");
map.put(4, "灭绝师太");
```

要求：

(1)遍历集合，并打印序号与对应人名。

(2)向该map集合中插入一个编码为5、姓名为“李晓红”的信息。

(3)移除该map集合中编号为1的信息。

(4)将map集合中编号为2的姓名信息修改为“周林”。

17-9 有两个数组，第一个数组内容为“[黑龙江省,浙江省,江西省,广东省,福建省]”，第二个数组为“[哈尔滨,杭州,南昌,广州,福州]”，将第一个数组中的元素作为key，第二个数组中的元素作为value存储到map集合中，如“{黑龙江省=哈尔滨, 浙江省=杭州, ...}”。

17-10 产生10个1~100的随机数，并存入一个数组中，把数组中大于等于10的数字存入一个list集合中，并打印到控制台。

第 18 章

I/O 流

学习目标

文件读 / 写是一种非常常见的操作，在 Java 中文件和文件夹是用 File 类来进行封装的，读取和写入文件需要用到 I/O 流。通过本章的学习，读者将可以做到：

- 掌握字符编码表
- 理解并掌握递归
- 理解 I/O 流
- 掌握输入流的用法
- 掌握输出流的用法

内容浏览

18.1 字符编码表
18.1.1 常用的编码
18.1.2 字符的编码和解码
18.2 递归
18.3 I/O 操作
18.3.1 什么是 I/O 操作
18.3.2 File 类概述
18.3.3 File 类的常用方法
18.3.4 文件和文件夹的操作方法
18.3.5 获取目录中的所有文件和文件夹
18.3.6 I/O 流
18.3.7 字节流
18.3.8 字节输出流 OutputStream
18.3.9 I/O 异常的处理
18.3.10 字节输入流 InputStream
练习 18

18.1 字符编码表

计算机中的数据都是以二进制的形式存储的，计算机不能直接识别生活中各种类型的数据。如何让计算机能够理解这些数据呢？可以通过编码表，编码表就是字符和二进制的对应关系表。

18.1.1 常用的编码

常用的编码主要有:ASCII编码、ISO-8859-1编码、GB2312编码、GBK编码、Unicode编码和UTF-8编码等。

（1）ASCII编码（American Standard Code for Information Interchange，美国标准信息交换码）：使用8位二进制数(其中第一位二进制为0)来表示所有的大小写字母、数字0~9、标点符号，表18-1所示为部分对应关系。

表18-1 部分ASCII码表对应关系

二进制	十进制	十六进制	控制字符
0100 0000	64	40	@
0100 0001	65	41	A
0100 0010	66	42	B
0100 0011	67	43	C
0100 0100	68	44	D
0100 0101	69	45	E
0100 0110	70	46	F
0100 0111	71	47	G
0100 1000	72	48	H
⋮	⋮	⋮	⋮
01100001	97	61	a
01100010	98	62	b
01100011	99	63	c
01100100	100	64	d

（2）ISO-8859-1编码：是单字节编码，它使用8位二进制数，向下兼容ASCII码，即它包括了所有ASCII码对应的字符，除ASCII收录的字符外，还包括西欧语言、希腊语、泰语、阿拉伯语、希伯来语对应的文字符号。

（3）GB2312编码：是简体中文编码，包含6763个常用汉字，用两个字节存储。

（4）GBK编码：是目前最常用的中文编码，包含21886个汉字和符号。它采用单双字节变长编码，英文使用单字节编码，完全兼容ASCII码，中文部分采用双字节编码，兼容GB2312编码。

（5）Unicode编码：又称统一码、万国码、单一码，用两字节表示一个字符，它是为了解决传统的字符编码方案的局限性而产生的，它为每种语言中的每个字符设定了统一并且唯一的二进制编码，以满足跨语言、跨平台进行文本转换、处理的要求。

（6）UTF-8编码：是基于Unicode的可变长度字符编码，UTF-8使用1~4字节为每个字符编码，一个ASCII字符只需1字节编码，它可以用来表示Unicode标准中的任何字符。

于开发而言，常用的编码表一般为GBK、UTF-8和ISO-8859-1。

18.1.2 字符的编码和解码

所谓编码，就是将字符转换为二进制，解码就是将二进制转换为字符。

下面来看一个案例。

【例18-1】编码与解码的转换

```
1  package cn.minimal.chaptor19.demo01;
2
3  import java.io.UnsupportedEncodingException;
4
5  public class CodecDemo {
6      public static void main(String[] args) throws UnsupportedEncodingException {
7          String str = "你好";
8          //编码，将字符串转换为二进制，使用IDEA设置的编码表来进行编码，这里设置的是UTF-8
9          byte[] encode1 = str.getBytes();
10         //解码，将二进制转换为字符串，使用IDEA设置的UTF-8编码表来解码
11         System.out.println(new String(encode1));
12         byte[] encode2 = str.getBytes("GBK");     //使用GBK编码表进行编码
13         System.out.println(new String(encode2,"UTF-8")); //使用UTF-8编码表进行解码
14     }
15 }
```

执行结果如下：

```
你好
…
```

解析：第9行将字符串“你好”转换为二进制，这就是编码，此处未指定编码表，默认会使用IDEA中设置的编码表，即UTF-8编码；第11行将二进制转换为字符串打印，这就是解码，同样默认使用IDEA设置的编码表UTF-8进行解码。编码和解码使用的编码表一致，所以能正确打印“你好”。第12行使用GBK编码表进行编码，第13行使用UTF-8进行解码，编码和解码使用的编码表不一致，所以打印的结果为乱码。

注意：

编码和解码使用的编码表必须一致，否则会产生乱码。

18.2 递归

递归是指方法调用本身。

下面来看一个案例。

【例18-2】递归的简单应用

```
package cn.minimal.chaptor18.demo01;

public class DiGuiDemo01 {
    public static void main(String[] args) {
        method();
    }
    public static void method(){
        System.out.println("递归");
        method();
    }
}
```

执行结果如下：

```
递归
递归
递归
递归
递归
Exception in thread "main" java.lang.StackOverflowError
   at java.base/sun.nio.cs.UTF_8$Encoder.encodeLoop(UTF_8.java:564)
   at java.base/java.nio.charset.CharsetEncoder.encode(CharsetEncoder.java:576)
   at java.base/sun.nio.cs.StreamEncoder.implWrite(StreamEncoder.java:292)
   at java.base/sun.nio.cs.StreamEncoder.implWrite(StreamEncoder.java:281)
```

解析：程序中声明了一个method方法，在该方法中又调用了method方法，也就是方法调用了本身，这就是递归。可以看到结果报错了，为什么会报错呢？该案例的执行过程如图18-1所示。

程序从main方法开始执行，所以main方法先进入栈内存空间，在main方法中调用了method方法，所以method方法也入栈，method方法又调用了自己，于是method方法再入栈，如此循环直到将栈空间占满，程序报错结束。

正是因为递归可能导致栈内存溢出，所以在写递归程序时一定要有限定条件，保证递归能够停下来，而且递归次数不能过多，否则也会导致栈内存溢出。

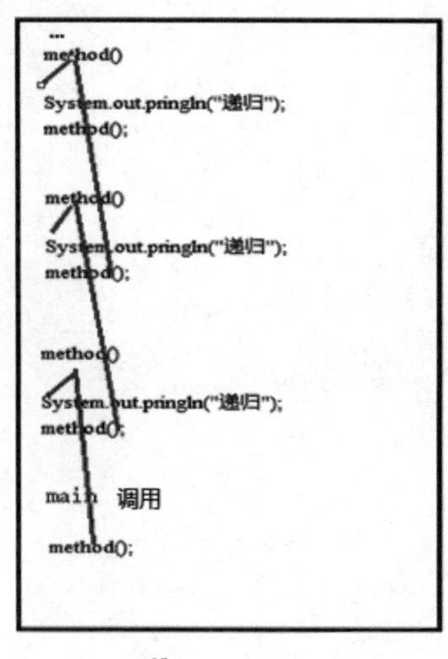

图 18-1 递归调用的过程

下面来看一个案例。

【例 18-3】使用递归计算——定义一个方法，传入参数n，计算n！(n的阶乘，即1*2*3…*n)**

```
 1  package cn.minimal.chaptor18.demo01;
 2
 3  public class DiGuiDemo02 {
 4      public static void main(String[] args) {
 5          System.out.println(product(3));
 6      }
 7      public static int product(int n){
 8          if(n==1){                              //如果 n 为 1，则返回 1
 9              return 1;
10          }
11         return n*product(n-1);                  //递归调用，返回 n！的值
12      }
13  }
```

执行结果如下：

```
6
```

解析：在这个案例中定义了一个方法product，该方法有一个参数n。product方法的功能是计算1*2*3*…*n。本例中n为3，即要计算 3*2*1，也就是n*(n−1)*(n−1−1)，相当于n*product(n−1)，此处调用了自己，使用到了递归。具体执行流程如图 18-2 所示。

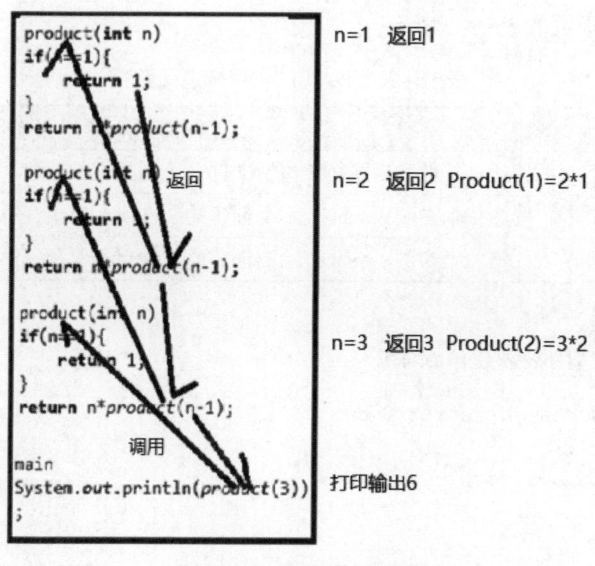

图 18-2 递归执行流程

从下往上看，在main方法中调用product(3)（第一次调用），此时n=3，返回3*product(2)；又调用了product(2)（第二次调用），计算product(2)，计算结果为2*product(1)；又调用product(1)（第三次调用），计算product(1)，此时n=1，满足n==1，返回1的条件，所以此时返回1（第一次返回），计算2*product(1)=2*1=2，返回2（第二次返回），计算3*product(2)=3*2=6，返回6（第三次返回），得到最终的结果6。

18.3 I/O 操作

18.3.1 什么是 I/O 操作

程序是在内存中运行的，一旦计算机关机，内存中的数据就会丢失，程序运行的数据也会丢失。如果将程序的数据保存在磁盘上，下次启动程序时需要从磁盘中加载数据，此时需要用到I/O操作。

I/O操作分为以下两种：

（1）输出：也称为写操作，就是将内存中的数据存储到持久化设备（磁盘、U盘等）中。

（2）输入：也称为读操作，就是将持久化设备上的数据读取到内存中。

在操作系统中，数据是以文件的形式保存的，在Java中使用File这个类来封装文件和文件夹。

18.3.2 File 类概述

文件对象和文件夹对象在Java中都可以用File类来创建，如果要操作磁盘上的文件或文件夹，就需要用到File类。

File类的常用构造函数如表18-2所示。

表18-2 File类的常用构造函数

构造函数	描 述
File(String pathname)	通过文件完整路径（包括文件名）创建文件对象
File(String parent,String child)	第一个参数parent表示要创建的文件所在目录，第二个参数表示文件名
File(File parent,String child)	第一个参数parent表示要创建的文件目录对象，第二个参数表示文件名

下面来看一个案例。

【例18-4】通过构造函数创建File对象

```
1  package cn.minimal.chaptor18.demo02;
2
3  import java.io.File;
4
5  public class FileDemo01 {
6      public static void main(String[] args) {
7          //创建文件对象，参数为文件的物理路径
8          File file1 = new File("D:\\MinimalJava\\a.txt");
9          System.out.println(file1);
10         //创建文件对象，第一个参数为文件夹的路径，第二个参数为文件名
11         File file2 = new File("D:\\MinimalJava","a.txt");
12         System.out.println(file2);
13         //创建文件夹对象
14         File dir = new File("D:\\MinimalJava");
15         //创建文件对象，第一个参数为文件夹对象，第二个参数为文件名
16         File file4 = new File(dir,"a.txt");
17         System.out.println(file4);
18     }
19 }
```

解析：该案例通过File类的3个构造函数来创建对象，第1个构造函数是将文件的物理路径作为构造函数的参数，如第8行所示；第2个构造函数是将文件夹的路径作为构造函数的第1个参数，文件名作为第2个参数，如第11行所示；第3个构造函数是将文件夹对象作为第1个参数，文件名作为第2个参数，如第16行所示。

注意：

File既可以创建文件对象，又可以创建文件夹对象，例18-4中第14行就是创建了一个文件夹的对象。

小技巧：

不存在的文件和文件夹也可以用File类来创建。

18.3.3　File 类的常用方法

File类中有一些常用方法，File类中获取文件信息的方法如表18-3所示。

表18-3　File类中获取文件信息的方法

方　法	功　　能
String getName()	返回 File 对象表示的文件或文件夹的名字
String getPath()	返回 File 对象表示的文件或文件夹的路径
String getAbsolutePath()	返回 File 对象表示的文件或文件夹的绝对路径
long length()	返回文件内容的长度

下面来看一个案例。

【例18-5】获取文件信息——在项目的根目录下建立文件b.txt，并打印该文件的相关信息

```
package cn.minimal.chaptor18.demo02;

import java.io.File;

public class FileDemo02 {
    public static void main(String[] args) {
        //创建File对象，参数为文件路径，这里是相对路径（相对程序当前所在目录的路径）
        File file = new File("b.txt");
        //打印文件的绝对路径
        System.out.println("absolutepath="+file.getAbsoluteFile());
        //打印文件的路径
        System.out.println("path="+file.getPath());
        //打印文件名
        System.out.println("filename="+file.getName());
        //打印文件的内容长度
        System.out.println("size="+file.length());
    }
}
```

注意：

该案例创建File对象时构造函数的参数是相对路径，它是相对程序当前所在目录的路径，所以文件要建立在项目的根目录下才能通过文件名访问。

18.3.4　文件和文件夹的操作方法

File类中还有一些方法可以对文件和文件夹进行创建、删除等操作，如表18-4所示。

表18-4 File 类中操作文件和文件夹的方法

方 法	功 能
boolean exists()	判断文件或文件夹是否存在，存在则返回 true，不存在则返回 false
boolean delete()	删除文件或文件夹，成功则返回 true，否则返回 false
boolean createNewFile()	创建文件，如果该文件不存在则返回 true，如果该文件已经存在则返回 false
boolean isFile()	判断是否是文件，是则返回 true，否则返回 false
boolean isDirectory()	判断是否是目录，是则返回 true，否则返回 false
mkdir	创建文件夹

下面来看一个案例。

【例18-6】创建、删除文件和文件夹

```
package cn.minimal.chaptor18.demo02;

import java.io.File;
import java.io.IOException;

public class FileDemo03 {
    public static void main(String[] args) throws IOException {
        //文件操作
        //创建File对象
        File file = new File("D:\\MinimalJava\\c.txt");
        //创建文件，如果成功则返回true，文件如果存在就不再创建并返回false
        boolean flag1 = file.createNewFile();
        System.out.println("是否创建成功？"+flag1);
        //删除文件，如果删除成功则返回true，如果删除失败则返回false
        boolean flag2 = file.delete();
        System.out.println("是否删除成功？"+flag2);
        //判断文件是否存在，如果文件存在则返回true，否则返回false
        boolean flag3 = file.exists();
        System.out.println("文件是否存在？"+flag3);

        //操作文件夹
        //创建文件夹对象dir
        File dir = new File("D:\\test");
        //创建文件夹，如果成功则返回true，如果已经存在就不再创建并返回false
        boolean f1 = dir.mkdir();
        System.out.println("目录创建是否成功？"+f1);
        boolean f2 = dir.delete();
        System.out.println("目录删除是否成功？"+f2);
        //判断该File对象为文件还是文件夹
        boolean f3 = dir.isFile();
        System.out.println("是否为文件？"+f3);
        boolean f4 = dir.isDirectory();
```

```
        System.out.println("是否为目录?"+f4);
    }
}
```

执行结果如下：

```
是否创建成功? true
是否删除成功? true
文件是否存在? false
目录创建是否成功? true
目录删除是否成功? true
是否为文件? false
是否为目录? false
```

解析：该案例演示了File类创建、删除等常用方法，从该案例可以看出，File不仅可以操作文件，也可以操作文件夹。在创建文件或文件夹时，如果文件或文件夹存在，则不会创建。

18.3.5 获取目录中的所有文件和文件夹

File类还有两个方法可以获取一个目录中的所有文件和文件夹，如表18-5所示。

表18-5 File类获取目录中所有文件和文件夹信息的方法

方　法	功　能
String[] list()	获取文件夹下所有文件和文件夹的名称
File[] listFiles()	获取文件夹下所有文件和文件夹的对象

下面来看一个案例。

【例18-7】获取目录中所有文件和文件夹的信息

```
package cn.minimal.chaptor18.demo02;

import java.io.File;
import java.util.Calendar;

public class FileDemo04 {
    public static void main(String[] args) {
        //创建File对象
        File file = new File("D:\\demo");
        //获取该目录下的文件和文件夹名
        String[] fileNames = file.list();
        //循环打印文件和文件夹名
        for (String name : fileNames) {
            System.out.println(name);
        }

        //获取该目录下的所有文件和文件夹的File类型的对象
```

```
        File[] files = file.listFiles();
        //循环打印每个文件或文件夹的名字
        for (File file1 : files) {
            System.out.println(file1.getName());
        }
    }
}
```

解析:list和listFiles这两个方法都可以获取目录中的所有文件和文件夹，两者的区别在于list获取的是文件和文件夹名，listFiles获取的是File类型的对象。

> **注意:**
>
> 获取指定目录下的文件和文件夹的前提是保证该目录已存在。

下面再来看一个案例。

【例18-8】递归打印目录和其子目录中文件的路径

```
package cn.minimal.chaptor18.demo02;

import java.io.File;

public class FileDemo05 {
    public static void main(String[] args) {
        File file = new File("D:\\demo");       //创建File对象
        printFilePath(file);                   //调用printFilePath方法，打印该目录下所有文件的路径
    }
    //递归打印目录下的文件路径
    public static void printFilePath(File file){
        File[] files = file.listFiles();        //获取file目录下的所有文件和文件夹对象
        for (File file1 : files) {             //循环遍历这些文件和文件夹对象
            if(file1.isDirectory()){           //如果是文件夹，递归调用，否则打印路径
                printFilePath(file1);
            }else{
                System.out.println(file1);     //打印文件的路径
            }
        }
    }
}
```

执行结果如下:

```
D:\demo\d1.txt
D:\demo\d2.txt
D:\demo\demo01\d3.txt
D:\demo\demo02\demo04\d5.txt
```

解析:该案例将递归和文件处理结合起来，实现步骤如下。

第1步:调用listFiles方法获取目录中的所有文件和文件夹对象。

第2步：循环遍历所有文件和文件夹对象。

第3步：判断，如果是文件，则打印文件的路径；如果是文件夹，则递归调用本身，直到将所有文件路径全部打印。

18.3.6 I/O流

I/O流即输入/输出流，可以完成数据的输入和输出。I/O流有很多种，按照不同的分类方式可以分为不同种类。

（1）字节流和字符流：根据操作数据的单位不同，可以将I/O流分为字节流和字符流。字节流以字节为单位，每次读取一字节或多字节，字符流以字符为单位，每次读取一个或多个字符。

（2）输入流和输出流：根据流传输方向不同可以将I/O流分为输入流和输出流。输入流用来将磁盘或外部设备的数据读入内存，输出流用来将内存中的数据写入外部设备。

可以把I/O流想象成水管，如图18–3所示。

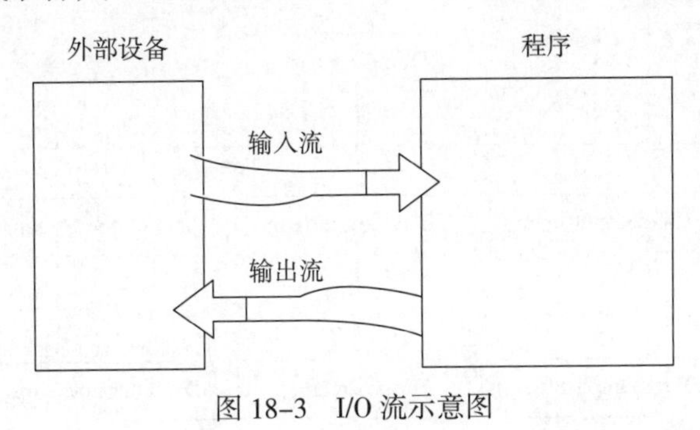

图18–3　I/O流示意图

I/O流的分类如图18–4所示。

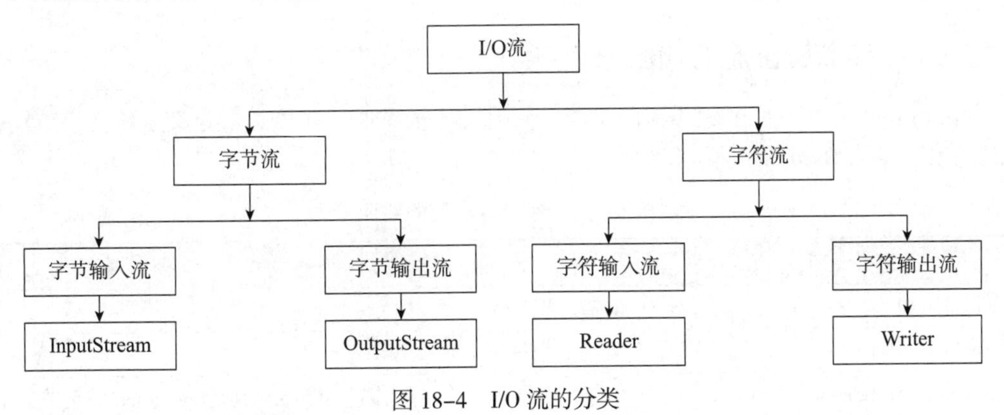

图18–4　I/O流的分类

18.3.7 字节流

计算机中的数据都是以二进制形式存在的，包括文本、音频、视频等，所以以字节为单位操作数据是最通用的数据操作方式。Java中以字节为单位来操作数据的流称为字节流，按照数据传输方向又可分为字节输入流和字节输出流。在JDK中有两个抽象类:InputStream和OutputStream，所有的字节输入流都继承于InputStream，所有的字节输出流都继承于OutputStream，具体的继承关系如图18-4和图18-5所示。

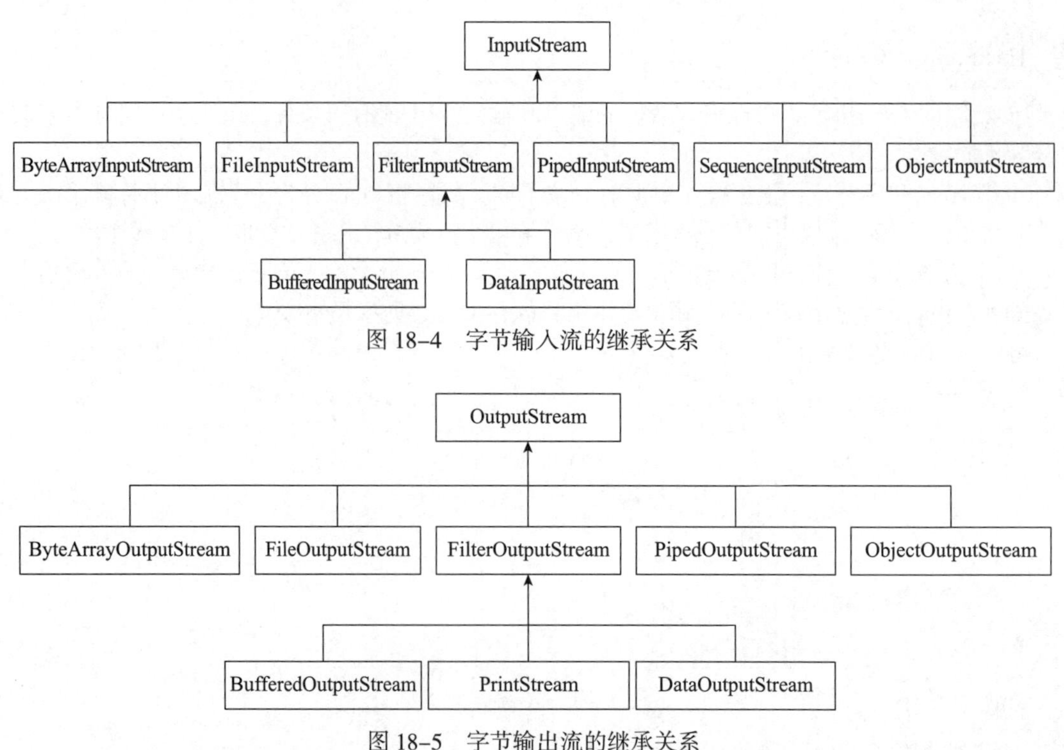

图 18-4　字节输入流的继承关系

图 18-5　字节输出流的继承关系

18.3.8　字节输出流 OutputStream

OutputStream是所有字节输出流的父类，它是一个抽象类，在该类中定义了所有字节输出流的共性方法，如表18-6所示。

表18-6　所有字节输出流的共性方法

方　法	功　能
void write(int b)	向输出流写入
void write(byte[] b)	向输出流写入字节数组 b
void write(byte[] b,int off,int len)	向输出流写入一个从偏移量 off 开始的、长度为 len 的字节数组 b
void flush()	刷新此输出流并写出所有缓冲的输出字节
void close()	关闭此输出流并释放与此流相关的所有系统资源

文件的读/写是非常常见的操作，OutputStream有很多子类，其中子类FileOutputStream即文件输出流，可用来将数据写入文件。

下面来看一个案例。

【例18-9】使用FileOutputStream类将数据写入文件中

```
1  package cn.minimal.chaptor18.demo03;
2
3  import java.io.File;
4  import java.io.FileNotFoundException;
5  import java.io.FileOutputStream;
6  import java.io.IOException;
7
8  public class FileOutputStreamDemo01 {
9      public static void main(String[] args) throws IOException {
10         //创建文件对象
11         File file = new File("d://demo//out.txt");
12         //创建文件输出流对象，如果该文件不存在，则自动创建；如果存在，则覆盖
13         FileOutputStream out = new FileOutputStream(file);
14         //将要写入的字符串“abc”转换为字节数组
15         byte[] message = "abc".getBytes();
16         //将数据写入 out.txt 文件
17         out.write(message);
18         //关闭文件输出流对象
19         out.close();
20     }
21 }
```

解析：程序执行完毕会将字符串abc写入out.txt文件，第13行创建文件字节输出流对象。如果文件存在，则会覆盖该文件；如果不存在，则创建文件。因为字节流对象操作的都是二进制的字节，所以在第15行需要将要写入文件的字符串abc编码（此处编码表为IDEA设置的编码表）为字节数组，然后再写入，程序执行完毕需要将该字节输出流关闭，释放其占用的资源。

小技巧：

当用new FileOutputStream(file)创建文件字节流输出对象时，传入的文件如果存在，会被覆盖；如果想在原来的文件基础上续写，还需要再传一个布尔型的参数true，例如：new FileOutputStream(file,true)。

18

18.3.9 I/O异常的处理

若在例18-9的代码执行中发生了异常，需要及时处理。为了代码简洁，可以使用异常声明的方式来处理异常，但是一旦发生异常，程序最后I/O流的close方法便不能执行，流所占用的资源便无法释放，这会导致内存被大量占用。那么究竟应该如何去处理异常呢？

下面来看一个案例。

【例18–10】异常处理的应用

```
 1 package cn.minimal.chaptor18.demo03;
 2
 3  import java.io.File;
 4  import java.io.FileNotFoundException;
 5  import java.io.FileOutputStream;
 6  import java.io.IOException;
 7
 8  public class FileOutputStreamDemo02 {
 9      public static void main(String[] args) {
10          //创建File对象
11          File file = new File("d://demo//out.txt");
12          //定义FileOutputStream变量
13          FileOutputStream out = null;
14          try {
15              //创建FileOutputStream对象
16              out = new FileOutputStream(file, true);
17              //将回车、换行符和xyz字符串继续写在out.txt文件后
18              out.write("\r\nxyz".getBytes());
19          } catch (Exception e) {
20               e.printStackTrace();
21          } finally {
22              //判断FileOutputStream对象是否为空，如果不为空，则关闭
23              if(out!=null){
24                  try {
25                      out.close();
26                  } catch (IOException e) {
27                      e.printStackTrace();
28                  }
29              }
30          }
31      }
32 }
```

解析：该案例中对异常进行了捕获处理，一旦发生异常，会执行第21行的finally代码块，判断如果文件字节输出流对象不为空，则将其关闭，释放资源，从而保证资源一定能得到释放。该案例在创建字节流对象时用了两个参数，如第16行代码new FileOutputStream(file, true);所以会在out.txt文件的基础上换行并追加xyz；第18行在写入数据时xyz前面有一个“\r\n”（out.write("\r\nxyz".getBytes());），它表示回车换行。写入文件完毕的效果如图18–6所示。

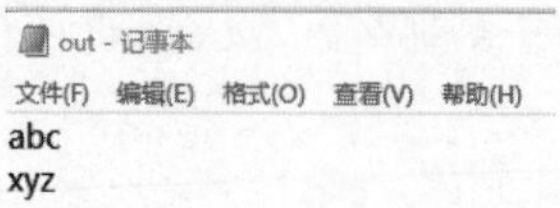

out - 记事本

文件(F) 编辑(E) 格式(O) 查看(V) 帮助(H)

abc
xyz

图18–6　I/O异常处理

注意:

因为异常处理的代码较多，容易引起干扰，所以在后面的案例中都采用比较简洁的在方法名后声明异常的方式来处理异常。

18.3.10 字节输入流 InputStream

通过前面的学习，可以将内存中的数据写入文件，如果想把文件中的数据读入内存，就需要用到字节输入流。InputStream类是所有字节输入流的父类，它有一些常用的方法，如表18-7所示。

表18-7 字节输入流InputStream的常用方法

方 法	功 能
int read()	从输入流读取一个8位的字节转换为0~255的整数返回，如果没有读取到数据，则返回 -1
int read(byte[] b)	从输入流读取多字节到字节数组b中，返回读取的字节数
int read(byte[] b,int off,int len)	从输入流读取多字节到字节数组b中，第二个参数off表示保存到b的起始下标，第三个参数len表示读取的字节数
void close()	关闭此输入流并释放与该流关联的所有系统资源

InputStream是一个抽象类，它有很多子类，其中子类FileInputStream（文件字节输入流）可用来读取文件内容，下面来看一个案例。

【例18-11】使用FileInputStream类读取文件中的数据

```
package cn.minimal.chaptor18.demo05;

import java.io.File;
import java.io.FileInputStream;

public class FileInputStreamDemo01 {
    public static void main(String[] args) throws Exception {
        //创建文件对象
        File file = new File("d://demo//out.txt");
        //创建FileInputStream对象
        FileInputStream input = new FileInputStream(file);
        //定义变量记录读取的字节
        int readResult = 0;
        //循环读取文件中的数据并打印，每次读取一字节，直到文件末尾
        while ((readResult = input.read()) != -1) {
            System.out.println(readResult);
        }
        //关闭输入流
        input.close();
    }
}
```

执行结果如下：

```
97
98
99
```

解析：执行结果打印出来的内容和out.txt中的内容不太一样，out.txt中的内容是abc，打印出来的结果是“97、98、99”，为什么呢？因为磁盘上的数据都是以二进制的方式存储的，之所以会看到“abc”，是因为记事本在打开文件的时候默认进行了解码。input.read()每次读取的是一个二进制的字节，字符a对应的二进制数转换为十进制就是“97”，字符b是“98”，字符c是“99”，所以打印出来是这个结果。

在读取文件中的数据时，调用read方法每次只能读取1字节，效率比较低，可以定义一个字节数组作为存储容器，一次读取多个字节。

下面来看一个案例。

【例18-12】一次读取多字节

```
package cn.minimal.chaptor18.demo05;

import java.io.File;
import java.io.FileInputStream;
import java.io.FileNotFoundException;
import java.io.IOException;

public class FileInputStreamDemo02 {
    public static void main(String[] args) throws Exception {
        //创建文件对象
        File file = new File("d://demo//out.txt");
        //创建文件输入流对象
        FileInputStream input = new FileInputStream(file);
        //创建字节数组，用来接收读取的数据长度一般为 1024 的整数倍
        byte[] buffer = new byte[1024];
        //定义变量用来接收一次读取的数据长度
        int length = 0;
        //循环读取数据到字节数组，每次读取 1024 字节，如果结果为 -1，表示已经到文件末尾
        while ((length = input.read(buffer)) != -1) {
            //将每次读取到的数据转化为字符串并打印
            System.out.println(new String(buffer, 0, length));
        }
        //如果文件输入流对象不为空，则关闭
        input.close();
    }
}
```

执行结果如下：

```
abc
```

解析：该案例中定义了一个字节数组buffer，该字节数组一般定义为1024的整数倍，调用文件字节输入流的read(byte[] b)方法每次可以读取数组长度的字节数据到数组中。打印时通过new String(buffer,0,length)将读取到的字节数据解码为字符串，最后一次读取的长度可能不足1024，会以实际读取的长度length为准。

下面用本章学过的知识完成复制文件的操作。

【例18-13】复制文件的操作——将路径为d://demo/a.txt的文件复制到路径为d://demo1/b.txt文件中

实现过程（图18-7）：

（1）从指定文件的路径d://demo/a.txt中读取数据。

（2）将读取出的数据写入路径d://demo1/b.txt中。

（3）关闭文件流。

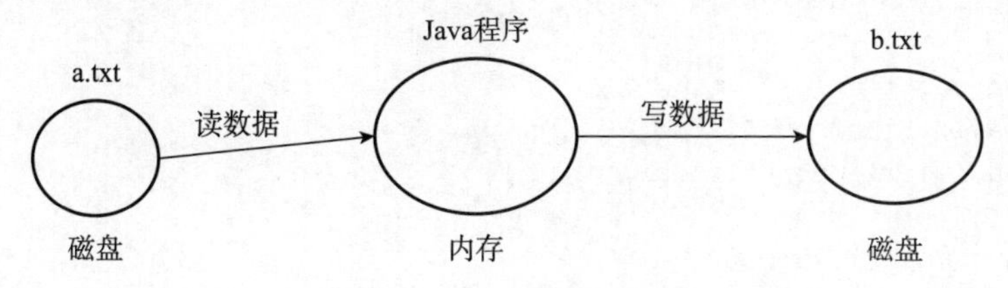

图18-7　实现过程示意图

程序代码如下：

```
package cn.minimal.chaptor18.demo05;

import java.io.*;

public class CopyFileDemo01 {
    public static void main(String[] args) throws Exception {
        //要复制的文件a.txt
        File src = new File("d://demo//a.txt");
        //要复制到的文件b.txt
        File desc = new File("d://demo1//b.txt");
        //创建文件字节输入流
        FileInputStream input = new FileInputStream(src);
        //创建文件字节输出流
        FileOutputStream output = new FileOutputStream(desc);
        //定义变量记录输入的数据
        int result = 0;
        //循环读取a.txt文件中的数据直到文件末尾
        while ((result = input.read()) != -1) {
            //将每次读取到的数据写入到b.txt中
            output.write(result);
        }
        //关闭输入流
```

18

```
            input.close();
            //关闭输出流
            output.close();
        }
    }
```

解析：从案例代码中可以看出，复制文件其实就是一边从源文件读取数据一边将读取到的数据写入目标文件的过程，中间需要借助一个变量result，但是该案例的代码一次只能读取和写入一字节，效率比较低。如果想一次读取和写入多字节，就可以借助字节数组来交换数据。

下面来看一个使用缓冲数组的方式复制文件的案例。

【例18-14】使用缓冲数组复制文件——将路径为d://demo/a.txt的文件复制到路径为d://demo1/b.txt文件中

```
package cn.minimal.chaptor18.demo05;

import java.io.File;
import java.io.FileInputStream;
import java.io.FileOutputStream;

public class CopyFileDemo02 {
    public static void main(String[] args) throws Exception {
        //要复制的文件a.txt
        File src = new File("d://demo//a.txt");
        //要复制到的文件b.txt
        File desc = new File("d://demo1//b.txt");
        //创建文件字节输入流
        FileInputStream input = new FileInputStream(src);
        //创建文件字节输出流
        FileOutputStream output = new FileOutputStream(desc);
        //定义字节数组作为缓冲区
        byte[] buffer = new byte[1024];
        //定义变量记录每次读取的数据长度
        int length = 0;
        //循环读取数据到字节数组，一边读取一边写入直到文件末尾
        while ((length = input.read(buffer)) != -1) {
            output.write(buffer, 0, length);
        }
        input.close();
        output.close();
    }
}
```

解析：该案例中使用了字节数组，一次可以读取的数据长度为数组大小，大大提高了效率。

练习 18

18-1 有一列数2，4，6，8，10，...，写一个方法，应用递归求第n个数的值。

18-2 有一列数1，1，2，4，7，11，16，...，写一个方法，应用递归求第n个数的值。

18-3 在项目中创建一个文件夹abc，在该文件夹中创建文件a.txt、b.txt和文件夹xyz，在文件夹xyz中创建文件x.txt和y.txt，使用递归打印abc和其子目录下的所有文件名。

18-4 编写程序将hello world!写入D盘下的hello.txt文件中。

18-5 编写程序读入刚刚写入D盘下的hello.txt文件中的内容。

18-6 使用缓冲字节流的方式读取D盘下的hello.txt文件中的内容。

第 19 章

I/O 流进阶

学习目标

虽然字节流可以操作任意类型的数据，但对非常常用的字符数据进行操作时略显复杂。为了简化字符数据的操作，Java 提供了字符流；为了更高效地读/写数据，Java 提供了缓冲流。通过本章的学习，读者将可以做到：

- 掌握字符流
- 掌握缓冲流
- 掌握序列化和反序列化
- 掌握 Properties 类

内容浏览

19.1　字符流
　　19.1.1　字符输入流 Reader
　　19.1.2　字符输出流 Writer
19.2　缓冲流
　　19.2.1　字节缓冲流
　　19.2.2　字符缓冲流
19.3　序列化和反序列化
　　19.3.1　什么是序列化和反序列化
　　19.3.2　序列化和反序列化的实现
　　19.3.3　序列化接口
　　19.3.4　瞬态关键字 transient
19.4　Properties 类介绍
练习 19

19.1 字符流

第18章学习的字节流可以操作所有的数据，包括视频、音频、字符等。对于字符的操作是非常常见的，在Java中提供了字符流用来优化字符的操作。字符流本质上就是对字节流的封装。字符流也有两个顶层的抽象父类:Reader和Writer。Reader是字符输入流，它用于将字符从外部设备读入内存，Writer是字符输出流，它用于将数据从内存写入外部设备。Reader和Writer的继承关系如图19–1和图19–2所示。

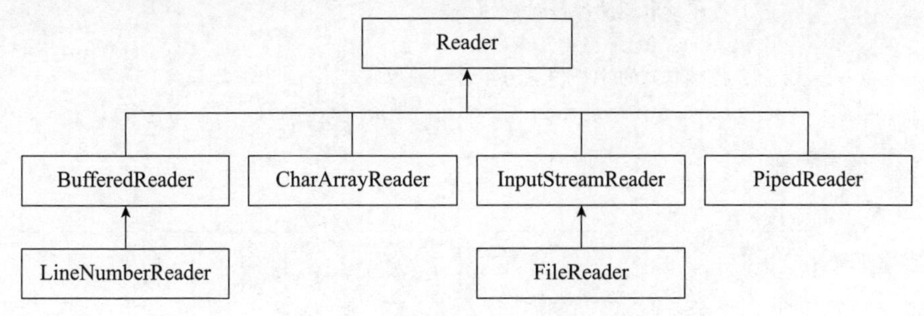

图19–1　字符流Reader的继承关系

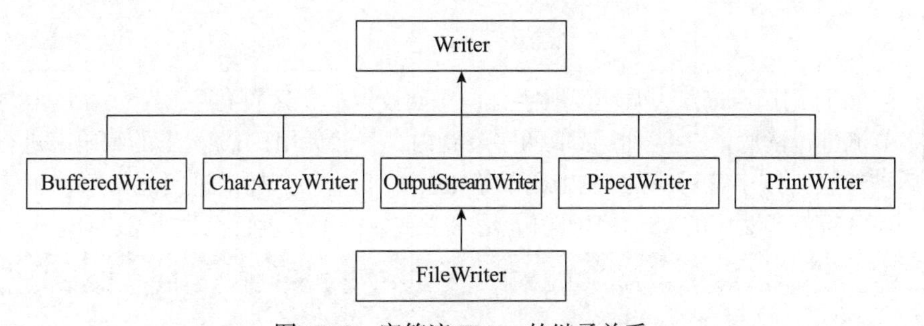

图19–2　字符流Writer的继承关系

Reader和Writer是字符输入流和字符输出流的顶层抽象父类，先来看一下字符输入流Reader。

19.1.1 字符输入流Reader

字符输入流Reader是一个抽象类，它有以下两个常用方法。

read():读取单个字符并返回。

read(char[]):将字符读取到数组中，并返回读取的个数。

Reader有一个常用子类FileReader，可以用来读取文本文件的字符。

下面来看一个案例。

【例19–1】使用FileReader读取文件

```
1  package cn.minimal.chaptor19.demo02;
2
```

```
 3 import java.io.FileReader;
 4
 5 public class FileReaderDemo {
 6     public static void main(String[] args) throws Exception {
 7         //创建FileReader对象
 8         FileReader reader = new FileReader("hello.txt");
 9         //定义ch变量接收读取到的数据
10         int ch = 0;
11         //循环读取hello.txt文件中的字符，如果为-1，表示到了文件末尾
12         while ((ch = reader.read()) != -1) {
13             //打印读取到的字符对应的编码值
14             System.out.println(ch);
15             //将读取到的字符转换为字符型并打印
16             System.out.println((char) ch);
17         }
18     }
19 }
```

执行结果如下：

```
20320
你
22909
好
```

解析：第12行调用read方法循环读取字符，每次读取一个字符（两字节），在读取时底层实际上还是用字节流进行读取，它会每次读取两字节到内存，然后用IDEA设置的编码表进行编码成为字符，之后被转换为该字符对应的ASCII码赋给int型的变量ch，如果返回值为-1，则表示已经到文件末尾；第14行打印对应的ASCII编码值，是一个整数；第16行转换为字符打印。

> **注意：**
>
> 字符流和字节流的区别有如下两点。
>
> （1）字符流读取的是字符，包含两字节，字节流读取的是一字节。
>
> （2）因为所有的数据都是以二进制的形式存在的，所以字节流的应用范围更广泛。

例19-1每次读取一个字符，效率比较低，可以调用read(char[])方法每次读取一个字符数组。下面再来看一个案例。

【例19-2】使用FileReader高效读取文件

```
1 package cn.minimal.chaptor19.demo02;
2
3 import java.io.FileReader;
4
5 public class FileReaderDemo02 {
6     public static void main(String[] args) throws Exception {
7         //创建FileReader对象
```

```
8          FileReader reader = new FileReader("hello.txt");
9          //创建字符数组
10         char[] buffer = new char[1024];
11         int len=0;
12         //循环读取hello.txt中的字符，每次读取1024个字符，并打印
13         while ((len=reader.read(buffer))!=-1){
14             //将读取的字符数组转换为字符串，并打印
15             System.out.println(new String(buffer,0,len));
16         }
17         //关闭字符流
18         reader.close();
19     }
20 }
```

解析：该案例第10行创建了长度为1024的字符数组；第13行循环调用read()方法，读入hello.txt中的文本，一次可以读入1024个字符，该方法会返回读取的字符个数，如果返回-1，就表示已经到文件末尾，停止循环；第15行将读取到的字符数转换为字符串，当读取到最后部分的内容时可能不足1024个字符，通过new String(buffer,0,len)可以获取实际读取的字符。

19.1.2　字符输出流Writer

字符输出流Writer也是一个抽象类，它有一个常用的子类FileWriter，可以用来将字符写入文本文件。

下面来看一个案例。

【例19-3】使用FileWriter写入字符

```
1  package cn.minimal.chaptor19.demo02;
2
3  import java.io.FileWriter;
4
5  public class FileWriterDemo {
6      public static void main(String[] args) throws Exception {
7          //创建FileWriter对象
8          FileWriter writer = new FileWriter("study.txt");
9          //将“好好学习！”写入study.txt
10         writer.write("好好学习!");
11         //关闭输出流
12         writer.close();
13     }
14 }
```

解析：该案例可以将“好好学习！”写入study.txt文件中，在写入字符时并不是直接写入文件中，而是先写入内存缓冲区；在第12行关闭输出流时会刷新缓冲区，将数据写入文件，如果要写入的文件不存在，则会自动创建该文件；如果已存在，则会覆盖文件原来的内容；如果想在原来文件内容的基础上追加，则可以在创建FileWriter对象时使用两个参数的构造方法，将第8行修改

为FileWriter writer = new FileWriter("study.txt",true);即可。

下面来看一个使用字符流复制文件的案例。

【例19-4】使用字符流复制文本文件

```
package cn.minimal.chaptor19.demo01;

import java.io.FileNotFoundException;
import java.io.FileReader;
import java.io.FileWriter;

public class CopyFile {
    public static void main(String[] args) throws Exception {
        //创建字符输入流对象
        FileReader reader = new FileReader("study.txt");
        //创建字符输出流对象
        FileWriter writer = new FileWriter("study1.txt");
        //定义变量len记录每次读取的字符个数
        int len = 0;
        //定义缓冲数组，存放每次读取的字符
        char[] buffer = new char[1024];
        //循环读取数据到缓冲数组buffer，直到文件末尾
        while((len=reader.read(buffer))!=-1){
            //一边读一边写入字符到study1.txt
            writer.write(buffer,0,len);
        }
        //关闭输入流和输出流
        reader.close();
        writer.close();
    }
}
```

解析：使用字符流复制文件和使用字节流复制文件类似。在该案例中定义了一个缓冲字符数组，可以每次读取1024个字符，最后要将输入流和输出流关闭。

19.2 缓冲流

因为在磁盘上读写数据的I/O效率很低，所以在Java中提供了带缓冲区的缓冲流。缓冲流可以先将数据读取到内存的缓冲区，然后再从缓冲区进行文件的读/写，这样就极大地提高了文件读/写的效率，如图19-3所示。

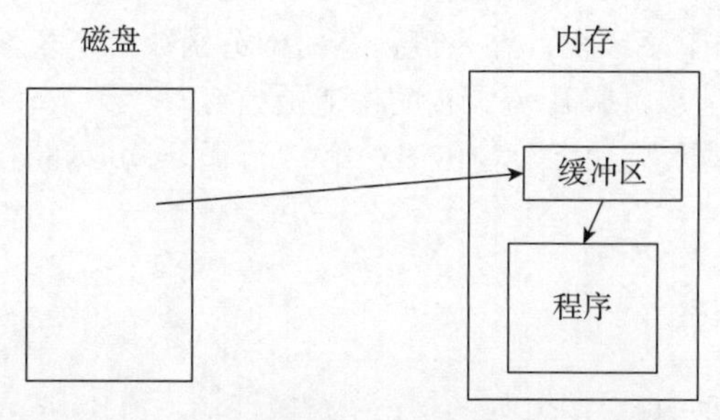

图 19-3　缓冲流

缓冲流也可以分为字节缓冲流和字符缓冲流。

19.2.1　字节缓冲流

字节缓冲流根据流的方向共有两个：字节缓冲输入流 BufferedInputStream和字节缓冲输出流 BufferedOutputStream，它们的底层是字节输入流和字节输出流，内部包含了一个缓冲区数组，通过缓冲区读/写，可以提高I/O流的读/写速度。

下面来看一个使用字节缓冲流复制文件的案例。

【例19-5】使用字节缓冲流复制文件

```
 1 package cn.minimal.chaptor19.demo02;
 2
 3 import java.io.*;
 4 import java.nio.Buffer;
 5
 6 public class BufferedStreamDemo01 {
 7     public static void main(String[] args) throws Exception {
 8         //创建字节缓冲输入流对象
 9         BufferedInputStream input = new BufferedInputStream(new FileInputStream
           ("study.txt"));
10         //创建字节缓冲输出流对象
11         BufferedOutputStream output = new BufferedOutputStream(new
           FileOutputStream ("study2.txt"));
12         //定义缓冲字节数组
13         byte[] buffer = new byte[1024];
14         //定义读取的数据长度
15         int len = -1;
16         //循环读取数据并写入文件直到文件末尾
17         while((len=input.read(buffer))!=-1){
18             //写入读取到的数据到study2.txt
19             output.write(buffer,0,len);
20         }
21         //关闭输入/输出流
22         input.close();
23         output.close();
24     }
25 }
```

解析：第9行创建了一个字节缓冲输入流，它的构造函数有一个参数，参数是字节输入流的对象；第11行创建了一字节缓冲输出流，它的构造函数有一个参数，参数是字节输出流的对象，说明它们的底层就是字节输入流和字节输出流；第17行循环读取和写入字节，因为有了缓冲区，所以效率会比较高。

19.2.2 字符缓冲流

字符缓冲流根据流的方向也可以分为两种：字符缓冲输入流BufferedReader和字符缓冲输出流BufferedWriter，它们的底层也是字符输入流和字符输出流，通过提供一个缓冲区数组实现了高效的字符输入和输出。

下面来看一个字符缓冲流复制文件的案例。

【例19-6】使用字符缓冲流复制文件

```
 1  package cn.minimal.chaptor19.demo02;
 2
 3  import java.io.*;
 4
 5  public class BufferedStreamDemo02 {
 6      public static void main(String[] args) throws Exception {
 7          //创建字符缓冲输入流
 8          BufferedReader reader = new BufferedReader(new FileReader("study.txt"));
 9          //创建字符缓冲输出流
10          BufferedWriter writer = new BufferedWriter(new FileWriter("study3.txt"));
11          //定义字符串 str 用来接收读取的字符串
12          String str = null;
13          //循环读取，每次读取一行，如果为空，则表示已经到文件末尾
14          while ((str =reader.readLine())!=null){
15              //写入读取到的这行文本到缓冲区
16              writer.write(str);
17              //写入换行符
18              writer.newLine();
19          }
20          //关闭输入流和输出流
21          reader.close();
22          writer.close();
23      }
24  }
```

解析：第8行创建了一个字符缓冲输入流对象，它的构造函数有一个参数，参数是字符输入流对象；第10行创建了一个字符缓冲输出流对象，它的构造函数有一个参数，参数是字符输出流对象，说明它们的底层实际上是字符输入流和字符输出流；第12行定义了一个字符串str用来记录读取的数据；第14行循环读取数据，str=reader.readLine()语句表示每次会读取一行字符赋值给str，直到文件末尾；第16行写入数据到缓冲区；第18行写入换行符；第22行关闭输出流时会先刷新缓冲区，将缓冲区中的数据写入文件中，然后再关闭输出流。

19.3　序列化和反序列化

19.3.1　什么是序列化和反序列化

对象是存在于内存中的，断电后内存中的对象就会被清空。但有时候需要保存对象的状态(即属性)在磁盘上，以便下一次启动计算机时候可以将对象的状态恢复。举个例子，玩网络游戏时，在关闭计算机前需要把游戏角色对象的状态(装备、血量等)保存起来，以便再玩时可以继续使用这个角色，装备、血量等都还在，这时就可以将角色这个对象序列化和反序列化。

序列化就是将对象的状态(即属性)转换成二进制流写入I/O流中的过程。

反序列化正好相反，是将I/O流中的数据获取出来重新构建对象的过程。

对象只有序列化以后才能保存到磁盘上或者在网络间进行传输。

19.3.2　序列化和反序列化的实现

在Java中使用ObjectOutputStream类来完成对象的序列化，下面来看一个序列化的案例。

【例19-7】序列化的应用

创建Student类：

```
package cn.minimal.chaptor19.demo03;
import  java.io.Serializable;
public class Student implements Serializable {
    private String name;
    private int age;

    public Student(String name, int age) {
        this.name = name;
        this.age = age;
    }

    @Override
    public String toString() {
        return "Student{" +
                "name='" + name + '\'' +",
                 age=" + age +
                '}';
    }
get;set;...
}
```

创建测试类：

```
package cn.minimal.chaptor19.demo03;
```

```
import java.io.*;

public class StudentSerializ {
    public static void main(String[] args) throws Exception {
        //创建文件字节输出流对象
        FileOutputStream fos = new FileOutputStream("stu.object");
        //创建 ObjectOutputStream 用于序列化的对象
        ObjectOutputStream oos = new ObjectOutputStream(fos);
        //创建 Student 对象
        Student stu = new Student(" 张三 ",23);
        //将 Student 对象序列化，即将 stu 的属性张三，23 转换为二进制流保存到 stu.object 文件中
        oos.writeObject(stu);
        //关闭 oos 流
        oos.close();
    }
}
```

执行完程序会生成一个stu.object文件，如图19-4所示。

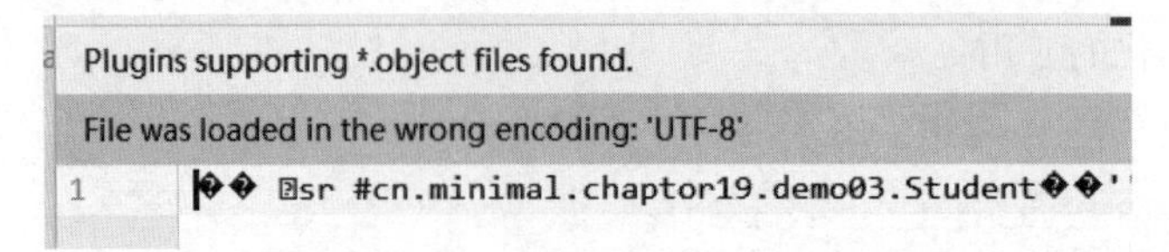

图 19-4　生成 stu.object 文件

从图中可以看到，该文件的内容为乱码，这就是序列化以后的结果。

解析：案例中序列化的类是ObjectOutputStream，该类构造函数的参数类型为输出流对象，当执行完序列化之后Student对象stu的属性值就被保存在了stu.object文件中。

注意：

只有实现了Serializable接口的类的对象才能被序列化。

在Java中使用ObjectInputStream类来完成对象的反序列化，来看一个反序列化的案例。

【例 19-8】反序列化的应用

```
package cn.minimal.chaptor19.demo03;
import java.io.*;

public class StudentDeSerializ {
    public static void main(String[] args) throws Exception {
        //创建字节输入流，序列化过的 stu.object 作为参数
        FileInputStream input = new FileInputStream("stu.object");
        //创建用于反序列化的类的对象 ObjectInputStream
        ObjectInputStream ois = new ObjectInputStream(input);
        //反序列化 Student 对象
```

```
        Student stu = (Student)ois.readObject();
        //打印 stu 对象的信息
        System.out.println(stu.toString());
        //关闭流
        ois.close();
    }
}
```

执行结果如下：

```
Student{name='张三', age=23}
```

解析：在这个案例中将序列化好的二进制数据反序列化，还原成了Student类型的对象。

19.3.3　序列化接口

在例19-8中，被序列化的类Student实现了一个接口Serializable，需要被序列化的类都要实现该接口，该接口给需要序列化的类定义了一个序列化版本号serialVersionUID。在进行反序列化时，JVM会去判断I/O流中的 serialVersionUID是否和类中的serialVersionUID一致，如果一致，就会进行反序列化；如果不一致，则会出现版本不一致的异常；如果没有显式地定义，它会自动生成一个序列化版本号，一旦修改了该类，序列化版本号也会发生变化，在反序列化时就会出现版本不一致的异常。

按下面步骤进行操作。

(1)执行例19-7的代码序列化Student类的对象stu。

(2)在Student类中增加一个属性 private String address。

(3)执行例19-8的代码反序列化Student类的对象。

操作完成后会发现报序列化版本不一致错误，因为修改Student类以后序列化版本发生了变化。

如果不想让程序报错，也可以显式去定义序列化版本号serialVersionUID。

下面来看一个案例。

【例19-9】在Student类中定义serialVersionUID

```
package cn.minimal.chaptor19.demo03;
import  java.io.Serializable;
public class Student implements Serializable {
    private static final long serialVersionUID = 1L;
    private String name;
    private int age;

    public Student(String name, int age) {
        this.name = name;
        this.age = age;
    }

    @Override
    public String toString() {
```

```
        return "Student{" +
                "name='" + name + '\'' +
                ", age=" + age +
                '}';
    }
get;set;...
}
```

解析：只要在Student类中定义serialVersionUID，即使之后修改了该类，也可以正常进行反序列化，而不会报版本不一致错误了。

19.3.4 瞬态关键字 transient

在一个类中，如果某些属性不需要被序列化，则可以加上瞬态关键字transient，这样在序列化这个类的对象时加了瞬态关键字的属性就不会被序列化。另外，静态关键字修饰的属性也不会被序列化。

下面来看一个案例。

【例19-10】瞬态关键字的应用

对例19-9中的Student类的age属性使用瞬态关键字进行修饰：

```
1  package cn.minimal.chaptor19.demo03;
2  import  java.io.Serializable;
3  public class Student implements Serializable {
4      //定义序列化的版本号
5      private static final long serialVersionUID = 1L;
6      private String name;
7      private transient int age;
8
9
10     public Student(String name, int age) {
11         this.name = name;
12         this.age = age;
13     }
14
15     @Override
16     public String toString() {
17         return "Student{" +
18                 "name='" + name + '\'' +",
19                 age=" + age +
20                 '}';
21     }
22 }
```

执行例19-7对Student类的对象进行序列化，再执行例19-8对Student类的对象进行反序列化以后的程序执行结果如下：

```
张三
```

解析：第7行的age加了transient瞬态关键字，调用例19-7中的代码序列化Student类的对象时age不会被序列化；再调用例19-8中的代码反序列化时，会发现这个属性的值没有被还原回来。

注意：

使用静态关键字static修饰的属性也不会被序列化。

19.4 Properties 类介绍

Properties类表示一个集合，它继承于HashTable，其中的每个元素都是一个键值对，并且键和值都是字符串。

Properties集合提供了一些操作I/O流的方法，使得它能很方便地和I/O流结合起来使用，方法如下：

```
load(InputStream)
load(Reader)
```

作用：把指定流所对应的文件中的数据读取出来，保存到Properties集合中。

```
store(OutputStream,commonts)
store(Writer,comments);
```

作用：把集合中的数据保存到指定的流所对应的文件中。参数commonts表示描述信息。

下面来看一个案例。

【例19-11】将集合中的数据保存到文件

```
package cn.minimal.chaptor19.demo04;
import  java.util.*;
import  java.io.*;
public class PropertiesDemo01 {
    public static void main(String[] args) throws Exception {
        //创建 Properties 集合对象
        Properties prop = new Properties();
        //在集合中添加键值对，都是字符串型的
        prop.put(" 张三 ","18");
        prop.put(" 李四 ","23");
        prop.put(" 王五 ","25");
        //创建文件输出流对象
        FileWriter writer = new FileWriter("pro.properties");
        //将集合中的数据保存到 pro.properties 文件
        prop.store(writer," 保存文件 ");
        //关闭流
        writer.close();
    }
}
```

解析：代码执行后会创建pro.properties文件并将集合中的键值对写入文件中，如下所示：

19

```
#保存文件
#Sat Sep 12 17:07:10 CST 2020
李四=23
张三=18
王五=25
```

既然可以将集合中的数据写入文件，自然也可以将文件中的数据读入集合，来看一个案例。

【例19-12】从文件中加载数据到集合

```
package cn.minimal.chaptor19.demo04;
import java.util.*;
import java.io.*;
public class PropertiesDemo02 {
    public static void main(String[] args) throws Exception {
        //创建Properties集合对象
        Properties prop = new Properties();
        //创建FileReader对象
        FileReader input = new FileReader("pro.properties");
        //将pro.properties中的数据加载到prop集合
        prop.load(input);
        //打印集合中的数据
        System.out.println(prop);
        //关闭输入流
        input.close();
    }
}
```

执行结果如下：

```
{李四=23, 张三=18, 王五=25}
```

解析：该案例调用Properties集合的load方法，从输入流中加载了文件pro.properties中的文本。

练习19

19-1　使用缓冲流复制一张图片，从目录A复制到目录B下。

19-2　统计一个文件hello.txt中字母“e”和“a”出现的总次数。hello.txt文件的内容如下：Hello my name is xiao ming

19-3　输入两个文件夹名称，将A文件夹的内容全部复制到B文件夹，使用缓冲流完成。

19-4　从控制台输入学生的姓名、年龄、住址保存到student.txt文件中。

19-5　创建狗类Dog，它有属性颜色color和年龄age。要求：

(1)创建该类的对象并序列化到dog.object。

(2)反序列化该对象并打印它的颜色和年龄。

19-6　使用Properties集合将键值对“红楼梦 曹雪芹”“三国演义 罗贯中”“水浒传 施耐庵”写入文本文件book.txt中。

第 20 章

反　射

学习目标

定义一个类后就可以创建该类的对象，访问它的属性，调用它的方法。但是有些场合希望能够在程序运行过程中获取类的属性和方法并创建对象，这需要借助于反射机制。通过本章的学习，读者将可以做到：

- 理解什么是反射
- 掌握使用反射获取类的方法和字段
- 掌握使用反射创建对象
- 掌握使用反射取消访问控制限制，访问类的私有成员

内容浏览

20.1　什么是反射

20.2　反射的功能及应用

　20.2.1　通过反射获取构造方法

　20.2.2　通过反射创建对象

　20.2.3　通过反射获取私有构造方法并创建对象

　20.2.4　通过反射获取成员变量

　20.2.5　通过反射对成员变量进行赋值和取值

　20.2.6　通过反射获取成员方法

　20.2.7　反射的应用

练习 20

20.1 什么是反射

Java反射是指在程序运行状态中不用创建对象就能获取程序中任意一个类的属性和方法，可以调用程序中任意一个对象的方法访问它的属性，这种动态获取类的信息和调用对象方法的机制就是反射。

在Java中要如何才能动态地获取一个类的信息呢？Java中的类会被编译为字节码，字节码被加载到JVM中后会生成一个字节码文件对象，要想获得类中的信息，需要获得该类的字节码文件对象，字节码文件对象的类型是Class。

获得字节码文件对象有三种方式。

方式1：通过Object类中的getClass方法。

方式2：通过“类名.class”。

方式3：通过Class类中的静态方法Class.forName()。

下面通过一个案例来学习这3种获取字节码文件对象的方法。

【例20-1】获取类的字节码文件对象

创建Student类：

```
package cn.minimal.chaptor20;

public class Student {
    private String name;
    private int age;

    public Student(String name, int age) {
        this.name = name;
        this.age = age;
    }
get;set;...
}
```

创建反射类：

```
1  package cn.minimal.chaptor20;
2
3  public class reflectDemo01 {
4      public static void main(String[] args) throws ClassNotFoundException {
5          //创建学生对象
6          Student stu = new Student("张三",22);
7          //调用Object的getClass方法获取stu的字节码文件对象
8          Class c1 = stu.getClass();
9          System.out.println(c1);
10
11         //通过“类名.class”获取Student的字节码文件对象
```

```
12          Class c2 = Student.class;
13          System.out.println(c2);
14
15          // 通过 Class.forName(" 类名 ") 获取 Student 的字节码文件对象
16          Class c3 =  Class.forName("cn.minimal.chaptor20.Student");
17          System.out.println(c3);
18      }
19  }
```

解析：第8行采用第1种方式通过Object类中的getClass ()方法来获取字节码文件对象；第12行采用第2种方式通过“类名.class”来获取字节码文件对象；第16行采用第3种方式通过Class类中的静态方法Class.forName()来获取字节码文件对象。3种方式都可以获取字节码文件对象，但是前两种方式都需要直接用到Student类型，而第3种只需要字符串就可以。由此可见，第3种扩展性更强。

注意：

通过Class类中的静态方法Class.forName()获取字节码文件对象时传入的参数需要是带包名的类名。

20.2 反射的功能及应用

20.2.1 通过反射获取构造方法

在Java中类的成员(构造方法、成员方法和成员变量)都被封装在对应的类中，构造方法可以用类Constructor 表示，可以通过Class类中的方法获取构造方法，Class类中常用方法的声明格式及解释如下。

(1)获取一个构造方法。

public Constructor<T> getConstructor(Class<?>... parameterTypes) ：获取指定参数类型所对应的public修饰的构造方法。

public Constructor<T> getDeclaredConstructor(Class<?>... parameterTypes)：获取指定参数类型所对应的构造方法(所有构造方法也包含私有的)。

(2)获取多个构造方法。

public Constructor<?>[] getConstructors()：获取所有的public 修饰的构造方法。

public Constructor<?>[] getDeclaredConstructors()：获取所有的构造方法(包含私有的)。

下面来看一个案例。

【例20-2】通过Class类获取构造方法

在Student类中添加几个构造方法。

```
package cn.minimal.chaptor20;
```

```
public class Student {
    private String name;
    private int age;

    public Student() {
    }

    public Student(String name, int age) {
        this.name = name;
        this.age = age;
    }

    private Student(String name){
        this.name=name;
    }
get; set; ...
}
```

创建测试类：

```
package cn.minimal.chaptor20;

import java.lang.reflect.*;

public class ReflectDemo02 {
    public static void main(String[] args) throws Exception {
        Class c = Class.forName("cn.minimal.chaptor20.Student");
        //获取Student类的无参数构造方法
        Constructor con1 = c.getConstructor(null);
        System.out.println(con1);
        System.out.println("--------------------------------");
        //获取Student类的带两个参数的构造方法
        Constructor con2 = c.getConstructor(String.class,int.class);
        System.out.println(con2);
        System.out.println("--------------------------------");
        //获取Student类的带一个String型参数的构造方法（私有的也可获取）
        Constructor con3 = c.getDeclaredConstructor(String.class);
        System.out.println(con3);
        System.out.println("---------------------------------");
        //获取Student类的所有构造函数（public修饰）
        Constructor[] cons1 = c.getConstructors();
        //循环打印构造函数
        for (Constructor con : cons1) {
            System.out.println(con);
        }
```

```
        System.out.println("--------------------------------");
        //获取Student类的所有构造函数(包括private修饰的)
        Constructor[] cons2 = c.getDeclaredConstructors();
        //循环打印构造函数
        for (Constructor con : cons2) {
            System.out.println(con);
        }
    }
}
```

执行结果如下:

```
public cn.minimal.chaptor20.Student()
--------------------------------
public cn.minimal.chaptor20.Student(java.lang.String,int)
--------------------------------
private cn.minimal.chaptor20.Student(java.lang.String)
--------------------------------
public cn.minimal.chaptor20.Student(java.lang.String,int)
public cn.minimal.chaptor20.Student()
--------------------------------
private cn.minimal.chaptor20.Student(java.lang.String)
public cn.minimal.chaptor20.Student(java.lang.String,int)
public cn.minimal.chaptor20.Student()
```

解析：通过字节码对象的getConstructor(null)方法可以获取该类的用public修饰的无参数构造方法；通过字节码对象的getConstructor(String.class,int.class)方法可以获取该类的用public修饰的带两个参数(第1个参数是String类型，第2个参数是int类型)的构造方法；通过字节码对象的getDeclaredConstructor(String.class)方法可以获取该类的带一个String型参数的构造方法(包括private修饰的)；通过字节码文件对象的getConstructors()方法可以获取该类的所有用public修饰的公共构造方法；通过字节码文件对象的getDeclaredConstructors()方法可以获取该类的所有构造方法(包括private修饰的)。

20.2.2 通过反射创建对象

不仅可以通过反射获取类的构造方法，还可以通过反射创建对象。下面通过一个案例来看如何通过反射创建对象。

【例20-3】通过反射创建对象的应用

```
1  package cn.minimal.chaptor20;
2
3  import java.lang.reflect.Constructor;
4
5  public class ReflectDemo03 {
6      public static void main(String[] args) throws Exception {
```

```
 7          // 获取 Student 类的 Class 对象
 8          Class c = Class.forName("cn.minimal.chaptor20.Student");
 9          // 根据 Class 对象获取 Student 的构造方法
10          Constructor con = c.getConstructor(String.class,int.class);
11          // 使用构造函数对象创建 Student 的对象
12          Student stu = (Student)con.newInstance(" 小王 ",24);
13          // 打印 Student 的姓名和年龄
14          System.out.println(" 姓名 :"+stu.getName()+" 年龄 :"+stu.getAge());
15      }
16  }
```

执行结果如下：

```
姓名 : 小王 年龄 :24
```

解析：从例20-3的代码可以看出，通过反射创建对象的步骤如下。

（1）获取目标类的Class对象（第8行）。

（2）根据Class对象获取目标类的构造方法（第10行）。

（3）通过构造方法对象创建目标类的对象（第12行）。

20.2.3 通过反射获取私有构造方法并创建对象

既然可以获取私有的构造方法，那能否调用私有构造方法来创建对象呢？私有构造方法只能在类的内部调用，如果想用它来创建对象，必须取消Java 语言访问控制检查，使得私有的也可以被外部调用。

那么如何才能取消Java 语言访问控制检查呢？ Constructor有一个父类AccessibleObject，它有一个方法的声明格式为public void setAccessible(boolean flag)，当方法的参数值为 true时，反射的对象在使用时会取消 Java 语言访问控制检查。下面来看一个通过反射使用私有构造方法创建对象的案例。

【例20-4】通过反射使用私有构造方法创建对象

```
 1  package cn.minimal.chaptor20;
 2
 3  import java.lang.reflect.Constructor;
 4
 5  public class ReflectDemo04 {
 6      public static void main(String[] args) throws Exception {
 7          // 获取 Student 的 Class 对象
 8          Class c = Class.forName("cn.minimal.chaptor20.Student");
 9          // 根据 Class 对象获取私有的构造函数
10          Constructor con = c.getDeclaredConstructor(String.class);
11          // 设置取消该私有构造函数的访问权限检查
12          con.setAccessible(true);
13          // 通过构造函数创建 Student 对象
14          Student stu = (Student)con.newInstance(" 小周 ");
15          // 打印姓名
```

```
16          System.out.println("姓名："+stu.getName());
17      }
18  }
```

执行结果如下：

```
姓名：小周
```

解析：总结该案例，通过反射获取私有构造方法创建对象的步骤如下。

（1）获取目标类的Class对象（第8行）。

（2）根据Class对象获取目标类的私有构造方法（第10行）。

（3）设置取消该私有构造函数的访问权限检查（第12行）。

（4）通过该构造方法创建目标类的对象（第14行）。

20.2.4 通过反射获取成员变量

类中的成员变量可以用类Field表示。通过调用类的字节码文件对象的方法可以获取成员变量，方法的声明格式及解释如下。

（1）获取一个成员变量。

public Field getField(String name)：获取public修饰的成员变量。

public Field getDeclaredField(String name)：获取任意成员变量（包含私有）。

（2）获取多个成员变量。

public Field[] getFields()：获取所有public 修饰的成员变量。

public Field[] getDeclaredFields()：获取所有的成员变量（包含私有）。

下面来看一个案例。

【例20-5】通过反射获取成员变量的应用

在Student类中增加一个公共字段public String address：

```
package cn.minimal.chaptor20;
public class Student {
    private String name;
    private int age;
    public String address;
    ...
}
```

创建测试类：

```
package cn.minimal.chaptor20;
import java.lang.reflect.Field;
public class ReflectDemo05 {
    public static void main(String[] args) throws Exception {
        //获取 Student 类的字节码文件对象
        Class c = Class.forName("cn.minimal.chaptor20.Student");
        //获取公共成员变量 address
```

20

```
        Field f1 = c.getField("address");
        //打印
        System.out.println(f1);
        System.out.println("--------------------");
        //获取私有成员变量 name
        Field f2 = c.getDeclaredField("name");
        //打印
        System.out.println(f2);
        System.out.println("--------------------");
        //获取所有公共成员变量
        Field[] f3 = c.getFields();
        //循环遍历并打印
        for (Field field : f3) {
            System.out.println(field);
        }
        System.out.println("--------------------");
        //获取所有成员变量
        Field[] f4 = c.getDeclaredFields();
        //循环遍历并打印
        for (Field field : f4) {
            System.out.println(field);
        }
        System.out.println("--------------------");
    }
}
```

执行结果如下：

```
public java.lang.String cn.minimal.chaptor20.Student.address
--------------------
private java.lang.String cn.minimal.chaptor20.Student.name
--------------------
public java.lang.String cn.minimal.chaptor20.Student.address
--------------------
private java.lang.String cn.minimal.chaptor20.Student.name
private int cn.minimal.chaptor20.Student.age
public java.lang.String cn.minimal.chaptor20.Student.address
```

解析：总结该案例，通过反射获取成员变量的步骤如下。

(1)获取目标类的Class对象。

(2)根据Class对象获取目标类的成员变量。

获取公共成员变量调用getField方法，获取私有成员变量调用getDeclaredField方法。

20.2.5 通过反射对成员变量进行赋值和取值

通过反射可以创建对象，也可以对创建出来的对象的成员变量进行赋值和取值。

下面来看一个案例。

【例20-6】通过反射对成员变量进行赋值和取值的应用

```
1  package cn.minimal.chaptor20;
2
3  import java.lang.reflect.Constructor;
4  import java.lang.reflect.Field;
5
6  public class ReflectDemo06 {
7      public static void main(String[] args) throws Exception {
8          //获取Student字节码文件对象
9          Class c = Class.forName("cn.minimal.chaptor20.Student");
10         //获取Student带两个参数的构造方法
11         Constructor con = c.getConstructor(String.class,int.class);
12         //通过该构造方法创建对象
13         Student stu = (Student)con.newInstance("小红",18);
14         //给address变量赋值
15         stu.address = "北京";
16         //获取私有成员变量name和age以及公共成员变量address
17         Field nameF = c.getDeclaredField("name");
18         Field ageF = c.getDeclaredField("age");
19         Field addressF = c.getField("address");
20         //将私有成员变量name和age的访问权限检查取消
21         nameF.setAccessible(true);
22         ageF.setAccessible(true);
23         //获取成员变量name、age和address的值
24         System.out.println("姓名:"+nameF.get(stu));
25         System.out.println("年龄:"+ageF.get(stu));
26         System.out.println("地址:"+addressF.get(stu));
27         System.out.println("----------------------");
28         //给对象stu的name、age和address属性赋值
29         nameF.set(stu,"小邓");
30         ageF.set(stu,23);
31         addressF.set(stu,"上海");
32         //获取name,age,address的值并打印
33         System.out.println("姓名:"+nameF.get(stu));
34         System.out.println("年龄:"+ageF.get(stu));
35         System.out.println("地址:"+addressF.get(stu));
36     }
37 }
```

执行结果如下:

```
姓名:小红
年龄:18
地址:北京
----------------------
```

```
姓名：小邓
年龄：23
地址：上海
```

解析：从该案例可看出，通过反射对成员变量进行赋值和取值的步骤如下。

（1）获取目标类型的Class对象（第9行）。

（2）获取目标类的构造方法（第11行）。

（3）通过构造方法创建对象（第13行）。

（4）获取目标类指定的成员变量。如果是私有成员变量，通过调用setAccessible(boolean flag)取消访问权限限制（第17~22行）。

（5）给指定成员变量赋值或者获取指定成员变量的值（第24~31行）。

20.2.6 通过反射获取成员方法

类中的成员方法可以用类Method表示，通过调用类的字节码文件对象的方法可以获取成员方法，方法的声明格式及解释如下。

（1）获取一个方法。

public Method getMethod(String name, Class<?>... parameterTypes)：获取public 修饰的方法，第一个参数为方法名，第二个参数为参数类型。

public Method getDeclaredMethod(String name, Class<?>... parameterTypes)：获取任意方法（包含私有的），第一个参数为方法名，第二个参数为参数类型。

（2）获取多个方法。

public Method[] getMethods()：获取本类与父类中所有public 修饰的方法。

public Method[] getDeclaredMethods()：获取本类与父类中所有的方法（包含私有的）。

下面来看一个通过反射获取并执行方法的案例。

【例20-7】通过反射获取方法

在Student类中增加一个public修饰的方法method1：

```
public void method1(int num){
    System.out.println("method1:"+num);
}
```

创建测试类：

```
1  package cn.minimal.chaptor20;
2
3  import java.lang.reflect.Constructor;
4  import java.lang.reflect.Method;
5
6  public class ReflectDemo07 {
7      public static void main(String[] args) throws Exception {
8          //获取 Student 类的 Class 对象
9          Class c = Class.forName("cn.minimal.chaptor20.Student");
```

```
10            //获取Student类的构造方法
11            Constructor con = c.getConstructor(String.class,int.class);
12            //通过构造方法创建Student对象
13            Student stu = (Student)con.newInstance("小花",24);
14            //获取带一个int型参数的方法method1
15            Method m = c.getMethod("method1",int.class);
16            //将参数3传入并执行该方法
17            m.invoke(stu,3);
18        }
19    }
```

执行结果如下：

```
method1:3
```

解析：通过反射获取并执行方法的步骤如下。

(1)获取目标类型的Class对象(第9行)。

(2)获取目标类型的构造方法(第11行)。

(3)通过构造方法创建目标类型的对象(第13行)。

(4)获取目标类型的指定方法(第15行)。

(5)执行指定方法，可以通过调用Method对象的invoke方法来执行它，方法的声明格式为public Object invoke(Object obj，Object... args)，该方法的第1个参数为要执行的方法所在的对象，第2个参数为方法要传入的参数(第17行)。

例20-7执行的是一个public方法，如何执行private方法呢？下面再来看一个案例。

【例20-8】通过反射执行private方法

在Student类中添加一个私有的方法method2：

```
private void method2(String message){
    System.out.println(message);
}
```

创建测试类：

```
1   package cn.minimal.chaptor20;
2
3   import java.lang.reflect.Constructor;
4   import java.lang.reflect.Method;
5
6   public class ReflectDemo08 {
7       public static void main(String[] args) throws Exception {
8           //获取Student类的Class对象
9           Class c = Class.forName("cn.minimal.chaptor20.Student");
10          //获取Student类的构造方法
11          Constructor con = c.getConstructor(String.class,int.class);
12          //通过构造方法创建Student对象
13          Student stu = (Student)con.newInstance("小花",24);
```

```
14          //获取私有方法 method2，第 1 个参数为方法名，第 2 个为方法的参数字节码文件对象
15          Method m = c.getDeclaredMethod("method2",String.class);
16          //取消访问控制检查
17          m.setAccessible(true);
18          //将方法的参数传入，执行该方法
19          m.invoke(stu,"method2");
20      }
21  }
```

执行结果如下：

```
method2
```

解析：通过反射执行private方法步骤如下。

（1）获取目标类型的Class对象（第9行）。

（2）获取目标类型的构造方法（第11行）。

（3）通过构造方法创建对象（第13行）。

（4）获取指定方法（第15行）。

（5）取消该方法的访问控制（第17行）。

（6）执行该方法（第19行）。

20.2.7 反射的应用

反射很常见的一个应用是在程序运行过程中创建配置文件中的类的对象，并调用其方法。下面来看一个案例。

【例20-9】通过反射创建类的对象——读取person.properties文件中的数据，通过反射完成Student类对象的创建

在项目根目录下创建person.properties文件，内容如下：

```
className:cn.minimal.chaptor20.Student
methodName:method2
```

创建测试类：

```
package cn.minimal.chaptor20;

import java.io.FileInputStream;
import java.lang.reflect.Constructor;
import java.lang.reflect.Method;
import java.util.Properties;

public class ReflectDemo09 {
    public static void main(String[] args) throws Exception {
        //创建 properties 集合对象
        Properties prop = new Properties();
        //将 person.properties 文件加载到 prop 集合中
```

```
        prop.load(new FileInputStream("person.properties"));
        //获取person.properties中的className的值
        String className = prop.getProperty("className");
        //获取person.properties中的methodName的值
        String methodName = prop.getProperty("methodName");
        //获取Student类的Class对象
        Class c = Class.forName(className);
        //获取Student类的构造方法
        Constructor con = c.getConstructor(String.class,int.class);
        //调用构造函数，创建Student对象
        Student stu = (Student)con.newInstance("小张",24);
        //获取方法名
        Method m = c.getDeclaredMethod(methodName);
        //取消访问控制检查
        m.setAccessible(true);
        //执行方法
        m.invoke(stu,null);
    }
}
```

执行结果如下：

```
method2
```

解析：在person.properties文件中配置了两个键值对，一个是className:cn.minimal.Student，该键值对配置的是一个类；另一个是methodName:method2，配置的是一个方法。程序先通过Properties集合对象加载文件获取类名和方法名，然后利用反射创建该类的对象，执行该方法。

通过反射获取配置文件中的类并在程序运行的过程中创建对象是反射很常见的一种应用，很多常用框架都有。

练习 20

20-1 创建类Dog，它有公共字段 color，有私有字段name和age，有无参数构造方法，有公共方法 eat：打印“**（color）颜色的狗正在吃东西”，有私有方法run：打印“**(age)岁的狗狗**(name)正在奔跑”。使用反射创建Dog对象，给字段color、name、age赋值，调用其eat方法和run方法。

20-2 创建一个配置文件 dog.properties，其内容为className:cn.minimal.Dog，从文件中获取类型名并创建Dog对象。

第 21 章

多线程

学习目标

如果 Java 程序在执行过程中遇到如 I/O 这样比较耗时的操作，程序只能等待，这会使 CPU 的利用率变低。利用多线程可以解决这个问题。通过本章的学习，读者将可以做到：

- 理解多线程
- 掌握多线程的使用
- 掌握线程同步
- 掌握线程池的使用

内容浏览

21.1 什么是多线程

21.1.1 并发与并行

21.1.2 线程与进程

21.1.3 多线程的调度方式

21.2 多线程的实现

21.2.1 实现多线程 1

21.2.2 实现多线程 2

21.3 多线程的安全性

21.3.1 线程安全

21.3.2 线程同步

21.4 线程的状态

21.5 线程池

21.5.1 什么是线程池

21.5.2 线程池的使用

练习 21

21.1 什么是多线程

如果让一个程序实现边下载文件边播放歌曲，就需要用到多线程。为了更好地理解多线程，先介绍几个概念。

21.1.1 并发与并行

并发是指两个或两个及以上事件在同一个时间段内发生；并行是指两个或两个及以上事件在同一时刻同时发生，如图21-1所示。

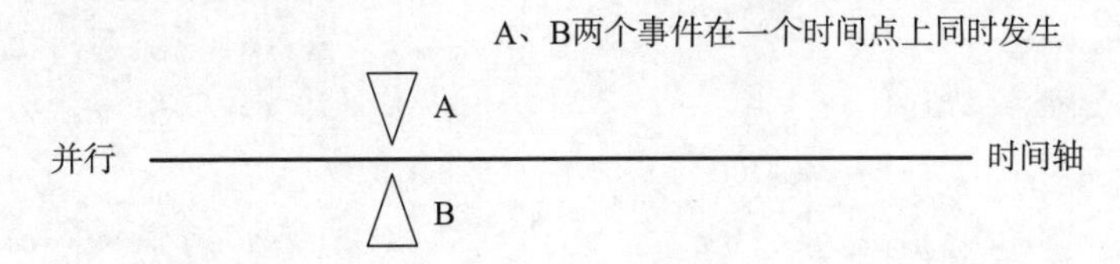

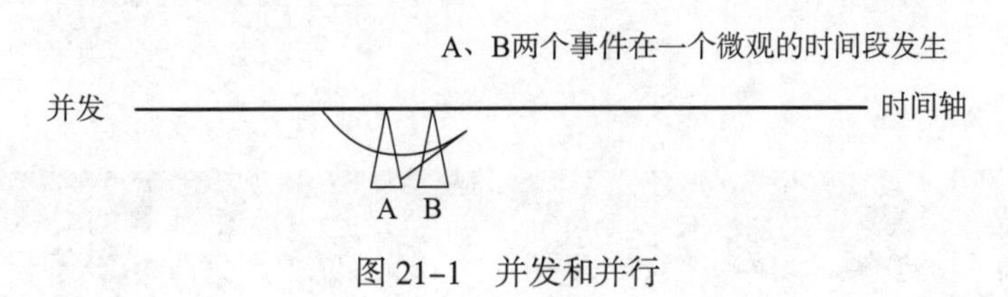

图21-1　并发和并行

21.1.2 线程与进程

进程是一个应用程序在内存中的体现，每个独立运行的应用程序都可以叫作进程。例如，打开QQ和Word文档，内存中就有了QQ的进程和Word的进程。进程也是程序的一次执行过程，是系统运行程序的基本单位，系统运行一个程序就是一个进程从创建、运行到消亡的过程。在Windows操作系统中可以右击计算机底部任务栏，然后选择“打开任务管理器”，可以查看当前任务的进程，如图21-2所示。

线程是进程中的一个执行单元，程序运行时会在内存中产生一个进程，该进程至少会有一个执行单元去执行程序，这个执行单元就叫作线程。也可以有多个执行单元，如果有多个执行单元去执行，这个应用程序就可以称为多线程程序。例如360安全卫士就是一个多线程的程序，如图21-3所示。

任务管理器

文件(F) 选项(O) 查看(V)

进程 性能 应用历史记录 启动 用户 详细信息 服务

名称	状态	14% CPU	38% 内存	1% 磁盘	0% 网络
应用 (7)					
Google Chrome (10)		1.6%	303.8 MB	0 MB/秒	0 Mbps
Microsoft Word (32 位) (2)		0.3%	177.7 MB	0 MB/秒	0 Mbps
ShiYeLine (32 位) (2)		3.5%	25.2 MB	0.9 MB/秒	0 Mbps
WeChat (32 位) (3)		0.6%	155.2 MB	0.1 MB/秒	0 Mbps
Windows 资源管理器 (3)		0.9%	54.4 MB	0 MB/秒	0 Mbps
任务管理器		1.0%	24.2 MB	0 MB/秒	0 Mbps
有道云笔记 (32 位) (6)		0.5%	98.0 MB	0 MB/秒	0 Mbps
后台进程 (83)					
64-bit Synaptics Pointing Enh...		0%	1.1 MB	0 MB/秒	0 Mbps
360安全卫士 安全防护中心模块...		0%	29.2 MB	0.1 MB/秒	0 Mbps
360软件小助手 (32 位)		0.1%	15.9 MB	0 MB/秒	0 Mbps
360杀毒 服务程序		0%	0.6 MB	0 MB/秒	0 Mbps

图 21-2　打开任务管理器查看进程

图 21-3　360 安全卫士界面示意图

当运行360安全卫士时，它就会进入内存中，这就是一个进程，单击“木马查杀”图标后就会开启一个应用程序到CPU的执行路径，CPU可以通过这个执行路径来执行木马查杀的功能，这个路径就是一个线程。在执行木马查杀的过程中单击“电脑清理”图标又会开启一个应用程序到

CPU的执行路径，CPU可以通过这个执行路径来执行电脑清理的功能。这个路径又是一个线程，到目前为止该程序开启了两个线程，如图21–4所示。

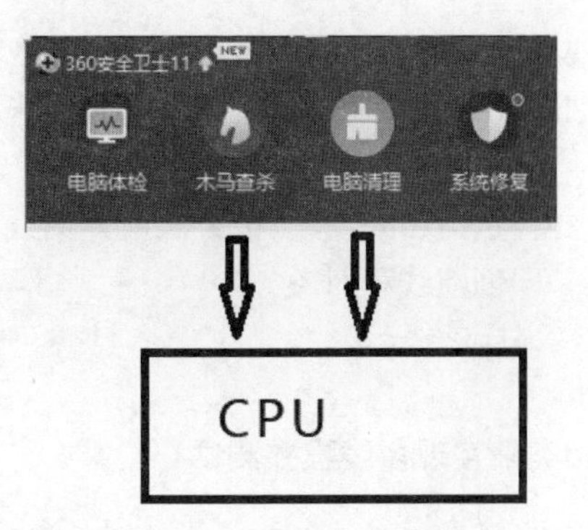

图21–4　360安全卫士

此时可以发现，木马查杀和电脑清理这两个功能似乎同时在执行。实际上程序的执行需要依赖CPU，如果计算机上只有一个CPU，那就不可能做到同时执行两个线程。当看上去两个线程在同时执行时，其实CPU在这两个线程之间做着高速切换，这种状态称为并发。如果计算机有4个CPU，那么就可以同时执行4个线程，它的执行效率比单核计算机高了4倍。由此可见，对于多核CPU的计算机，多线程可以提高程序的运行效率。在此种情况下，单核CPU的效率不会提高反而可能会有所降低，因为CPU在多个线程之间进行切换需要一定开销。

还有一种情况，如果某个操作特别费时，例如I/O操作，如果是单线程程序，CPU在进行I/O操作时会进入长时间的等待；如果是多线程程序，CPU就不需要进行等待，可以去执行其他线程任务，这样就提高了CPU的利用率。

提示：

程序运行后在内存中会生成一个进程，要想执行这个程序需要靠线程，一个进程至少有一个线程，可以有多个线程。线程属于进程，多线程可以提高程序的执行效率。

21.1.3　多线程的调度方式

既然程序的执行需要CPU，那多个线程之间是如何分配CPU的占用时间？多线程有两种调度方式：分时调度和抢占式调度。

分时调度也就是所有线程轮流占用 CPU，每个线程占用 CPU的时间平均分配。

抢占式调度会让优先级高的线程优先占用CPU，优先级相同的线程会随机选择一个占用CPU，Java使用抢占式调度的方式。

21.2　多线程的实现

每个程序都是从main方法开始执行的，既然程序可以执行，那么必然会有线程。程序在运行时会自动创建一个线程执行main方法，这个线程就是主线程。那么如何执行一个新线程呢？

实现多线程有两种方式：继承Thread类和实现Runnable接口。

21.2.1 实现多线程 1

在java.lang包下有一个类Thread，它是线程类，可以通过继承这个类来实现多线程，步骤如下。

（1）定义Thread类的子类，并且重写run方法，该方法就是新线程要执行的代码段。

（2）创建Thread子类的对象，即创建线程对象。

（3）调用线程对象的start方法来启动线程。

下面来看一个案例。

【例21-1】通过继承Thread类来实现多线程并测试

定义线程类：

```
package cn.minimal.chaptor21.demo01;
//定义线程类继承 Thread 类
public class ThreadDemo extends Thread {
    //重写 Thread 中的 run 方法实现线程逻辑
    @Override
    public void run() {
        //在新线程中打印 1~9
        for (int i = 0; i < 10; i++) {
            System.out.println("子线程正在执行"+i);
        }
    }
}
```

定义测试类：

```
 1 package cn.minimal.chaptor21.demo01;
 2
 3 public class ThreadTest {
 4     public static void main(String[] args) {
 5         //创建线程对象
 6         ThreadDemo demo = new ThreadDemo();
 7         //执行线程
 8         demo.start();
 9         //主线程循环打印 1~9
10         for (int i = 0; i < 10; i++) {
11             System.out.println("主线程在执行"+i);
12         }
13     }
14 }
```

执行结果如下：

```
子线程正在执行0
```

```
主线程在执行 0
主线程在执行 1
子线程正在执行 1
主线程在执行 2
子线程正在执行 2
主线程在执行 3
…
```

解析：在该案例中定义了一个类ThreadDemo继承了Thread类，使用它就可以创建一个线程对象，重写run方法打印1~9的值是该线程要执行的代码；在测试类中第8行调用start方法启动线程，ThreadDemo类中的run方法开始执行，此时主线程还在继续执行，也就是说两个线程都在执行；第10行循环打印1~9的值是主线程执行的代码，从打印结果可以看出，新建立的子线程和主线程中的代码是交替执行的。

21.2.2 实现多线程 2

通过继承Thread类的方式可以实现多线程，但是这种方式有局限性，即如果一个类继承了一个Thread类，就不能通过这种方式来实现多线程。在这种情况下，可以通过实现Runnable接口的方式来实现多线程，步骤如下。

（1）定义Runnable接口的实现类，并重写接口的run方法，run方法中是线程要执行的代码。

（2）创建Runnable接口实现类的对象。

（3）使用Thread类的有参数构造函数来创建对象，并将Runnable接口实现类的对象作为构造方法的参数传入。

（4）调用线程对象的start方法启动线程。

下面来看一个案例。

【例21-2】通过实现Runnable接口来实现多线程并测试

定义一个类实现Runnable接口：

```
package cn.minimal.chaptor21.demo02;
//定义类实现 Runnable 接口
public class RunnableDemo implements Runnable {
    //实现接口的 run 方法，也就是线程要执行的代码
    @Override
    public void run() {
        for (int i = 0; i < 10; i++) {
            System.out.println("子线程："+i);
        }
    }
}
```

定义测试类：

```
1  package cn.minimal.chaptor21.demo02;
2
3  public class TestRunnable {
4      public static void main(String[] args) {
5          //创建 RunnableDemo 对象
6          RunnableDemo demo = new RunnableDemo();
7          //创建线程对象
8          Thread t = new Thread(demo);
9          //启动线程，执行 RunnableDemo 中的 run 方法
10         t.start();
11         //主线程循环打印 1~9
12         for (int i = 0; i < 10; i++) {
13             System.out.println("主线程:"+i);
14         }
15     }
16 }
```

执行结果如下：

```
主线程:0
主线程:1
主线程:2
主线程:3
主线程:4
```

解析：从打印结果可以看出，通过实现Runnable接口实现多线程和通过继承Thread类实现多线程，程序的执行结果是一样的，但是通过Runnable接口实现多线程的方式更通用，因为接口可以多实现，而类只能继承一个。

> 小技巧：
>
> 实现Runnable接口比继承Thread类具有两个优势：①可以避免Java中的单继承的局限性；②增加程序的健壮性，实现松耦合，代码可以被多个线程共享，代码和线程独立。

21.3 多线程的安全性

21.3.1 线程安全

如果有多个线程同时执行一段代码，就有可能引发线程安全问题，下面来看一个案例。

【例21-3】模拟卖票——电影院通过3个窗口来卖50张票，每个窗口相当于一个线程。

定义一个类实现Runnable接口：

```
1  package cn.minimal.chaptor21.demo03;
2
3  public class MovieTicket implements Runnable {
4      private int num = 50;                    //共50张票
5      @Override
6      public void run() {
7          while(true){
8              //还有票时
9              if(num>0){
10                 try {
11                     //线程休眠100毫秒模拟卖票的过程
12                     Thread.sleep(100);
13                 } catch (InterruptedException e) {
14                     e.printStackTrace();
15                 }
16                 //获取线程的名字
17                 String threadName = Thread.currentThread().getName();
18                 //打印信息
19                 System.out.println(threadName+"正在卖第"+num+"张票");
20                 num--;
21             }
22         }
23     }
24 }
```

定义测试类:

```
package cn.minimal.chaptor21.demo03;

public class TestTicket {
    public static void main(String[] args) {
        //创建MovieTicket对象
        MovieTicket ticket = new MovieTicket();
        //创建3个线程对象并给它们取名
        Thread t1 = new Thread(ticket,"窗口1");
        Thread t2 = new Thread(ticket,"窗口2");
        Thread t3 = new Thread(ticket,"窗口3");
        //开启这3个线程
        t1.start();
        t2.start();
        t3.start();
    }
}
```

执行结果如下:

```
…
窗口3正在卖第47张票
```

```
窗口 2 正在卖第 46 张票
窗口 1 正在卖第 47 张票
…
窗口 1 正在卖第 1 张票
窗口 2 正在卖第 0 张票
…
```

解析：从执行结果可以发现两个问题。

(1)窗口3和窗口1都卖了第47张票。

(2)窗口2卖了不存在的第0张票。

当出现这种问题时，说明这段程序是线程不安全的。为什么会出现线程不安全的问题？“罪魁祸首”就是在MovieTicket类中定义的全局变量num。

该案例共开启了3个线程，这3个线程都对num变量进行了修改操作。下面来分析一下线程的执行过程。

程序启动，当窗口1线程执行到第9行时，num=50是大于0的，在第19行会打印50，第20行将num减1，num变为49。如果50还没来得及进行减1操作时，窗口2线程也执行了第19行，此时的num还是50，所以窗口2也打印50，于是所卖的票就重复了。如何解决这个问题呢？可以通过线程同步来解决。

21.3.2 线程同步

当多个线程要修改同一个全局变量或静态变量时，就有可能发生线程安全问题。想要解决这个问题很容易，可以将有可能发生线程安全问题的代码锁定起来，一次只让一个线程执行，一个线程对变量修改完毕下一个线程才能去修改，这就是线程同步。有3种方式可以实现线程同步：同步代码块、同步方法和同步锁机制。

1. 同步代码块

语法格式为：

```
synchronized(同步锁){
    需要同步操作的代码
}
```

在这里出现了同步锁的概念。什么是同步锁？如果要深究，需要知道对象在内存中底层的存储。先可以简单理解为一个锁对象，这个锁对象可以是任意类型。当有多个线程需要执行同一段代码时，谁拿到了锁对象谁就可以执行这段代码，该线程执行完并释放锁对象后其他线程才能执行。

下面通过一个案例来看看如何使用同步代码块解决例21-3中的线程安全问题。

【例21-4】使用同步代码块解决线程安全问题

```
1  package cn.minimal.chaptor21.demo04;
2
```

```
 3 public class MovieTicket implements Runnable {
 4     private int num = 50;                                     //总共50张票
 5     Object lock = new Object();                               //创建锁对象
 6     @Override
 7     public void run() {
 8         while(true){
 9             synchronized (lock) {                             //给代码段加锁
10                 //还有票时
11                 if (num > 0) {
12                     try {
13                         //线程休眠100毫秒模拟卖票的过程
14                         Thread.sleep(100);
15                     } catch (InterruptedException e) {
16                         e.printStackTrace();
17                     }
18                     //获取线程的名字
19                     String threadName = Thread.currentThread().getName();
20                     //打印信息
21                    System.out.println(threadName + "正在卖第" + num + "张票");
22                     num--
23                 }
24             }
25         }
26     }
27 }
```

解析：第5行创建了一个Object类型的对象lock，这个对象作为锁对象；第9行通过synchronized(lock)给代码段第11~23行上锁，上锁以后一次只有一个线程能执行这段代码。一个线程对num修改完毕并打印后其他线程才能再去修改num的值，这样就不会出现例21-3中出现的状况，解决了线程安全问题。

2. 同步方法

所谓同步方法，就是用synchronized关键字修饰的方法，同步方法一次只能有一个线程执行，这个线程执行完后其他线程才能执行。语法格式如下：

```
public synchronized void method(){
    可能产生线程安全问题的代码
}
```

下面通过一个案例学习同步方法。

【例21-5】使用同步方法解决线程安全问题

```
package cn.minimal.chaptor21.demo05;

public class MovieTicket implements Runnable {
    private int num = 50;                              //共50张票
```

```
    @Override
    public void run() {
        while(true){
                ticket();                                          //调用卖票方法
        }
    }

    //同步方法
    public synchronized void ticket(){
        if (num > 0) {
            try {
                //线程休眠100毫秒模拟卖票的过程
                Thread.sleep(100);
            } catch (InterruptedException e) {
                e.printStackTrace();
            }
            //获取线程的名字
            String threadName = Thread.currentThread().getName();
            //打印信息
            System.out.println(threadName + "正在卖第" + num + "张票");
            num--
        }
    }
}
```

解析：同步方法和同步代码块的原理是一样的，只是将可能发生线程安全的代码提取出来定义为一个方法，并给这个方法加上synchronized关键字修饰。这里就有一个问题，锁对象是什么？对于非静态方法锁对象就是this，对于静态方法锁对象是当前方法所在类的字节码对象，同步方法同样也可以解决线程安全问题。

3. 同步锁机制

使用同步锁机制也可以解决线程安全问题。Lock锁也称为同步锁，它提供了比同步代码块和同步方法更强大的锁定操作功能。Lock是一个接口，它有两个方法，语法格式如下：

```
public void lock():加同步锁
public void unlock():释放同步锁
```

下面通过一个案例学习通过使用同步锁机制解决线程安全的问题。

【例21-6】使用同步锁机制解决线程安全问题

```
1  package cn.minimal.chaptor21.demo06;
2
3  import java.util.concurrent.locks.Lock;
4  import java.util.concurrent.locks.ReentrantLock;
5
6  public class MovieTicket implements Runnable {
```

```
 7      private int num = 50;                          //共50张票
 8      Lock lock = new ReentrantLock();               //创建锁对象
 9      @Override
10      public void run() {
11          while(true){
12                 lock.lock();                        //给代码段加锁
13                   //还有票时
14                   if (num > 0) {
15                       try {
16                           //线程休眠100毫秒模拟卖票的过程
17                           Thread.sleep(100);
18                           //获取线程的名字
19                           String threadName = Thread.currentThread().getName();
20                           //打印信息
21                          System.out.println(threadName + "正在卖第" + num + "张票");
22                         num--
23                       } catch (InterruptedException e) {
24                           e.printStackTrace();
25                       }finally{
26                           lock.unlock();              //给代码段解锁
27                       }
28                   }
29          }
30      }
31 }
```

解析：在第8行创建了一个ReentrantLock锁对象，第12行调用它的lock方法对代码段加锁，第26行调用它的unlock方法对代码段解锁。

注意：

Lock锁需要手动解锁，为了保证一定会执行解锁，通常会把解锁的代码放到try... catch... finally...结构中的finally代码块中。

21.4 线程的状态

当线程被创建并启动以后，它并不是马上进入执行状态，在线程的生命周期中线程共有6种状态，如表21-1所示。

表21-1 线程的生命周期的状态

线程状态	状态发生条件
New(新创建)	线程刚被创建还未调用 start 方法
Runnable(可运行)	线程处于可以执行的状态，可能正在执行也可能没有，取决于 CPU 的分配

续表

线程状态	状态发生条件
Blocked(锁阻塞)	当一个线程试图获取一个对象锁而该对象锁被其他线程占用时会进入这个状态，一旦获取对象锁，会进入 Runnable 状态
TimedWaiting(计时等待)	线程进入等待状态直到等待时间结束或者被唤醒，通常调用 Thread.sleep 会进入这个状态
Waiting(无限等待)	调用锁对象的 wait 方法时，线程进入无限等待状态，直到另一个线程调用 notify 或 notifyAll 方法将它唤醒
Teminated(被终止)	线程的 run 方法执行完毕或者执行的过程中发生未被捕获的异常会进入这个状态

线程的这几种状态的详细解释如下。

Blocked（锁阻塞）：有两个线程，线程A和线程B，要获取同一个锁对象，线程A获取到锁进入Runnable状态，线程B就会进入Blocked状态。

Timed Waiting（计时等待）：调用Thread.sleep方法之后线程就进入计时等待状态，在例21-6的代码中模拟卖票时就调用了这个方法。线程休眠其实就是进入了计时等待状态。

Waiting（无限等待）：调用锁对象的wait方法时，线程进入无限等待状态。当一个线程进入无限等待状态时必须由其他线程调用notify方法或者notifyAll方法将它唤醒才能继续执行。

线程的状态转换如图21-5所示。

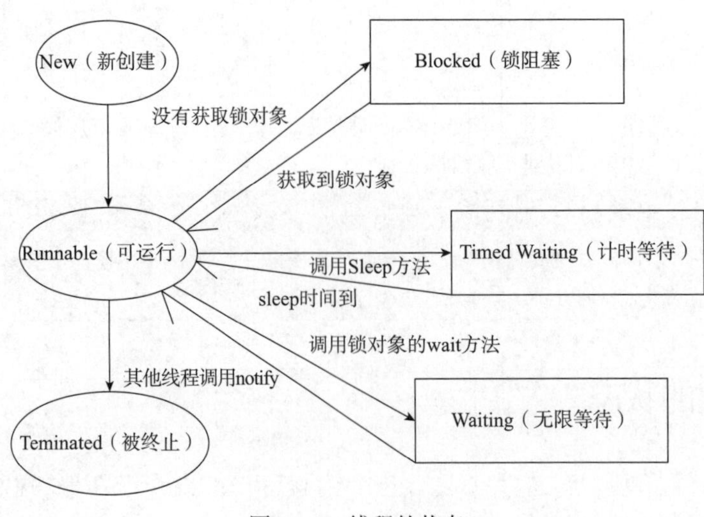

图 21-5　线程的状态

21.5　线程池

在多线程的程序中，用到线程就要去创建线程，虽然实现起来很方便，但是创建一个线程需要开销和时间，频繁地创建线程会极大地影响程序执行的效率。

线程池可以解决这个问题。

21.5.1 什么是线程池

可以把线程池想象为一个容器，这个容器中存放的就是线程。线程池中存放着很多已创建的线程，使用线程时可以直接从容器中拿出一个来用，用完后再放回容器，这样就省去了线程创建和销毁的开销。线程池的工作原理如图21-6所示。

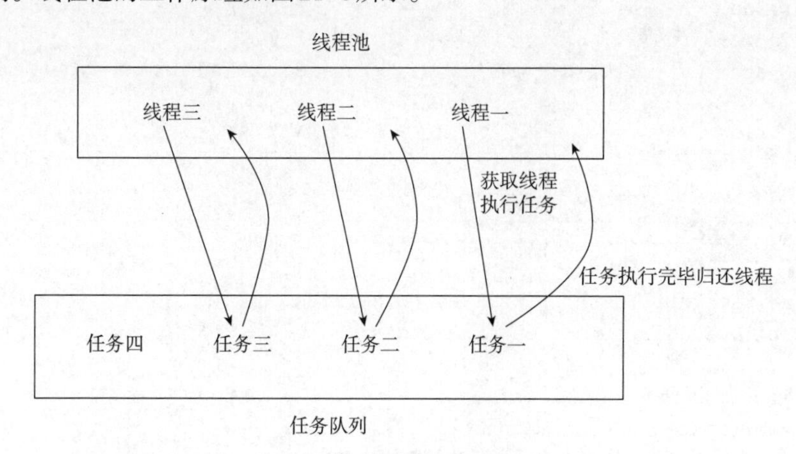

图21-6 线程池的工作原理

使用线程池有以下好处。

(1)线程池中的线程不需要创建和销毁，可以降低资源的消耗。

(2)需要线程执行任务时可以直接从线程池中获取，节约了创建线程的时间，让响应变得更加迅速。

(3)因为每个线程都需要占据一定的内存空间，大约是1MB，通过线程池可以根据任务调整线程池中线程的数目，防止出现因为线程过多消耗内存造成的服务器故障。

21.5.2 线程池的使用

从JDK 1.5开始在java.util.concurrent包下提供了一个线程池接口ExecutorService和一个线程工厂类Executors，通过线程工厂类的静态工厂方法可以创建多种类型的线程池对象，其中有一个静态方法如下：

```
Public static ExecutorService newFiexedThreadPool(int nThreads)
```

该静态方法可以创建一个可以容纳最大线程数目为nThreads的线程池对象，返回的类型为线程池接口ExecutorService。

ExecutorService接口有一个方法：

```
Public Future<?> submit(Runnable task)
```

该方法可以将实现了Runnable接口的类的对象提交到线程池并执行线程。

下面通过一个案例来说明线程池的使用。

【例21-7】通过线程池获取线程

创建类实现Runnable接口：

```
package cn.minimal.chaptor21.demo07;

public class ThreadRunnable implements Runnable {
    @Override
    public void run() {
        System.out.println("当前线程为："+Thread.currentThread().getName());
    }
}
```

线程池测试类：

```
 1 package cn.minimal.chaptor21.demo07;
 2
 3 import java.util.concurrent.ExecutorService;
 4 import java.util.concurrent.Executors;
 5
 6 public class ThreadPoolTest {
 7     public static void main(String[] args) {
 8         //创建最多可以包含两个线程的线程池对象
 9         ExecutorService service = Executors.newFixedThreadPool(2);
10         //创建Thread Runnable实例对象
11         ThreadRunnable tr = new ThreadRunnable();
12         //从线程池中获取线程对象并执行run方法
13         service.submit(tr);
14         //再次获取线程对象，执行run方法
15         service.submit(tr);
16         //关闭线程池
17         service.shutdown();
18     }
19 }
```

执行结果如下：

```
当前线程为：pool-1-thread-2
当前线程为：pool-1-thread-1
```

解析：通过线程池获取的线程，在执行完任务后线程不会被关闭，而是又被放入线程池中，只有调用线程池的shutdown方法才会被销毁，如第17行代码所示。

从该案例可以总结出使用线程池的步骤。

(1)创建线程池对象，如第9行代码所示。

(2)创建Runnable接口的实现类对象，如第11行代码所示。

(3)从线程池获取线程对象并执行线程，如第13行代码所示。

(4)关闭线程池，如第17行代码所示。

练习 21

21-1 编写一个有两个线程的程序，第1个线程用来计算1~100的和，第2个线程用来计算101~200的和，最后打印结果。

21-2 描述线程的生命周期(6种状态的切换流程)。

21-3 定义一个计数器，每隔1秒让计数器加1，创建3个线程同时计数，要求考虑线程同步。

21-4 使用线程池开启2个线程打印“Hello World!”。

第 22 章

实战项目三：奕昊超市会员管理系统

学习目标

到本章为止，Java 的主要内容就学习完了。第 1~21 章分别学习了 Java 基本语法、Java 面向对象、集合框架、I/O 流、多线程等知识点，本章通过一个综合项目的实现将这些知识点串联起来。通过本章的学习，读者将可以做到：

- 灵活应用集合
- 灵活应用 I/O 流
- 灵活应用序列化

内容浏览

22.1　项目分析
22.2　项目实现步骤
练习 22

22.1 项目分析

本项目为超市会员管理系统，用来对超市的会员进行管理。系统的主要功能是注册会员卡、修改密码、赠送积分、积分记录查询、兑换积分和退出。

程序的执行效果如下：

```
**** 欢迎进入奕昊超市会员管理系统 ****
1. 注册会员卡
2. 修改密码
3. 赠送积分
4. 积分记录查询
5. 兑换积分
6. 退出
**********************************
```

请选择:1

```
请输入注册姓名：xh
请输入注册密码：123456
恭喜，注册会员卡成功，系统赠送您 100 积分！您的会员卡号为：591639
**** 欢迎进入奕昊超市会员管理系统 ****
1. 注册会员卡
2. 修改密码
3. 赠送积分
4. 积分记录查询
5. 兑换积分
6. 退出
**********************************
```

请选择:2

```
请输入您的会员卡号：591639
请输入您的会员卡密码：123456
请输入新的会员密码：654321
密码修改成功！
**** 欢迎进入奕昊超市会员管理系统 ****
1. 注册会员卡
2. 修改密码
3. 赠送积分
4. 积分记录查询
5. 兑换积分
6. 退出
**********************************
```

请选择:3

```
请输入您的会员卡号：591639
请输入您的会员卡密码：654321
请输入您此次消费金额（消费1元积1积分）：340
**** 欢迎进入奕昊超市会员管理系统 ****
1.注册会员卡
2.修改密码
3.赠送积分
4.积分记录查询
5.兑换积分
6.退出
**********************************
```

请选择:4

```
请输入您的会员卡号：591639
请输入您的会员卡密码：654321
姓名        会员卡号        剩余积分            开卡日期
xh          591639            440          2020-10-04
积分记录列表：
消费金额：340元              消费时间：2020-10-04              赠送积分：340
**** 欢迎进入奕昊超市会员管理系统 ****
1.注册会员卡
2.修改密码
3.赠送积分
4.积分记录查询
5.兑换积分
6.退出
**********************************
```

请选择:5

```
请输入您的会员卡号：591639
请输入您的会员卡密码：654321
请输入您需要兑换使用的积分（100积分抵用1元，不足100的积分不做抵用）：200
您的消费金额中使用会员积分抵消2元
**** 欢迎进入奕昊超市会员管理系统 ****
1.注册会员卡
2.修改密码
3.赠送积分
4.积分记录查询
5.兑换积分
6.退出
**********************************
```

请选择:6

```
感谢您的使用，欢迎下次使用！
```

提示：

系统使用集合保存会员和会员消费信息，使用序列化来持久化会员和会员消费信息，每次系统启动时从磁盘上的文件中读取会员和会员消费信息，使用随机数类Random生成会员卡号，使用SimpleDateFormat类来格式化日期。

22.2 项目实现步骤

步骤1：新建项目

新建项目supermarket-project，如图22-1所示。

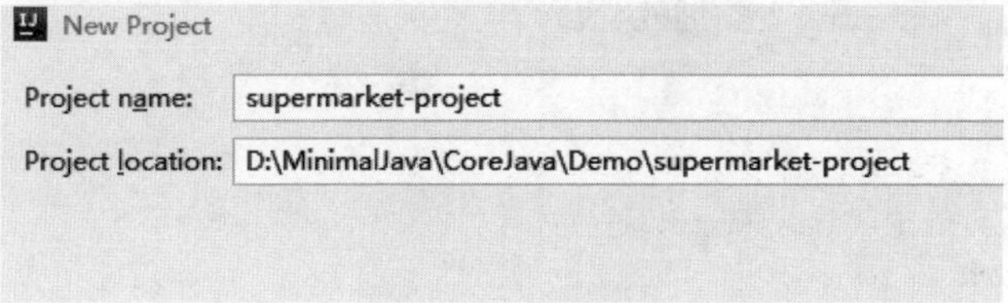

```
New Project
Project name:      supermarket-project
Project location:  D:\MinimalJava\CoreJava\Demo\supermarket-project
```

图22-1 新建项目

步骤2：创建包和会员类

创建包cn.minimal.supermarket并在该包下创建会员类Member，如图22-2所示。

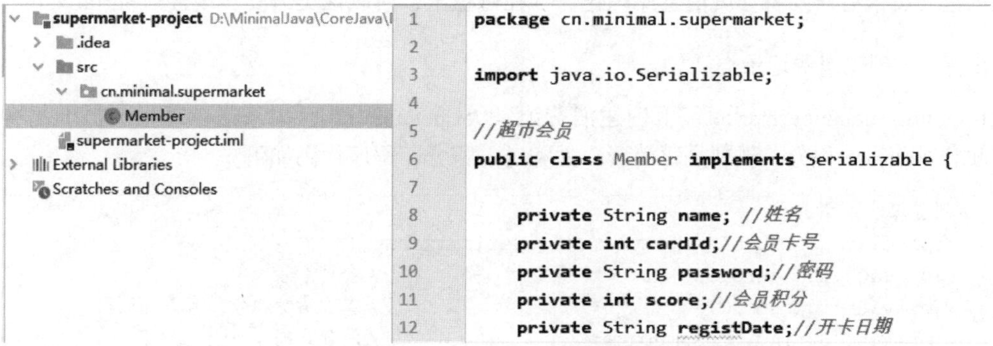

```
supermarket-project D:\MinimalJava\CoreJava\
  .idea
  src
    cn.minimal.supermarket
      Member
  supermarket-project.iml
External Libraries
Scratches and Consoles
```

```
1  package cn.minimal.supermarket;
2
3  import java.io.Serializable;
4
5  //超市会员
6  public class Member implements Serializable {
7
8      private String name; //姓名
9      private int cardId;//会员卡号
10     private String password;//密码
11     private int score;//会员积分
12     private String registDate;//开卡日期
```

图22-2 创建包和会员类

Member类为会员类，程序代码如下：

```
//超市会员
public class Member implements Serializable {

    private String name;                  //姓名
    private int cardId;                   //会员卡号
```

```
    private String password;                    //密码
    private int score;                          //会员积分
    private String registDate;                  //开卡日期

    public Member() {
    }
    public Member(String name, int cardId, String password, int score) {
        this.name = name;
        this.cardId = cardId;
        this.password = password;
        this.score = score;
    }

    public Member(String name, int cardId, String password, int score,
                String registDate) {
        super();
        this.name = name;
        this.cardId = cardId;
        this.password = password;
        this.score = score;
        this.registDate = registDate;
    }
get; set; ...
}
```

会员类Member中记录了会员的属性，包括姓名、会员卡号、密码、会员积分和开卡日期，因为在创建会员卡后需要将会员信息序列化保存在磁盘上，所以该类需要实现接口Serializable。

步骤 3：创建消费记录类

在cn.minimal.supermarket包下创建消费记录类ConsumeInfo，用来记录每张会员卡每次消费的时间和所获得的积分，规则是每消费一元赠送一积分，程序代码如下：

```
//消费记录类
public class ConsumeInfo implements Serializable {
    private int cardId;                         //会员卡号
    private int score;                          //本次消费积分，消费一元积一分
    private String consumeDate;                 //消费日期
get; set; ...
}
```

消费记录类中记录了会员所有的消费记录，包括消费积分和消费时间，因为每消费一元积一分，所以相当于记录了所有的消费金额。消费记录类实现了Serializable接口，可以将消费记录集合序列化到磁盘文件，下次系统启动时可以从磁盘中读取文件中的记录。

步骤4：创建业务逻辑类

在cn.minimal.supermarket包下创建业务逻辑类supermarketDao，程序的主要业务逻辑都在这个类中，先创建Scanner扫描器，并在该类中定义两个集合memberList和consumeList。memberList用来记录会员列表信息，consumeList用来记录消费记录列表信息，程序代码如下：

```
public class supermarketDao {
    Scanner input = new Scanner(System.in);                              //定义扫描器
    List<Member> memberList = new ArrayList<Member>();                   //会员列表
    ArrayList<ConsumeInfo> consumeList = new ArrayList<ConsumeInfo>(); //消费记录
}
```

步骤5：实现打印主菜单的功能

在supermarketDao类中定义choose方法实现打印主菜单的功能，程序代码如下：

```
//打印主菜单
public void choose() {
    System.out.println("****欢迎进入奕昊超市会员管理系统****");
    System.out.println("1.注册会员卡\n\r2.修改密码\n\r3.赠送积分\n\r4.积分记录查询
    \n\r5.兑换积分\n\r6.退出");
    System.out.println("********************************");
    System.out.print("请选择：");
}
```

创建测试类TestSupermarket测试choose方法：

```
public class TestSupermarket {
    public static void main(String[] args) throws IOException, ClassNotFoundException {
        supermarketDao dao = new supermarketDao();
        dao.choose();
    }
}
```

执行结果如下：

```
****欢迎进入奕昊超市会员管理系统****
1.注册会员卡
2.修改密码
3.赠送积分
4.积分记录查询
5.兑换积分
6.退出
********************************
请选择：
```

步骤6：实现注册会员卡的功能

在supermarketDao类中定义registerCard方法来实现注册会员卡的功能，程序代码如下：

```
1  public void registerCard() throws IOException {
2      Member member=new Member();
3      System.out.print("请输入注册姓名：");
4      member.setName(input.next());
5      //会员卡号随机生成
6      member.setCardId(this.createId());
7      System.out.print("请输入注册密码：");
8      //输入会员密码
9      String pwd = input.next();
10     member.setPassword(pwd);
11     member.setScore(100);                    //设置初始积分为100分
12     //增加会员开卡日期
13     Date date = new Date();
14     //创建日期格式化对象
15     String registDate = new SimpleDateFormat("yyyy-MM-dd").format(date);
16     //设置会员卡注册日期
17     member.setRegistDate(registDate);
18     //将注册好的会员对象添加至会员列表对象
19     memberList.add(member);
20     System.out.println("恭喜，注册会员卡成功，系统赠送您100积分！您的会员卡号为："+member.
21     getCardId());
22     //序列化会员集合和消费记录集合到文件
23     saveMember();
24 }
```

注册会员就是创建会员对象，给对象赋值后将它放入会员集合，再序列化到磁盘文件中。在注册会员卡时用户名和密码从控制台输入，会员卡号是随机生成的，第6行的createId方法用来生成会员卡号，该方法的程序代码如下：

```
1  public int createId(){
2      boolean flag=false;
3      //创建随机类对象
4      Random random = new Random();
5      //生成1~1000000之间的随机数
6      Integer id=random.nextInt(999999)+1;
7      //如果会员集合中有卡号和生成的随机数相同，则重新生成随机数
8      do {
9          for (Member member : memberList) {
10             if (member.getCardId() == id) {
11                 id = random.nextInt(999999) + 1;
12                 flag = true;
13             }
14         }
```

```
15        }while(flag);
16        return id;
17 }
```

第6行创建了一个1~1000000之间的随机数；第8行是一个do...while循环，循环条件是flag为true；第9行循环遍历会员列表，比较会员的卡号和生成的随机数是否相等，如果有相等的，则重新生成随机数作为卡号，并且将flag设置为true，继续进行循环判断，直到卡号不重复为止。

registerCard方法中的第23行调用saveMember方法，目的是将会员列表序列化到磁盘文件中保存数据。程序代码如下：

```
//序列化会员列表数据到配置文件
public void saveMember() throws IOException {
    //创建序列化对象
    ObjectOutputStream outputMember = new ObjectOutputStream(new FileOutputStream("member.obj"));
    //序列化会员列表到文件 member.obj 中
    outputMember.writeObject(memberList);
}
```

saveMember方法将会员列表数据序列化保存到了member.obj文件中。

测试：在TestSupermarket测试类中调用业务类对象的registerCard方法进行测试，执行效果如下：

```
请输入注册姓名：xh
请输入注册密码：123
恭喜，注册会员卡成功，系统赠送您 100 积分！您的会员卡号为：824727
```

步骤7：实现修改密码的功能

在supermarketDao类中定义changePwd方法来实现修改密码的功能。程序代码如下：

```
1  public boolean changePwd() throws IOException {
2      Member member=new Member();
3      init();
4      Member member = login();                                  //会员登录
5      if(member!=null){                                         //判断是否登录成功
6          System.out.print("请输入新的会员密码：");
7          String pwd = input.next();
8          member.setPassword(pwd);
9          //序列化保存会员信息
10         saveMember();
11         return true;
12     }else{
13         System.out.println("您输入的会员卡号或密码错误，无法修改密码！");
14     }
15     return false;
16 }
```

第3行调用init方法初始化数据，将member.obj中的数据反序列化到memberList集合，在supermarketDao类中定义init方法，程序代码如下：

```
//反序列化数据到集合
public void init() throws IOException, ClassNotFoundException {
    File file1 = new File("member.obj"); //创建File对象
    //如果member.obj文件存在，则进行反序列化
    if (file1.exists()) {
        //创建反序列化类的对象
        ObjectInputStream inputMember = new ObjectInputStream(new FileInputStream("member.obj"));
        //从member.obj中将ArrayList<Member>对象反序列化
        memberList = (ArrayList<Member>) inputMember.readObject();
    }
    File file2 = new File("consume.obj");
    //如果consume.obj文件存在，则从consume.obj中将ArrayList<ConsumeInfo>对象反序列化
    if (file2.exists()) {
        ObjectInputStream inputConsume = new ObjectInputStream(new FileInputStream("consume.obj"));
        consumeList = (ArrayList<ConsumeInfo>) inputConsume.readObject();
    }
}
```

通用起见，在init方法中不仅将member.obj中的数据反序列化到memberList集合，也将消费记录consume.obj中的数据反序列化到ConsumeList集合。

第4行调用了一个方法login，该方法的功能是实现会员输入卡号和密码进行登录，该方法的程序代码如下：

```
1 //会员登录
2 public Member login() {
3     Member member = new Member();
4     System.out.print("请输入您的会员卡号：");
5     member.setCardId(input.nextInt());
6     System.out.print("请输入您的会员卡密码：");
7     member.setPassword(input.next());
8     //判断会员是否存，如果存在，则用member接收并修改密码
9     if ((member = hasMember(member)) != null) {
10         return member;
11     }else{
12         return null;
13     }
14 }
```

第9行调用了一个方法hasMember，该方法有一个Member类型的参数，功能是判断会员是否在列表中存在，如果存在，则将该会员返回并用member接收；如果不存在，则返回null。程序代码如下：

```
//查询会员是否存在，会员密码不区分大小写
public Member hasMember(Member member) {
```

```
    //循环遍历会员列表
    for (int i = 0; i < memberList.size(); i++) {
        //比较会员卡号和密码（忽略大小写），判断该会员是否存在，如果存在，则返回
        if (memberList.get(i).getCardId() == member.getCardId() && memberList.
        get(i).getPassword().equalsIgnoreCase(member.getPassword())) {
            return memberList.get(i);
        }
    }
    return null;
}
```


判断会员是否存在的思路是：循环遍历会员列表，将每一个会员和传入的会员对象比较，如果会员卡号和密码相同，则说明该会员存在，将其返回。此处进行密码比较调用了equalsIgnoreCase方法，表示忽略大小写进行比较。

测试：在TestSupermarket测试类中调用业务类对象的changePwd 方法进行测试。

```
public class TestSupermarket {
    public static void main(String[] args) throws IOException, ClassNotFoundException{
        supermarketDao dao = new supermarketDao();
        dao.changePwd();
    }
}
```

执行效果如下：

```
请输入您的会员卡号：980626
请输入您的会员卡密码：123
请输入新的会员密码：1234
```

步骤 8：实现赠送积分的功能

在supermarketDao类中定义giveScore方法来实现赠送积分的功能，程序代码如下：

```
//赠送积分
public boolean giveScore() throws IOException, ClassNotFoundException {
    init();
    Member member=login(); //会员登录
    //判断会员是否存在
    if(member!=null){
        System.out.print("请输入您此次消费金额（消费1元积1积分）：");
        int score=input.nextInt();
        member.setScore(member.getScore()+score);
        //创建消费记录对象并赋值
        ConsumeInfo info = new ConsumeInfo();
        info.setCardId(member.getCardId());
        info.setScore(score);
```

```
            //创建消费日期对象并赋值
            Date date = new Date();
            String consumerDate = new SimpleDateFormat("yyyy-MM-dd").format(date);
            info.setConsumeDate(consumerDate);
            //将消费记录对象添加至消费记录列表对象
            consumeList.add(info);
            //序列化会员和消费记录列表并保存到磁盘文件
            saveMember();
            saveConsumerInfo();
            return true;
        }else{
            System.out.println("您输入的会员卡号或密码错误，无法赠送积分！");
        }
        return false;
    }
```

赠送积分功能的思路是：通过输入的会员卡号和密码查找该会员，根据输入的消费金额修改该会员的会员积分，最后序列化保存到磁盘文件。此处序列化保存数据调用了两个方法：saveMember和saveConsumerInfo。saveMember是序列化会员列表，saveConsumerInfo是序列化消费记录列表，该方法的代码如下：

```
//序列化消费记录列表到配置文件
public void saveConsumeInfo() throws IOException {
    //创建序列化对象
    ObjectOutputStream outputConsume = new ObjectOutputStream(new FileOutputStream
    ("consume.obj"));
    //序列化消费记录列表到文件consume.obj中
    outputConsume.writeObject(consumeList);
}
```

在TestSupermarket测试类中调用业务类对象的giveScore方法进行测试，程序代码如下：

```
    public class TestSupermarket {
    public static void main(String[] args) throws IOException, ClassNotFoundException {
        supermarketDao dao = new supermarketDao();
        dao.giveScore();
    }
}
```

执行结果如下：

```
请输入您的会员卡号：895907
请输入您的会员卡密码：123
请输入您此次消费金额（消费1元积1积分）：200
```

步骤9：实现积分记录查询的功能

在supermarketDao类中定义searchScore方法来实现积分记录查询的功能，程序代码如下：

```
//积分记录查询
public void searchScore() throws IOException, ClassNotFoundException {
    init();
    Member member=login(); //会员登录
    if(member!=null){
        //打印会员积分信息
        System.out.println("姓名\t会员卡号\t剩余积分\t开卡日期");
        System.out.println(member.getName()+"\t\t"+member.getCardId()+"\t\
t"+member.getScore()+"\t\t"+member.getRegistDate());
        //打印会员历史积分记录
        System.out.println("积分记录列表:");
        for (ConsumeInfo consumeInfo : consumeList) {
            if (consumeInfo.getCardId() == member.getCardId()) {
                System.out.println("消费金额: " + consumeInfo.getScore() + "元\t\t消费时间:
                " + consumeInfo.getConsumeDate()+"\t\t赠送积分: "+consumeInfo.getScore());
            }
        }
    }else{
        System.out.println("您输入的会员卡号或密码错误，无法查询积分!");
    }
}
```

积分记录查询功能的思路是：根据输入的会员卡号和密码判断会员是否存在，如果存在，则用member接收，并打印该会员剩余积分信息和历史积分记录。

步骤 10：实现积分兑换的功能

积分兑换是指在超市消费时可以用积分抵扣现金，标准是100积分抵扣1元现金。在supermarketDao类中定义minusScore方法来实现兑换积分的功能，程序代码如下：

```
//兑换积分
public void minusScore() throws IOException, ClassNotFoundException {
    init();
    Member member=login(); //会员登录
    if(member!=null){
        System.out.print("请输入您需要兑换使用的积分(100积分抵用1元,不足100的积分不做抵用): ");
        int score=input.nextInt();
        //如果输入的要使用的积分小于当前拥有的积分，则正常兑换；否则给出提示
        if(score<=member.getScore()){
            member.setScore(member.getScore()-score);
            System.out.println("您的消费金额中使用会员积分抵消"+score/100+"元");

        }else{
            System.out.println("抱歉，您的积分不够，无法抵用消费金额。");
        }
    }else{
        System.out.println("您输入的会员卡号或密码错误，无法完成积分兑换! ");
```

```
        }
        //序列化并保存
        saveMember();
    }
```

步骤 11：搭建并实现项目的整体结构

完成项目主体功能后还需要一个方法来实现项目整体结构的搭建，从而将所有功能串联起来。在supermarketDao类中定义start方法来实现这个功能，程序代码如下：

```
public void start() throws IOException, ClassNotFoundException {
    init();                     //初始化数据，从磁盘文件中加载会员列表和消费记录列表数据
    do{
        choose();
        int choose = input.nextInt();
        switch(choose){
            case 1:
                registerCard();              //注册会员卡
                continue;
            case 2:
                if (changePwd()) {           //修改密码
                    System.out.println("密码修改成功！");
                } else {
                    System.out.println("密码修改失败！");
                }
                continue;
            case 3:
                giveScore();                 //赠送积分
                continue;
            case 4:
                searchScore();               //积分记录查询
                continue;
            case 5:
                minusScore();                //兑换积分
                continue;
            case 6:                          //退出
                System.out.println("感谢您的使用，欢迎下次使用！");
                break;
            default:
                System.out.println("您的操作有误，请重新选择:");
                continue;
        }
        break;
    }while(true);
}
```

通过循环和选择结构可以完成项目整体结构的搭建。对每个不同的选项调用不同的方法，实现相应的功能，第1行调用了init方法，从磁盘文件加载会员列表信息和消费记录信息。因为很多方法中都调用了init方法，所以将该方法提取到start方法中，其他方法中的init方法可以去掉。

supermarketDao类完成后的程序代码如下：


```
package cn.minimal.chaptor22;

import java.io.*;
import java.text.SimpleDateFormat;
import java.util.*;

public class supermarketDao {
    Scanner input = new Scanner(System.in);                              //扫描器
    List<Member> memberList = new ArrayList<Member>();                   //会员列表
    ArrayList<ConsumeInfo> consumeList = new ArrayList<ConsumeInfo>();   //消费记录列表

    //序列化会员列表到配置文件
    public void saveMember() throws IOException {
        //创建序列化对象
        ObjectOutputStream outputMember = new ObjectOutputStream(new FileOutputStream
        ("member.obj"));
        //序列化会员列表到文件 member.obj 中
        outputMember.writeObject(memberList);
    }

    //序列化消费记录到配置文件
    public void saveConsumeInfo() throws IOException {
        //创建序列化对象
        ObjectOutputStream outputConsume = new ObjectOutputStream(new FileOutputStream
        ("consume.obj"));
        //序列化消费记录列表到文件 consume.obj 中
        outputConsume.writeObject(consumeList);
    }

    //反序列化数据到集合
    public void init() throws IOException, ClassNotFoundException {
        File file1 = new File("member.obj"); //创建 File 对象
        //如果 member.obj 文件存在，则进行反序列化
        if (file1.exists()) {
            //创建反序列化类的对象
            ObjectInputStream inputMember = new ObjectInputStream(new FileInputStream
            ("member.obj"));
            //从 member.obj 中将 ArrayList<Member> 类型的对象反序列化
            memberList = (ArrayList<Member>) inputMember.readObject();
        }
        File file2 = new File("consume.obj");
```

```
        // 如果 consume.obj 文件存在，则从 consume.obj 中将 ArrayList<ConsumeInfo> 对象反序列化
        if (file2.exists()) {
            ObjectInputStream inputConsume = new ObjectInputStream(new FileInputStream
            ("consume.obj"));
            consumeList = (ArrayList<ConsumeInfo>) inputConsume.readObject();
        }
    }

    // 打印主菜单
    public void choose() {
        System.out.println("**** 欢迎进入奕昊超市会员管理系统 ****");
        System.out.println("1. 注册会员卡 \n\r2. 修改密码 \n\r3. 赠送积分 \n\r4. 积分记录
        查询 \n\r5. 兑换积分 \n\r6. 退出 ");
        System.out.println("**********************************");
        System.out.print(" 请选择: ");
    }

    // 注册会员卡
    public void registerCard() throws IOException {
        Member member = new Member();
        System.out.print(" 请输入注册姓名: ");
        member.setName(input.next());
        // 会员卡号随机生成
        member.setCardId(this.createId());
        System.out.print(" 请输入注册密码: ");
        // 输入会员密码
        String pwd = input.next();
        member.setPassword(pwd);
        member.setScore(100);

        // 增加会员开卡日期
        Date date = new Date();
        // 创建日期格式化对象
        String registDate = new SimpleDateFormat("yyyy-MM-dd").format(date);
        // 设置会员卡注册日期
        member.setRegistDate(registDate);
        // 将注册好的会员对象添加至列表对象
        memberList.add(member);
        System.out.println(" 恭喜，注册会员卡成功，系统赠送您 100 积分！您的会员卡号为："
        + member.getCardId());
        // 序列化会员列表和消费记录列表到文件
        saveMember();
    }

    // 生成随机卡号
    public int createId() {
```

```
        boolean flag = false;
        //创建随机类对象
        Random random = new Random();
        //生成1~1000000之间的随机数
        Integer id = random.nextInt(999999) + 1;
        //如果会员列表中有卡号和生成的随机数相同，则重新生成随机数
        do {
            for (Member member : memberList) {
                if (member.getCardId() == id) {
                    id = random.nextInt(999999) + 1;
                    flag = true;
                }
            }
        } while (flag);
        return id;
    }

    //修改密码
    public boolean changePwd() throws IOException {
        Member member = login();
        if(member!=null){
            System.out.print("请输入新的会员密码:");
            String pwd = input.next();
            member.setPassword(pwd);
            //序列化保存会员信息
            saveMember();
            return true;
        }else{
            System.out.println("您输入的会员卡号或密码错误，无法修改密码!");
        }
        return false;
    }
    //会员登录
    public Member login() {
        Member member = new Member();
        System.out.print("请输入您的会员卡号:");
        member.setCardId(input.nextInt());
        System.out.print("请输入您的会员卡密码:");
        member.setPassword(input.next());
        //判断会员是否存，如果存在，则用member接收并修改密码
        if ((member = hasMember(member)) != null) {
            return member;
        }else{
            return null;
        }
    }
```

```
    //查询会员是否存在，会员密码不区分大小写
    public Member hasMember(Member member) {
        //循环遍历会员列表
        for (int i = 0; i < memberList.size(); i++) {
            //比较会员卡号和密码（忽略大小写），判断该会员是否存在，如果存在，则返回
            if (memberList.get(i).getCardId() == member.getCardId() && memberList.
            get(i).getPassword().equalsIgnoreCase (member.getPassword())) {
                return memberList.get(i);
            }
        }
        return null;
    }

    //赠送积分
    public boolean giveScore() throws IOException {
        Member member=login();
        //判断会员是否存在
        if(member!=null){
            System.out.print("请输入您此次消费金额（消费1元积1积分）:");
            int score=input.nextInt();
            member.setScore(member.getScore()+score);
            //创建消费记录对象并赋值
            ConsumeInfo info = new ConsumeInfo();
            info.setCardId(member.getCardId());
            info.setScore(score);
            //创建消费日期并赋值
            Date date = new Date();
            String consumerDate = new SimpleDateFormat("yyyy-MM-dd").format(date);
            info.setConsumeDate(consumerDate);
            //将消费记录对象添加至消费记录列表
            consumeList.add(info);
            //序列化消费记录列表并保存到磁盘文件
            saveMember();
            saveConsumeInfo();
            return true;
        }else{
            System.out.println("您输入的会员卡号或密码错误，无法赠送积分!");
        }
        return false;
    }

    //积分记录查询
    public void searchScore(){
        Member member=login();
```

```
        if(member!=null){
            //打印会员积分信息
            System.out.println("姓名\t会员卡号\t剩余积分\t开卡日期");
            System.out.println(member.getName()+"\t\t"+member.getCardId()+"\t\
            t"+member.getScore()+"\t\t"+member.getRegistDate());
            //打印会员历史积分记录
            System.out.println("积分记录列表:");
            for (ConsumeInfo consumeInfo : consumeList) {
                if (consumeInfo.getCardId() == member.getCardId()) {
                    System.out.println("消费金额:" + consumeInfo.getScore() + "元
                    \t\t消费时间:" + consumeInfo.getConsumeDate()+"\t\t赠送积分:
                    "+consumeInfo.getScore());
                }
            }
        }else{
            System.out.println("您输入的会员卡号或密码错误，无法查询积分!");
        }
    }

    //兑换积分
    public void minusScore() throws IOException {
        Member member=login();
        if(member!=null){
            System.out.print("请输入您需要兑换使用的积分(100积分抵用1元,不足100的积分不做抵用)");
            int score=input.nextInt();
            //如果输入的积分小于当前拥有的积分，则正常兑换；否则给出提示
            if(score<=member.getScore()){
                member.setScore(member.getScore()-score);
                System.out.println("您的消费金额中使用会员积分抵消"+score/100+"元");
            }else{
                System.out.println("抱歉，您的积分不够，无法抵用消费金额。");
            }
        }else{
            System.out.println("您输入的会员卡号或密码错误，无法完成积分兑换!");
        }
        //序列化并保存
        saveMember();
    }

    public void start() throws IOException, ClassNotFoundException {
        init();
        do{
            choose();
            int choose = input.nextInt();
            switch(choose){
                case 1:
```

22

```
                registerCard();                         //注册会员卡
                continue;
            case 2:
                if (changePwd()) {                      //修改密码
                    System.out.println("密码修改成功!");
                } else {
                    System.out.println("密码修改失败!");
                }
                continue;
            case 3:
                giveScore();                            //赠送积分
                continue;
            case 4:
                searchScore();                          //积分记录查询
                continue;
            case 5:
                minusScore();                           //兑换积分
                continue;
            case 6:                                     //退出
                System.out.println("感谢您的使用，欢迎下次使用!");
                break;
            default:
                System.out.println("您的操作有误，请重新选择:");
                continue;
            }
            break;
        }while(true);
    }
}
```

步骤 12：创建测试类进行测试

最后在cn.minimal.supermarket包下创建测试类进行测试。

```
public class TestSupermarket {
    public static void main(String[] args) throws IOException, ClassNotFoundException {
        supermarketDao dao = new supermarketDao();
        dao.start();
    }
}
```

练习 22

编写一个品牌服装店会员管理系统，可以实现注册会员卡、修改密码、赠送积分(每消费1000元赠送100积分)和兑换积分的功能(在消费时100积分可以抵扣100元)。